建筑工程施工技术人员必备口袋丛书

质 量 员

上海市建筑施工行业协会
工程质量安全专业委员会 编

高妙康 主编

於崇根 曹桂娣 副主编

潘延平 主审

中国建筑工业出版社

图书在版编目（CIP）数据

质量员/上海市建筑施工行业协会工程质量安全专业委员会编. —北京：中国建筑工业出版社，2009
（建筑工程施工技术人员必备口袋丛书）
ISBN 978-7-112-10978-4

Ⅰ. 质… Ⅱ. 上… Ⅲ. 建筑工程—工程质量—质量控制—基本知识 Ⅳ. TU712

中国版本图书馆 CIP 数据核字（2009）第 079335 号

建筑工程施工技术人员必备口袋丛书
质 量 员
上海市建筑施工行业协会工程质量安全专业委员会 编
高妙康 主编
於崇根 曹桂娣 副主编
潘延平 主审

*

中国建筑工业出版社出版、发行（北京西郊百万庄）
各地新华书店、建筑书店经销
北京永峥排版公司制版
北京世知印务有限公司印刷

*

开本：850×1168 毫米 1/64 印张：12 字数：460 千字
2009 年 8 月第一版 2014 年 1 月第三次印刷
定价：**26.00** 元
ISBN 978-7-112-10978-4
（18222）
版权所有 翻印必究
如有印装质量问题，可寄本社退换
（邮政编码 100037）

本书主要介绍建筑工程质量控制管理，内容涉及质量员岗位职责、建设工程质量控制基本要求、各分部工程（地基与基础工程、主体结构工程、建筑装饰装修工程、建筑屋面工程、建筑给水排水及采暖工程、建筑电气工程、智能建筑工程、通风与空调工程、电梯工程、建筑节能工程）质量检查评定、工程质量检验、工程质量验收、工程质量保证资料、建筑工程施工质量评价、工程质量通病的防治以及工程质量事故处理等内容。全书采用国家、行业及企业颁布的现行标准、规范和规程，编写力求内容新颖、叙述简明、使用便捷。

本书可供工程建设质量管理人员，尤其是刚刚踏上工作岗位的大中专毕业生使用，亦可作为相关专业院校师生的学习用书。

* * *

责任编辑：邓　卫
责任设计：张政纲
责任校对：兰曼利　孟　楠

编 委 会

主　　编：高妙康
副 主 编：於崇根　曹桂娣
编写人员(按姓氏笔画排序)：
　　　　史敏磊　吴祖贤　宋弋飞　张　华
　　　　李志军　李慧萍　邱　震　金伟中
　　　　姚国兴　徐乃一　袁　健　魏寿根
主　　审：潘延平

前　言

本书是《建筑工程施工技术人员必备口袋丛书》的分册之一，介绍了建筑工程专职技术质量生产管理人员（质量员）必须掌握的基础知识，包括：质量员岗位职责、建设工程质量控制基本要求、地基与基础工程质量检查评定、主体结构工程质量检查评定、建筑装饰装修工程质量检查评定、建筑屋面工程质量检查评定、建筑给水排水及采暖工程质量检查评定、建筑电气工程质量检查评定、智能建筑工程质量检查评定、通风与空调工程质量检查评定、电梯工程质量检查评定、建筑节能工程质量检查评定、工程质量检验、工程质量验收、工程质量保证资料、建筑工程施工质量评价、工程质量通病的防治以及工程质量事故处理等内容。

质量员，泛指经建设行政主管部门考核合格，取得工程质量考核合格证书，从事工程质量管理工作的专职人员，包括企业质量管理机构的工作人员和施工现场的专职质量检验与管理人员。这些工作在千万个建设项目施工现场最基层的质量员,有相当数量是近几年从工人中提拔出来的,有的是刚刚踏上工作岗位的大中专毕业生,他们工作热情高、求知欲望强,他们迫切需要一本指导性读物。

本书根据国家最新颁布的涉及工程质量的法律法规、标准规范以及最新的施工技术,结合编者丰富的施工实践经验,有重点地阐述了施工现场急需的施工质量技术和工程质量管理知识。本书具有较强的知识性、针对性、实用性,是一本携带方便、通俗易懂的小型工具书。因此,本书也适用于工程建设领域的建设单位、监理单位、施工单位、中介服务机构、有关行业协会、政府管理机关、监督机构及执法部门、大中专院校、科研单位的相关工作人员学习,也可作为建筑业质量培训的教学参考资料。

本书在编写出版过程中,得到了上海市建设工程安全质量监督总站、上海市建筑施工行业协会工程质量安全专业委员会的大力支持与帮助,谨此向各方面领导与专家表示衷心的感谢!

编者

目 录

1 **质量员岗位职责** ………………………………… 1
　1.1 质量员的职责 ………………………………… 1
　1.2 质量员应具备的基本条件 …………………… 2
　1.3 质量员的权限 ………………………………… 3
　1.4 质量员的主要工作 …………………………… 3
2 **建设工程质量控制的基本要求** ……………… 16
　2.1 施工技术标准 ………………………………… 16
　2.2 质量管理体系文件 …………………………… 17
　2.3 施工质量控制 ………………………………… 18
3 **地基与基础工程质量检查评定** ……………… 29
　3.1 地基与基础分部（子分部）工程、分项工程的
　　　划分 …………………………………………… 29
　3.2 无支护土方 …………………………………… 31
　3.3 有支护土方 …………………………………… 37
　3.4 桩基 …………………………………………… 51
　3.5 地下防水 ……………………………………… 62
　3.6 混凝土基础 …………………………………… 70

  3.7 砌体基础 ················· 90
4 **主体结构工程质量检查评定** ············ 100
  4.1 主体结构分部（子分部）工程、分项工程的
    划分 100
  4.2 混凝土结构：模板工程 ············ 101
  4.3 混凝土结构：钢筋工程 ············ 105
  4.4 混凝土结构：混凝土工程 ··········· 117
  4.5 混凝土结构：预应力工程 ··········· 125
  4.6 混凝土结构：现浇结构工程 ·········· 140
  4.7 混凝土结构：装配式结构工程 ········· 145
  4.8 砌体结构：基本规定 ············· 152
  4.9 砌体结构：砖砌体工程 ············ 154
  4.10 砌体结构：混凝土小型空心砌块砌体工程
     ················· 162
  4.11 砌体结构：填充墙砌体工程 ········· 166
  4.12 钢结构：钢结构焊接工程 ·········· 173
  4.13 钢结构：普通紧固件连接工程 ········ 182
  4.14 钢结构：高强度螺栓连接工程 ········ 184
  4.15 钢结构：钢零件及钢部件加工工程 ······ 185
  4.16 钢结构：钢构件组装工程 ·········· 198
  4.17 钢结构：钢网架安装 ············ 201
  4.18 钢结构：防腐涂料涂装 ··········· 207

	4.19 钢结构：防火涂料涂装	210
5	**建筑装饰装修工程质量检查评定**	215
	5.1 建筑装饰装修分部工程的划分	215
	5.2 地面工程	215
	5.3 门窗工程	224
	5.4 吊顶工程	236
	5.5 饰面板（砖）工程	243
	5.6 幕墙工程	247
	5.7 涂饰工程	253
	5.8 细部工程	263
6	**建筑屋面工程质量检查评定**	267
	6.1 屋面工程分部（子分部）、分项工程的划分	267
	6.2 基本规定	268
	6.3 屋面找平层	270
	6.4 屋面保温层	275
	6.5 卷材防水层	280
	6.6 涂膜防水层	288
	6.7 细石混凝土防水层	293
	6.8 密封材料嵌缝	297
	6.9 蓄水、种植屋面	300
	6.10 细部构造	302

7 建筑给水、排水及采暖工程质量检查评定 ········ 307

7.1 建筑给水、排水及采暖工程分部（子分部）、分项工程的划分 ········ 307
7.2 给水、消防管道工程 ········ 309
7.3 排水管道 ········ 323
7.4 卫生器具 ········ 335
7.5 采暖管道工程 ········ 340
7.6 水泵安装 ········ 344

8 建筑电气工程质量检查评定 ········ 350

8.1 建筑电气工程分部（子分部）、分项工程的划分 ········ 350
8.2 导管线槽工程 ········ 353
8.3 配线及电缆敷设工程 ········ 359
8.4 电气照明及器具安装工程 ········ 365
8.5 避雷针（带）及接地装置安装工程 ········ 376

9 智能建筑工程质量检查评定 ········ 384

9.1 智能建筑工程分部（子分部）、分项工程的划分 ········ 384
9.2 通信系统 ········ 386
9.3 卫星及有线电视系统 ········ 394
9.4 建筑设备监控系统 ········ 397

9.5	火灾自动报警及消防联动系统	402
9.6	住宅（小区）智能化	409
9.7	公共广播系统	416
9.8	综合布线系统工程	421

10 通风与空调工程质量检查评定 427

10.1	通风与空调工程分部（子分部）、分项工程的划分	427
10.2	风管制作	428
10.3	风管安装	438
10.4	设备与管道安装	445
10.5	防腐及绝热	459

11 电梯工程质量检查评定 470

11.1	工艺流程	470
11.2	设备进场验收	473
11.3	土建交接检验	474
11.4	驱动主机	480
11.5	导轨	483
11.6	门系统	487
11.7	轿厢	491
11.8	对重	492
11.9	安全部件	493
11.10	悬挂装置、随行电缆、补偿装置	497

11.11	电气装置	501
11.12	整机安装验收	506
11.13	自动扶梯、自动人行道工程	515
11.14	电梯工程验收的质量文件	527
12	**建筑节能工程质量检查评定**	**538**
12.1	建筑节能分项工程和检验批划分	538
12.2	一般规定	540
12.3	墙体节能工程	544
12.4	幕墙节能工程	555
12.5	门窗节能工程	561
12.6	屋面节能工程	567
12.7	地面节能工程	573
12.8	通风与空调节能工程	577
12.9	配电与照明节能工程	586
12.10	节能工程形成的质量文件	590
13	**工程质量检验**	**591**
13.1	一般要求	591
13.2	材料、设备的进场检验和复验	592
13.3	施工过程检验	609
13.4	竣工验收前安全性及功能性检验	613
14	**工程质量验收**	**621**
14.1	工程质量验收的依据	621

14.2	建筑工程质量验收的划分	624
14.3	工程质量验收的实施	626
14.4	工程质量验收中若干问题的处理规定	643

15 工程质量保证资料 646

- 15.1 地基与基础分部 646
- 15.2 主体结构分部 646
- 15.3 建筑装饰装修分部 649
- 15.4 建筑屋面分部 657
- 15.5 建筑给水、排水分部 658
- 15.6 建筑电气分部 660
- 15.7 智能建筑分部 660
- 15.8 通风与空调分部 661
- 15.9 建筑节能分部 661

16 建筑工程施工质量评价 663

- 16.1 评价的引入 663
- 16.2 评价的基本规定 663
- 16.3 质量保证体系评价 672
- 16.4 分部工程评价 676
- 16.5 单位工程质量综合评价 686

17 工程质量通病的防治 697

- 17.1 质量通病的概念 697
- 17.2 常见质量通病 698

  17.3 质量通病的成因及防治措施 …………… 699
18 工程质量事故处理 ………………… 723
  18.1 质量事故的定义 …………………………… 723
  18.2 质量事故的分类 …………………………… 724
  18.3 质量事故的报告与调查 …………………… 729
  18.4 工程质量事故处理的依据和程序 ………… 733
  18.5 工程质量事故原因分析 …………………… 741
  18.6 工程质量事故处理及鉴定验收 …………… 745

1 质量员岗位职责

1.1 质量员的职责

质量员负责工程的全部质量控制工作,负责现场各部门组织的各类专项质量控制工作的执行。质量员负责向工程项目班子所有人员介绍该工程项目的质量控制制度,负责指导和保证此项制度的实施,通过质量控制来保证工程建设满足技术规范、设计文件和合同规定的质量要求。具体有:

(1) 负责使用标准的识别和解释。

(2) 负责质量控制手段的介绍,指导质量保证活动。

(3) 负责建立文件和报告制度,包括建立一套日常报表体系。

(4) 负责组织工程质量检查,主持质量分析会。

(5) 接受工程建设各方关于质量控制的申请和要求,包括向各有关部门传达必要的质量措施。

(6) 进行现场质量监督工作:

1) 巡查工程,发现并纠正错误操作;

2) 记录有关工程质量的详细情况,随时向项目经理报告质量信息并执行有关任务;

3) 协助工长搞好工程质量自检、互检和交接检,随时掌握各分项工程的质量情况;

4) 整理分项、分部和单位工程检查评定的原始记录,及时填报各种质量报告,建立质量档案。

1.2 质量员应具备的基本条件

1.2.1 有足够的专业知识

质量员的工作具有很强的专业性和技术性,必须由专业技术人员来承担,一般要求应连续从事本专业工作3年以上。此外,对于设计、施工、材料、测量、计量、检验、评定等各方面专业知识都应具备相应的能力。

1.2.2 有较强的管理能力

质量员是现场质量监控体系的组织者和负责人,

应具有一定的组织协调能力及很强的工作责任心。

1.3 质量员的权限

(1) 严格执行企业的质量奖罚制度。
(2) 向各有关部门传达必要的质量措施。
(3) 出现下述情况,质量员有权向项目经理建议下达停工令:
1) 施工中出现特殊情况;
2) 隐蔽工程未经检查擅自封闭;
3) 使用无质量合格证的工程材料,或擅自变更、替换工程材料等。

1.4 质量员的主要工作

1.4.1 负责施工过程的质量控制

施工阶段的质量控制可以分为事前控制、事中控制、事后控制3个阶段。3个阶段的质量控制系统过程及其所涉及的主要方面见表1-1。

1.4.2 施工准备阶段的工作

1.4.2.1 建立质量控制系统

建立质量控制系统,制定本项目的现场质量管

质量控制系统表　　　　表1-1

事前控制	施工准备质量控制	机械设备质量控制
		原材料、半成品及构配件质量控制
		质量保证体系、施工管理人员资质审查
		质量控制系统组织
		施工方案、施工计划、施工方法、检验方法审查
		工程技术环境监督检查
		新技术、新工艺、新材料审查把关
		测量机构审核、检查
	图纸会审及技术交底	
	履行开工程序（施工许可证）、培训操作人员，把好开工关	
事中控制	施工过程质量控制	工序控制
		工序之间的交接检查
		隐蔽工程质量控制
	中间产品质量控制	
	分项工程、分部工程质量评定	
	设计变更与图纸修改的审查	

续表

事后控制	竣工质量检验	联动试车
		验收文件审核
		竣工验收
	工程质量评定	
	工程质量文件审核与建档	

理制度，包括现场会议制度、现场质量检验制度、质量统计报表制度、质量事故报告处理制度，完善计量及质量检测技术和手段。协助分包单位完善其现场质量管理制度，并组织整个工程项目的质量保证活动。建章立制是保证工程质量的前提，也是质量员的首要任务。

1.4.2.2　进行质量检查与控制

对工程项目施工所需的原材料、半成品、构配件进行质量检查与控制。重要的预订货应先提交样品，经质量员检查认可后方可进行采购。凡进场的原材料均应有产品合格证或技术说明书。通过一系列检验手段，将所取得的数据与厂商提供的技术证明文件相对照，及时发现材料（半成品、构配件）的质量可靠性。同时，质量员将检验结果反馈厂商,使之掌握有关的质量情况。

1.4.2.3 组织或参与组织图纸会审

(1) 图纸会审的组织

1) 规模大、结构特殊或技术复杂的工程由公司总工程师在项目质量员的配合下组织分包技术工人,采用技术会议的形式进行图纸审查;

2) 企业列为重点的工程,由项目主任工程师组织有关技术人员进行图纸审查,项目质量员配合;

3) 一般工程由项目质量员组织技术队长、工长、翻样员等进行图纸审查。

(2) 图纸会审的程序

在图纸会审前,质量员必须组织技术队长或主任工程师、分项工程负责人(工长)及预算人员学习正式施工图,熟悉图纸内容的要求和特点,并由设计单位进行设计交底,以达到明确要求,彻底弄清设计意图,发现问题,消灭差错的目的。

(3) 图纸会审重点

1) 设计单位资质证书及营业执照;

2) 对照图纸目录,清点新绘图纸的张数及利用标准图的册数;

3) 建筑场地工程地质勘察资料是否齐全;

4) 设计假定条件和采用的处理方法是否符合实际情况,施工时有无足够的稳定性,对完成施工有无影响;

5) 地基处理和基础设计有无问题;

6) 建筑、结构、设备安装之间有无矛盾;

7) 专业图之间、专业图内各图之间、图与统计表之间的规格、强度等级、材质、数量、坐标、标高等重要数据是否一致;

8) 实现新技术项目、特殊工程、复杂设备的技术可能性和必要性,是否有保证工程质量的技术措施。

(4) 图纸会审后,应由组织会审的单位将会审中提出的问题以及解决办法详细记录,写成正式文件,列入工程档案。

1.4.3 施工过程中的工作

事中控制是施工单位控制工程质量的重点。质量员在本阶段的工作是:按照施工阶段控制的基本原理,切实依靠自己的质量控制系统,根据工程项目质量目标要求,加强对施工现场及施工工艺的监督管理,加强工序质量控制,督促施工人员严格按图纸、工艺、标准和操作规程,实行检查认证制度。在关键部位,项目经理及质量员必须亲自监督,实行中间检查和技术复核,对每个分部分项工程均进行检测验收并签证认可,防止质量隐患发生。质量员还必须做好施工过程记录,认真分析质量统计数字,对工程的质量水平及合格率、优良率的变化趋势作出预测,供项目经理决策。对不符合质量要求的施工操作应及时纠偏,加以处理,并提出相应的报告。本阶段的工作重点是:

1.4.3.1 完善工序质量控制,建立质量控制点,把影响工序质量的因素都纳入管理范围

(1) 工序质量控制

工序质量控制的主要内容见表1-2。

工序质量控制的主要内容　　　表1-2

工序质量控制	工序活动效果检测	实测
		分析
		推断
		纠偏或认可
	工序活动条件控制	施工准备控制
		投入物料控制
		工艺过程控制

(2) 质量控制点

在施工生产现场中,对需要重点控制的质量特性、工程关键部位或质量薄弱环节,在一定的时期内,一定条件下强化管理,使工序处于良好的控制状态,称为质量控制点。

建立质量控制点的作用,在于强化工序质量管理控制、防止和减少质量问题的发生。一般工业与民用建筑中质量控制点设置位置如表1-3所示。

质量控制点的设置位置　　　表1-3

分项工程	质量控制点
工程测量定位	标准轴线桩、水平桩、龙门桩、定位轴线、标高
地基、基础（含设备基础）	基坑（槽）尺寸、标高、土质、地基承载力;基础位置、尺寸、标高;基础垫层标高;预留洞孔、预埋件位置、规格、数量;基础墙皮数杆及标高、杯底弹线
砌体	砌体皮数杆、轴线、砂浆配合比、预留洞孔、预埋件位置、规格、数量、砌块排列

续表

分项工程	质量控制点
模板	位置、尺寸、标高、预留孔洞尺寸及位置、预埋件位置、模板承载力及稳定性、模板内部清理及润湿情况
钢筋混凝土	水泥品种、强度等级、砂石质量；混凝土配合比、外加剂比例、振捣；钢筋品种、规格、尺寸、搭接长度、焊接；预留洞孔及预埋件规格、数量、尺寸、位置；预制构件吊装或出场（脱模）强度、吊装位置、标高、支承长度、焊缝长度
吊装	吊装设备起重能力、吊具、吊索、地锚
钢结构	翻样图、放大样
焊接	焊接条件、焊接工艺
装饰装修	视具体情况而定

1.4.3.2 组织参与技术交底和技术复核

技术交底与技术复核是施工阶段技术管理制度的一部分，也是工程质量控制的经常性任务。

（1）技术交底内容

技术交底的内容根据不同层次有所不同，主要包括施工图纸、施工组织设计、施工工艺、技术安全措施、规范要求、操作规程、质量标准要求等。对于重点工程、特殊工程，采用新结构、新工艺、新材料、新技术的特殊要求，更需详细地交代清楚。分项工程技术交底后，一般应填写施工技术交底记录并由交底人和被交底人签名确认。

施工现场技术交底的主要内容有以下几点：

1）提出图纸上必须注意的尺寸，如轴线、标高、预留孔洞、预埋件、镶入构件的位置、规格、大小、数量等；

2）所用各种材料的品种、规格、等级及质量要求；

3）混凝土、砂浆、防水、保温、耐火、耐酸和防腐蚀材料等的配合比和技术要求；

4）有关工程的详细施工方法、程序、工种之间、土建与各专业单位之间的交叉配合部位、工序搭接及安全操作要求；

5）设计修改、变更的具体内容或应注意的关键部位；

6）结构吊装机械及设备的性能、构件重量、吊点位置、索具规格尺寸、吊装顺序、节点焊接及支撑系统等。

(2) 技术复核内容

技术复核一方面是在分项工程施工前指导、帮助施工人员正确掌握技术要求；另一方面是在施工工程中再次督促检查施工人员是否已按施工图纸、技术交底及技术操作规程施工，避免发生重大差错。复核主要内容见表1-4。技术复核应作为书面凭证归档。

技术复核内容　　　　表1-4

项　目	复　核　内　容
建筑物的位置与高程	四角定位轴线桩的坐标位置；各轴线桩的位置及间距；龙门板上轴线钉的位置；轴线引桩的位置；水平桩上所示室内地面的绝对标高
地基与基础工程	基坑（槽）底的土质；基础中心线的位置；基础的底标高；基础各部分尺寸
钢筋混凝土工程	模板的位置、标高及各部分尺寸；预埋件及预留孔洞的位置和牢固程度；模板内部的清理及润湿情况；混凝土组成材料的质量情况；现浇混凝土的配合比；预制构件的安装位置及标高；预制构件接头情况；预制构件起吊时预测强度

续表

项　目	复　核　内　容
砖石工程	墙身中心线位置；皮数杆上砖皮划分及竖立标高；砂浆配合比
屋面工程	泛水标高；防水材料品种；保温材料品种、规格
管道工程	暖气、热力、给水、排水、燃气管道的标高及其坡度；化粪池、检查井的底标高及各部分尺寸
电气工程	变电、配电的位置；高低压进出口方向；电缆沟的位置及标高；送电方向
其他	工业设备、仪器仪表的完好程度、数量及规格，以及根据工程需要指定的复核项目

1.4.3.3　严格工序间交接检查

主要作业工序包括隐蔽作业应按有关验收规范的要求由质量员检查，验收并签字确认。隐蔽工程验收的内容如表 1-5 所示。隐蔽工程验收记录是工程在今后的使用、维护、改造中都使用的重要技术资料，必须书面归档。

隐蔽工程验收项目　　　表 1-5

项　目	检　查　内　容
土方工程	基坑（槽）或管沟开挖竣工图；排水盲沟设置情况；填方土料、冻土块含量及填土压实试验记录
地基与基础工程	基坑（槽）底土质情况；基底标高及宽度；对不良地基采取的处理情况；地基夯实施工记录；打桩施工记录及桩位竣工图
砖石工程	基础砌体；沉降缝、伸缩缝、防震缝；砌体中配筋情况
钢筋混凝土工程	钢筋的品种、规格、形状尺寸、数量及位置；钢筋接头、除锈情况；预埋件数量、位置；材料代用情况
屋面工程	保温隔热层、找平层、防水层的施工情况
地下防水工程	防水层的基层；防水层被土、水、砌体等掩盖的部位；管道设备穿过防水层的封固处
地面工程	地面下的基土；各种防护层以及经过防腐处理的结构或连接件
装饰工程	各类装饰工程的基层情况

续表

项 目	检 查 内 容
管道工程	各种给水排水暖卫暗管的位置、标高、坡度、试压、通水试验、焊接、防腐、防锈、保温及预埋件等情况
电气工程	各种暗配电气线路的位置、标高、规格、弯度、防腐、接头等情况；电缆耐压绝缘试验记录；避雷针的接地电阻试验
其他	完工后无法进行检查的工程；重要结构部位和有特殊要求的隐蔽工程

1.4.4 施工验收阶段的工作

事后控制的目的是对工程产品进行验收把关，以避免不合格产品投入使用。本阶段质量员的主要工作是：组织进行分项工程和分部工程的质量检查评定，办理验收手续，填写验收记录，整理有关的工程项目质量的技术文件，并编目归档。

2 建设工程质量控制的基本要求

2.1 施工技术标准

2.1.1 标准的分级与类别

《标准化法》将我国标准分为国家标准、行业标准、地方标准、企业标准四级。国家标准由国务院标准化行政主管部门制定；行业标准由国务院有关行政主管部门制定。具有法律属性，在一定范围内通过法律、行政法规等手段强制执行的标准是强制性标准；其他标准是推荐性标准。按照标准化对象，通常把标准分为技术标准、管理标准和工作标准3大类。

2.1.2 技术标准的分类

工程技术标准有强制性标准和推荐性标准两种类型。

（1）强制性标准包括：

1）保障人体健康、人身财产安全的标准和法律、行政性法规规定强制执行的国家和行业标准；

2）省、自治区、直辖市标准化行政主管部门制定的工业产品的安全、卫生要求的地方标准在本行政区域内是强制性标准。

（2）推荐性标准：其他非强制性的国家和行业标准是推荐性标准。

2.2 质量管理体系文件

2.2.1 基本概念

编制和使用质量体系文件本身是一项具有动态管理要求的活动。因为质量体系的建立、健全要从编制完善体系文件开始，质量体系的运行、审核与改进都是依据文件的规定进行，质量管理实施的结果也要形成文件，作为证实产品质量符合规定要求及质量体系有效的证据。

2.2.2 主要内容

GB/T19000质量管理体系对文件提出明确要求，企业应具有完整和科学的质量体系文件。质量管理体系文件一般由以下内容构成：

（1）形成文件的质量方针和质量目标；

（2）质量手册；

（3）质量管理标准所要求的各种生产、工作和管理的程序性文件；

（4）质量管理标准所要求的质量记录。

以上各类文件的详略程度无统一规定，以适于企业使用，使过程受控为准则。

2.3 施工质量控制

2.3.1 施工质量计划的编制

（1）按照 GB/T19000 质量管理体系标准，质量计划是质量管理体系文件的组成内容。在合同环境下质量计划是企业向顾客表明质量管理方针、目标及其具体实现的方法、手段和措施，体现企业对质量责任的承诺和实施的具体步骤。

（2）施工质量计划的编制主体是施工承包企业。在总承包的情况下，分包企业的施工质量计划是总包施工质量计划的组成部分。总包有责任对分包施工质量计划的编制进行指导和审核，并承担施工质量的连带责任。

(3) 根据建筑工程施工的特点,目前我国工程项目施工的质量计划常用施工组织设计或施工项目管理实施规划的文件形式进行编制。

(4) 在已经建立质量管理体系的情况下,质量计划的内容必须全面体现和落实企业质量管理体系文件的要求(也可引用质量体系文件中的相关条文),同时结合本工程的特点,在质量计划中编写专项管理要求。施工质量计划的内容一般应包括:

1) 工程特点及施工条件分析(合同条件、法规条件和现场条件);

2) 履行施工承包合同所必须达到的工程质量总目标及其分解目标;

3) 质量管理组织机构、人员及资源配置计划;

4) 为确保工程质量所采取的施工技术方案、施工程序;

5) 材料设备质量管理及控制措施;

6) 工程检测项目计划及方法等。

(5) 施工质量控制点的设置是施工质量计划的组成内容。

1) 质量控制点是施工质量控制的重点,凡属关键技术、重要部位、控制难度大、影响大、经验欠缺的施工内容以及新材料、新技术、新工艺、新设备等，均可列为质量控制点，实施重点控制。

2）施工质量控制点设置的具体方法是，根据工程项目施工管理的基本程序，结合项目特点，在制订项目总体质量计划后，列出各基本施工过程对局部和总体质量水平有影响的项目，作为具体实施的质量控制点。如：高层建筑施工质量管理中，可列出地基处理、工程测量、设备采购、大体积混凝土施工及有关分部分项工程中必须进行重点控制的专题等，作为质量控制重点。又如：在工程功能检测的控制程序中，可设立建筑物、构筑物防雷检测、消防系统调试检测、通风设备系统调试等专项质量控制点。

3）通过质量控制点的设定，质量控制的目标及工作重点就能更加明晰。加强事前预控的方向也就更加明确。事前预控包括明确控制目标参数、制定实施规程（包括施工操作规程及检测评定标准）、确定检查项目数量及跟踪检查或批量检查方法、明确检查结果的判断标准及信息反馈要求。

4）施工质量控制点的管理应该是动态的，一般情况下在工程开工前、设计交底和图纸会审时，可确定一批整个项目的质量控制点，随着工程的展开、施工条件的变化，随时或定期进行控制点范围的调整和更新,始终保持重点跟踪的控制状态。

(6) 施工质量计划编制完毕,应经企业技术领导审核批准,并按施工承包合同的约定提交工程监理或建设单位批准确认后执行。

2.3.2 施工质量控制的目标

(1) 施工质量控制的总体目标是贯彻执行建设工程质量法规和强制性标准,正确配置施工生产要素和采用科学管理的方法,实现工程项目预期的使用功能和质量标准,是建设工程参与各方的共同责任;

(2) 施工单位的质量控制目标是通过施工全过程的全面质量自控,保证交付满足施工合同及设计文件所规定的质量标准(含工程质量创优要求)的建设工程产品。

2.3.3 施工质量控制的过程

2.3.3.1 施工质量控制的过程,包括施工准备质量控制、施工过程质量控制和施工验收质量控制。

(1) 施工准备质量控制是指工程项目开工前的全面施工准备和施工过程中各分部分项工程施工作业前的施工准备(或称施工作业准备)。此外,还包括季节性的特殊施工准备。施工准备质量是属于工作质量范畴,然而它对建设工程产品质量的形成产生重要的影响。

(2)施工过程的质量控制是指施工作业技术活动的投入与产出过程的质量控制,其内涵包括全过程施工生产及其中各分部分项工程的施工作业过程。

(3)施工验收质量控制是指对已完工程验收时的质量控制,即工程产品质量控制。包括隐蔽工程验收、检验批验收、分项工程验收、分部工程验收、单位工程验收和整个建设工程项目竣工验收过程的质量控制。

2.3.3.2 施工质量控制过程既有施工承包方的质量控制职能,也有业主方、设计方、监理方、供应方及政府的工程质量监督部门的控制职能,他们具有各自不同的地位、责任和作用。

(1)自控主体。施工承包方和供应方在施工阶段是质量自控主体,他们不能因为监控、主体的存在和监控责任的实施而减轻或免除其质量责任。

(2)监控主体。业主、监理、设计单位及政府的工程质量监督部门,在施工阶段是依据法律和合同对自控主体的质量行为和效果实施监督控制。

（3）自控主体和监控主体在施工全过程相互依存、各司其职，共同推动着施工质量控制过程的发展和最终工程质量目标的实现。

2.3.3.3 施工方作为工程施工质量的自控主体，既要遵循本企业质量管理体系的要求，也要根据其在所承建工程项目质量控制系统中的地位和责任，通过具体项目质量计划的编制与实施，有效地实现自主控制的目标。一般情况下，对施工承包企业而言，施工质量控制过程都可归纳为以下相互作用的8个环节：

（1）工程调研和项目承接：全面了解工程情况和特点，掌握承包合同中工程质量控制的合同条件；

（2）施工准备：图纸会审、施工组织设计、施工力量设备的配置等；

（3）材料采购；

（4）施工生产；

（5）试验与检验；

（6）工程功能检测；

（7）竣工验收；

（8）质量回访及保修。

2.3.4 施工作业过程的质量控制

2.3.4.1 建设工程施工项目是由一系列相互关联、相互制约的作业过程（工序）所构成，控制工程项目施工过程的质量，必须控制全部作业过程，即各道工序的施工质量。

2.3.4.2 施工作业过程质量控制的基本程序

（1）进行作业技术交底，包括作业技术要领、质量标准、施工依据、与前后工序的关系等。

（2）检查施工工序、程序的合理性、科学性，防止工序流程错误，导致工序质量失控。检查内容包括：施工总体流程和具体施工作业的先后顺序，在正常的情况下，要坚持先准备后施工、先深后浅、先土建后安装、先验收后交工等等。

（3）检查工序施工条件，即每道工序投入的材料，使用的工具、设备及操作工艺及环境条件等是否符合施工组织设计的要求。

（4）检查工序施工中人员操作程序、操作质量是否符合质量规程要求。

（5）检查工序施工中间产品的质量，即工序质量、分项工程质量。

（6）对工序质量符合要求的中间产品（分项

工程）及时进行工序验收或隐蔽工程验收。

（7）质量合格的工序经验收后可进入下道工序施工。未经验收合格的工序，不得进入下道工序施工。

2.3.4.3 施工工序质量控制要求

工序质量是施工质量的基础，工序质量也是施工顺利进行的关键。为达到对工序质量控制的效果，在工序管理方面应做到：

（1）贯彻预防为主的基本要求，设置工序质量检查点，对材料质量状况、工具设备状况、施工程序、关键操作、安全条件、新材料新工艺应用、常见质量通病，甚至包括操作者的行为等影响因素列为控制点作为重点检查项目进行预控；

（2）落实工序操作质量巡查、抽查及重要部位跟踪检查等方法，及时掌握施工质量总体状况；

（3）对工序产品、分项工程的检查应按标准要求进行目测、实测及抽样试验的程序，做好原始记录，经数据分析后，及时作出合格及不合格的判断；

（4）对合格工序产品应及时提交监理进行隐蔽工程验收；

（5）完善管理过程的各项检查记录、检测资料及验收资料,作为工程质量验收的依据,并为工程质量分析提供可追溯的依据。

2.3.5 施工质量验收的方法

2.3.5.1 建设工程质量验收是对已完工的工程实体的外观质量及内在质量按规定程序检查后,确认其是否符合设计及各项验收标准的要求,是工程交付使用的一个重要环节,正确地进行工程项目质量的检查评定和验收,是保证工程质量的重要手段。

鉴于建设工程施工规模较大,专业分工较多,技术安全要求高等特点,国家相关行政管理部门对各类工程项目的质量验收标准制定了相应的规范,以保证工程验收的质量,工程验收应严格执行规范的要求和标准。

2.3.5.2 工程质量验收分为过程验收和竣工验收,其程序及组织包括:

(1) 施工过程中,隐蔽工程在隐蔽前通知建设单位(或工程监理)进行验收,并形成验收文件;

(2) 分部分项工程完成后,应在施工单位自行验收合格后,通知建设单位(或工程监理)验收,重要的分部分项应请设计单位参加验收;

(3) 单位工程完工后,施工单位应自行组织检

查、评定,符合验收标准后,向建设单位提交验收申请;

(4) 建设单位收到验收申请后,应组织施工、勘察、设计、监理单位等方面人员进行单位工程验收,明确验收结果,并形成验收报告;

(5) 按国家现行管理制度,房屋建筑工程及市政基础设施工程验收合格后,尚需在规定时间内,将验收文件报政府管理部门备案。

2.3.5.3 建设工程施工质量验收应符合下列要求:

(1) 工程质量验收均应在施工单位自行检查评定的基础上进行;

(2) 参加工程施工质量验收的各方人员,应该具有规定的资格;

(3) 建设项目的施工,应符合工程勘察、设计文件的要求;

(4) 隐蔽工程应在隐蔽前由施工单位通知有关单位进行验收,并形成验收文件;

(5) 单位工程施工质量应该符合相关验收规范的标准;

(6) 涉及结构安全的材料及施工内容,应有按照规定对材料及施工内容进行见证取样检测;

(7) 对涉及结构安全和使用功能的重要分部工

程、专业工程应进行功能性抽样检测；

（8）工程外观质量应由验收人员通过现场检查后共同确认。

2.3.5.4 建设工程施工质量检查评定验收的基本内容及方法：

（1）分部分项工程内容的抽样检查；

（2）施工质量保证资料的检查，包括施工全过程的技术质量管理资料，其中又以原材料、施工检测、测量复核及功能性试验资料为重点检查内容；

（3）工程外观质量的检查。

2.3.5.5 工程质量不符合要求时，应按规定进行处理：

（1）经返工或更换设备的工程，应该重新检查验收；

（2）经有资质的检测单位检测鉴定，能达到设计要求的工程，应予以验收；

（3）经返修或加固处理的工程，虽局部尺寸等不符合设计要求，但仍然能满足使用要求，可按技术处理方案和协商文件进行验收；

（4）经返修和加固后仍不能满足使用要求的工程严禁验收。

3 地基与基础工程质量检查评定

3.1 地基与基础分部（子分部）工程、分项工程的划分

根据《建筑工程施工质量验收统一标准》（GB50300—2001）建筑工程分部（子分部）工程、分项工程划分办法，地基与基础分部有 9 个子分部、65 个分项。划分规定见表 3-1。

地基与基础分部（子分部）工程、
分项工程划分表 表 3-1

分部工程	子分部工程	分项工程
地基与基础	无支护土方	土方开挖、土方回填
	有支护土方	排桩、降水、排水、地下连续墙、锚杆、土钉墙、水泥土桩、沉井与沉箱、钢及混凝土支撑

续表

分部工程	子分部工程	分项工程
地基与基础	地基处理	灰土地基、砂和砂石地基、碎砖三合土地基、土工合成材料地基、粉煤灰地基 重锤夯实地基，强夯地基，振冲地基，砂桩地基，预压地基，高压喷射注浆地基 土和灰土挤密桩地基，注浆地基，水泥粉煤灰碎石桩地基，夯实水泥土桩地基
	桩基	锚杆静压桩及静力压桩，预应力离心管桩，钢筋混凝土预制桩，钢桩，混凝土灌注桩（成孔、钢筋笼、清孔、水下混凝土灌注）
	地下防水	防水混凝土，水泥砂浆防水层，卷材防水层，涂料防水层，金属板防水层，塑料板防水层，细部构造，喷锚支护，复合式衬砌，地下连续墙，盾构法隧道；渗排水、盲沟排水，隧道、坑道排水；预注浆、后注浆，衬砌裂缝注浆
	混凝土基础	模板、钢筋、混凝土，后浇带混凝土，混凝土结构缝处理

续表

分部工程	子分部工程	分项工程
地基与基础	砌体基础	砖砌体，混凝土砌块砌体，配筋砌体，石砌体
	劲钢（管）混凝土	劲钢（管）焊接，劲钢（管）与钢筋的连接，混凝土
	钢结构	焊接钢结构，拴接钢结构，钢结构制作，钢结构安装，钢结构涂装

3.2 无支护土方

3.2.1 土方开挖（机械挖土）

3.2.1.1 工艺流程

确定开挖的顺序和坡度 → 分段分层下挖 → 按方案要求设置支撑 → 修边和清底

3.2.1.2 质量检查要求

（1）开挖基坑（槽）、管沟不得超过基底标高，个别地方有超挖时，处理方法应取得设计单位

的同意;

(2) 如遇基础不能及时施工时,可在基底标高以上预留 300mm 土层不挖,待做基础时再挖;

(3) 严格按照施工方案的施工顺序进行土方施工,宜先从低处开挖,分层、分段依次进行,形成一定的坡度,以利于排水;

(4) 施工时必须了解土质和地下水位的情况,正铲挖土机挖方的台阶高度,不得超过最大挖掘高度的 1.2 倍;

(5) 雨季施工时,基槽、坑底应预留 300mm 土层,在打混凝土垫层前再挖至设计标高。

3.2.1.3 检查判定

(1) 主控项目质量要求见表 3-2;

土方开挖主控项目质量要求 (mm) 表 3-2

序号	项目	地基、坑、基槽	挖方场地平整		管沟	地(路)面基层
			人工	机械		
1	标高	-50	±30	±50	-50	-50
2	长度、宽度(由设计中心线向两边量)	+200 -50	+300 -100	+500 -150	+100	—
3	边坡	设计要求				

（2）一般项目质量要求见表 3-3。

土方开挖一般项目质量要求（mm） 表 3-3

序号	项目	地基、基坑、基槽	挖方场地平整		管沟	地（路）面基层
			人工	机械		
1	表面平整度	20	20	50	20	20
2	基底土性	设计要求				

3.2.1.4 形成的质量文件

（1）施工图、设计说明、地基处理设计变更或技术核定单；

（2）施工组织设计或施工方案；

（3）工程地质勘察报告或施工前补充的地质详勘报告；

（4）规划红线放测签证单或建筑物（构筑物）平面和标高放线测量记录和复核单；

（5）地基验槽记录，应有建设单位（或监理单位）、施工单位、设计单位、勘察单位签署的验收意见；

（6）隐蔽工程验收记录；

（7）施工过程排水监测记录；

（8）土方开挖工程检验批验收记录；

(9) 分项质量验收记录表。

3.2.2 土方回填(人工回填)

3.2.2.1 工艺流程

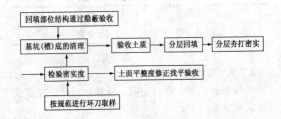

3.2.2.2 质量检查要求

(1) 回填前必须对回填部位结构质量(混凝土强度、砌体砂浆强度达到设计要求)轴线、标高或防水层等进行验收,并办好隐蔽验收记录。

(2) 回填前应完成上下水管、煤气管和管沟墙间的临时加固,并通过各管道的通水、通球、通气试验。

(3) 回填前应做好水平标记,控制回填土高度或厚度,对于人工打夯每层铺土厚度一般不大于200mm,一般蛙式打夯机每层铺土厚度为 200~

250mm。

（4）回填土每层夯打一般3遍,一夯压半夯,夯夯咬接,纵横交接,严禁浇水加快土下沉的做法。

（5）深浅相连基坑,等深基坑土分层填夯到浅基坑,再同时一起填夯。对分段填夯的基坑应填夯成阶梯形,上下层错缝距离不小于1.0m,阶梯形高宽比一般为1:2。

（6）回填土每层夯实后,应按规范规定进行环刀取样。

（7）基坑回填土应连续进行,注意雨情,雨前及时夯实已填土或表面压光,形成临时排水沟、集水井。

（8）冬期基坑回填土每层厚度应比常温下回填土厚度减少20%~50%,冻土体积不得超过填土总面积的15%并应均匀分布,逐层压实;粒径不得大于150mm。

（9）管沟底至管顶0.5m范围内不得用含有冻土块的土回填。

3.2.2.3 检查判定

（1）主控项目质量要求见表3-4。

（2）一般项目质量要求见表3-5。

土方回填主控项目质量要求　　表 3-4

序号	检查项目	允许偏差和允许值（mm）				
		地基、基坑、基槽	场地平整		管沟	地（路）面基层
			人工	机械		
1	标高	-50	±30	±50	-50	-50
2	分层压实系数	设计要求				

土方回填一般项目质量要求　　表 3-5

序号	检查项目	允许偏差和允许值（mm）				
		地基、基坑、基槽	场地平整		管沟	地（路）面基层
			人工	机械		
1	回填土料	设计要求				
2	分层厚度及含水率	设计要求				
3	表面平整度	20	20	30	20	20

3.2.2.4　形成的质量文件

（1）填方前的基底处理记录；

（2）地基处理设计变更单或技术核定单；

（3）隐蔽工程验收记录；

（4）回填土料取样检查，每层填土压实系数测试报告和取样分布图；

(5) 施工过程排水监测记录；
(6) 土方回填工程检验批验收记录；
(7) 分项质量验收记录表。

3.3 有支护土方

3.3.1 地下连续墙

3.3.1.1 工艺流程

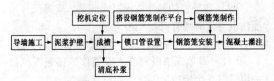

3.3.1.2 质量检查要求

（1）槽段开挖前应沿连续墙墙面两侧构筑导墙，其净距应大于地下连续墙设计尺寸40~60mm；

（2）导墙高度宜1.5~2.0m，顶部高出地面不应小于100mm，外侧护土应夯实；

（3）新拌制的泥浆应储存24h以上或加分散剂使膨润土（或黏土）充分水化后方可使用；

（4）单元槽段长度应符合设计规定，并采取间隔式开挖，一般地质应间隔一个单元槽段；

(5) 挖至设计高程后,应及时检查槽位、槽深、槽宽和垂直度,合格后方可进行清底;

(6) 清底后的槽底泥浆比重不应大于1.15,沉淀物淤积厚度不应大于100mm;

(7) 钢筋笼应在槽段接头清刷、清槽、换浆合格后及时吊放入槽,并应对准槽段中心线缓缓沉入,不得强行入槽;

(8) 钢筋笼沉放就位后,灌注混凝土不应超过4h;

(9) 各导管储料斗内混凝土储量,应保证开始灌注混凝土时埋管深度不小于500mm;

(10) 混凝土浇灌速度,不应低于2m/h;

(11) 每单元槽段混凝土应制作抗压强度试件一组,每5个槽段应制作抗渗试件一组。

3.3.1.3 检查判定

(1) 主控项目质量要求见表3-6;

地下连续墙主控项目质量要求　　表3-6

序号	检查项目	允许值或允许偏差(mm)
1	混凝土抗压和抗渗压力	符合设计要求,墙面无露筋和夹泥现象
2	垂直度:永久结构 临时结构	1/300 1/150

(2) 一般项目质量要求见表3-7。

地下连续墙一般项目质量要求　　表3-7

序号	检查项目		允许偏差（mm）
1	导墙尺寸	宽度	$W+40$
		墙面平整度	<5
		导墙平面位置	±10
2	沉渣厚度	永久结构	≤100
		临时结构	≤200
3	槽深		+100
4	混凝土坍落度		180~220
5	钢筋笼尺寸		GB 50202 第5.6.4-1条
6	地下墙平面平整度	永久结构	<100
		临时结构	<150
		插入式结构	<20
7	永久结构时的预埋件位置	水平向	≤10
		垂直向	≤20

注：1. 地下连续墙钢筋笼的验收按钢筋混凝土灌注桩钢筋笼的标准验收。
  2. 地下墙的验收按《建筑地基基础工程施工质量验收规范》（GB 50202）验收。永久结构的抗渗质量标准按《地下防水工程质量验收规范》（GB 50208）验收，也应符合《混凝土结构工程施工质量验收规范》（GB 50204）的规定。
  3. W 为地下连续墙设计厚度。

3.3.1.4 形成的质量文件

(1) 材料备案证明、质量证明书、复试报告;
(2) 图纸会审记录、设计变更或洽商记录;
(3) 单元槽段中间验收记录;
(4) 工程测量定位记录;
(5) 检验批质量验收记录;
(6) 分项工程质量验收记录;
(7) 废弃泥浆处理报告;
(8) 基坑开挖后地下连续墙结构验收记录;
(9) 隐蔽工程验收记录;
(10) 单独子分部施工应按单独竣工资料要求形成。

3.3.2 钢及混凝土支撑

3.3.2.1 工艺流程

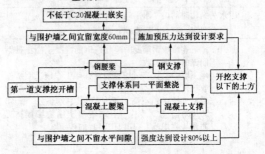

3.3.2.2 质量检查要求

(1) 基坑竖向平面严格分层开挖,先支撑后开挖。

(2) 支撑安装应采用开槽架设,支撑顶面安装标高应低于坑内土面200~300mm。

(3) 采用工具式接头的钢支撑,对计量千斤顶和计量仪表,正常情况每半年校验一次。

(4) 立柱穿过主体结构底板以及支撑结构穿越主体结构地下室外墙部位,应采用止水构造措施。

(5) 支撑端头应设置厚度不小于10mm的钢板作封头端板,端板与支撑构件应满焊,焊缝厚度及长度能承受全部支撑力或支撑等强度。必要时,增设加劲肋板;肋板数量、尺寸应满足支撑端头局部稳定要求和传递支撑力的要求。

(6) 支撑安装完毕后,应及时检查各节点的连接状况,确认符合要求后方可施加预压力,预压力的施加在支撑的两端同步对称进行。

(7) 预压力应分级施加,重复进行加至设计值时,应再次检查各连接点的情况,必要时对节点进行加固,待额定压力稳定后锁定。

(8) 现浇混凝土支撑必须在混凝土强度达到设计强度80%以上,才能开挖支撑以下的土方。

3.3.2.3 检查判定

(1) 主控项目质量要求见表3-8;

钢及混凝土支撑系统工程主控项目质量要求

表 3-8

序号	检查项目	允许偏差 (mm)
1	支撑位置:标高	30 mm
	平面	100 mm
2	预加顶力	± 50 kN

(2) 一般项目质量要求见表3-9。

钢及混凝土支撑系统工程一般项目质量要求

表 3-9

序号	检查项目	允许偏差 (mm)
1	围檩标高	30 mm
2	立柱桩	按围护设计要求
3	立柱位置:标高	30 mm
	平面	30 mm
4	开挖超深(开槽放支撑不在此范围)	< 200 mm
5	支撑安装时间	设计要求

3.3.2.4 形成的质量文件

(1) 材料备案证明、质量证明书、复试报告;

(2) 第一排支撑系统平面图(包括围檩、支撑、立柱、立柱桩平面中钢格构柱位置);

(3) 混凝土(商品)配合比;

(4) 混凝土支撑抗压强度试验报告;

(5) 每皮挖土对支撑系统变形的测量记录;

(6) 每排支撑系统完成后,按钢及混凝土支撑系统质量检验标准的检验记录;

(7) 周围环境的监测记录。

3.3.3 水泥土桩(SMW工法搅拌桩)

3.3.3.1 工艺流程

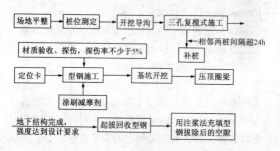

3.3.3.2 质量检查要求

（1）开挖的沟槽应比搅拌桩桩位外边线各宽200mm左右，500~700mm深。

（2）采用跳槽式三孔复搅式施工。如图3-1所示。

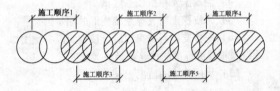

图 3-1 跳槽式三孔复搅式施工

（3）紧贴结构部位 SMW 工法桩考虑外放100mm。

（4）每根桩定位前需根据桩位轴线复核，施工时应准确定位保证桩相互咬合不小于200mm，其偏差在50mm，严禁漏桩。

（5）SMW 工法桩垂直度控制在3‰，平整度采用水平尺复核（基座下部需垫实）。导向架的垂直度采用经纬仪和线锤双控制。每根桩须在就位对中时校核1次，施工过程中不少于2次。钻头在下沉过程中若产生偏移，将钻头重新提起，纠正到位后再下沉。

（6）SMW工法桩水泥掺量为20%，每立方米搅拌水泥用量为360kg。

（7）三轴水泥搅拌桩在下沉和提升过程中均应注入水泥浆料，同时严格控制下沉和提升速度。根据设计要求和有关技术资料规定，下沉速度不大于0.5m/min，提升速度不大于1m/min，在桩底部分适当持续搅拌注浆。

（8）无论何种原因在喷浆时一旦停浆，应将搅拌桩机头装置下沉至停浆点以下500mm，待恢复供浆时再喷浆提升。喷浆压力为1.5~2.5MPa，提升速度控制在1.0m/min以内。

（9）SMW工法桩加固深度严格按照规定标高进行高程控制，每台桩架施工前测量其施工区域的标高，以确定钻杆的长度，（留有一定的余量）并在钻杆上做红油漆标记。

（10）型钢使用前应逐根检查、验收，并对型钢进行探伤，探伤率不得少于5%。

（11）型钢涂刷减摩剂，必须清除型钢表面污垢。

（12）减摩剂必须用电炉加热至完全融化，用搅棒搅时感觉厚薄均匀，才能涂敷于型钢上，否则涂层不均匀，易剥落。一旦发现涂层开裂、剥落，必须将其铲除,重新涂刷减磨剂。

(13) 相邻两桩的相互间隔不超过 24h,咬合不小于 200mm,确保墙体的抗渗效果。

(14) SMW 工法水泥搅拌桩 28d 龄期无侧限抗压强度 q_u 不小于 1.5MPa。

3.3.3.3 检查判定

加筋水泥土桩支护工程均为一般工程。质量要求见表 3-10。

水泥土桩 (SMW 工法搅拌桩) 质量要求

表 3-10

序号	检查项目	允许偏差 (mm)
1	型钢长度	±10mm
2	型钢垂直度	<1%
3	型钢插入标高	±30mm
4	型钢插入平面位置	±10mm

3.3.3.4 形成的质量文件

(1) 桩位技术复核记录;
(2) 成桩原始记录;
(3) 型钢的探伤记录;

(4) 型钢的下插情况记录;
(5) 插入型钢拔除记录;
(6) 单独子分部施工应按单独竣工资料要求形成。

3.3.4 水泥土桩(水泥土重力式挡土墙支护结构)

3.3.4.1 工艺流程

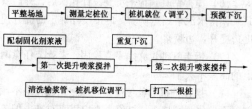

说明:

水泥土墙采用格栅施工时,格栅的长宽比不宜大于2。必须将相邻两桩纵向搭接成行施工,相邻两桩中心距按设计需要确定。形状如∞状("8"字形)。

3.3.4.2 质量检查要求

(1) 施工应遵循两喷三搅拌的操作程序,喷浆搅拌时钻具提升(下沉)速度不宜大于 0.5m/min。

(2) 钻头每转一周提升(下沉)1.0~1.5cm为宜,确保有效桩长范围内桩体强度的均匀性。

(3) 水泥搅拌桩下沉时不得采用冲水下沉,以免影响桩体质量。

(4) 制备好的浆液不得产生离析,不得停置时间过长,超过2h的浆液应降低标号使用。

(5) 桩位偏差不得大于50mm,垂直度偏差不大于1%。

(6) 搅拌钻具预搅下沉到设计孔深后,开启灰浆泵,待水泥浆到达喷嘴,再按设计确定的提升速度边提升,边喷浆。

(7) 钢走管铺设必须平直稳固,走管上任意两点的高差不大于20mm。

(8) 搅拌桩机的就位位置确保施工过程中不倾斜、不偏位,搅拌头与桩位中心应垂直对准,偏差不大于20mm。

(9) 预搅下沉时,钻头转速控制在60rpm以内,钻速控制在1.5m/min,提升速度应控制在0.5m/min,预搅下沉电流控制在70A以内。

(10) 在配制水泥浆液时,要求搅拌均匀,每桶水泥浆搅拌不小于2min,水灰比按0.5~0.55配制,掺入量13%,采用普硅水泥P32.5强度等级。在配制浆液前,各种原材料应送检,合格后方可使用。

(11) 在喷浆搅拌提升过程中,应做到送浆在前,提升在后,做到均匀提升,与注浆同步提升到顶,送浆不得中途停浆,如果出现断浆情况,必须重新下沉到停浆位置 500mm 以下,送浆搅拌稍作停顿,然后再继续搅拌提升。

(12) 因停电、停水或设备故障,造成停桩时间过长,应在停桩位置做好标记,采取补桩措施。

(13) 加强沉降位移变形监测,出现警戒值时,应控制成桩速度及成桩数量。

3.3.4.3 检查判定

(1) 主控项目:

1) 水泥及外掺剂质量按设计要求选用。并按规定进行检测试验;

2) 水泥用量符合设计要求;

3) 桩体强度按设计要求进行检查。

(2) 一般项目质量要求见表 3-11。

水泥土桩(水泥土重力式挡土墙支护结构)
一般项目质量要求　　　　表 3-11

序号	检查项目	允许偏差 (mm)
1	机头提升速度 (m/min)	≤0.5
2	桩底标高 (mm)	200

续表

序号	检查项目	允许偏差（mm）
3	桩顶标高（mm）	+100，-50
4	桩位偏差（mm）	<50
5	桩径	<0.04D（D 为桩直径）
6	垂直度（%）	≤1.5
7	搭接（mm）	>200

注：施工结束后检查桩体强度，桩体直径。强度检查：支护桩取 28 天后的试件。

3.3.4.4 形成的质量文件

（1）施工图、设计说明、设计变更、技术核定单；
（2）施工组织设计或施工方案；
（3）测量轴线技术复核记录；
（4）材料备案证明、合格证及试验报告；
（5）水泥土搅拌桩施工记录；
（6）试件的强度报告；
（7）沉降位移变形监测记录；
（8）单独子分部施工应按单独竣工资料要求形成。

3.4 桩基

3.4.1 静力压桩

3.4.1.1 工艺流程

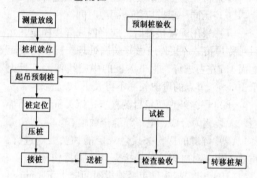

3.4.1.2 质量检查要求

（1）混凝土预制桩混凝土强度达到强度设计值的70%方可起吊。

（2）混凝土预制桩混凝土强度达到强度设计值的100%才能运输和压桩施工。

（3）桩尖插入桩位后，移动桩机时，桩的垂直度偏差不得超过0.5%。

(4) 当压桩到设计标高时,读取并记录最终压桩力,与设计要求压桩力相比允许偏差控制在±5%以内。如在±5%以上,应向设计单位提出,确定处置与否,压桩时的压力不能超过桩身强度。

(5) 桩帽、桩身和送桩的中心线应重合。

(6) 压同一根桩应缩短间隙时间。

(7) 采用焊接接桩时,应将四周焊接固定,然后对称焊接。焊接件应做好防腐处理。接桩一般距地面1m左右进行,上下节桩的中心线偏差不得大于10mm,节点的弯曲矢高不得大于1%桩长。

(8) 焊缝外观质量目测检查,以无气泡、无焊瘤、无裂缝为合格,电焊焊缝全数检查。

(9) 焊缝的探伤按设计规定的抽验数量进行,重要工程应对电焊接桩的接头10%的探伤检查。

(10) 电焊接头结束后停歇时间应大于1min再进行压桩。

3.4.1.3 检查判定

(1) 主控项目

1) 桩体质量检验:按设计要求数量对桩进行桩体质量的检验,桩体质量判定应根据基桩检测技术规范;

2) 桩位偏差(全数检查),质量要求见表3-12;

静力压桩工程桩位允许偏差　　表 3-12

序号	检查项目		允许偏差（mm）
1	盖有基础梁的桩	垂直基础梁的中心线	100mm + 0.01H
		沿基础梁的中心线	150mm + 0.01H
2	桩数为 1~3 根桩基中的桩		100mm
3	桩数为 4~16 根桩基中的桩		1/2 桩径或边长
4	桩数大于 16 根桩基中的桩	最外边的桩	1/3 桩径或边长
		中间桩	1/2 桩径或边长

注：H 为施工现场地面标高与桩顶设计标高的距离。

3）承载力：按设计要求数量对桩进行承载力的试验，根据报告对照基桩检测技术规范。

（2）一般项目——成品桩质量抽查率为 20%，质量控制要求见表 3-13。

静力压桩工程桩体质量控制要求　　表 3-13

序号	检查项目	允许偏差（mm）
1	外观	表面平整，颜色均匀，掉角深度小于 10mm，蜂窝面积小于总面积 0.5%

续表

序号	检查项目		允许偏差 (mm)
2	外形尺寸	横截面边长	±5 mm
		桩顶对角线差	<10 mm
		桩尖中心线	<10 mm
		桩身弯曲矢高	<1/1000L (L 为桩长)
		桩顶平整度	<2 mm
3	强度	满足设计要求(检查产品合格证或钻芯试压)	

3.4.1.4 形成的质量文件

(1) 工程地质勘探报告；

(2) 桩位施工图；

(3) 桩位控制点、线，标高控制点的复核记录，单桩定位控制记录；

(4) 静力压桩施工记录；

(5) 桩位中间验收记录、每根桩的接桩记录或焊接桩的探伤报告；

(6) 成品桩的出厂合格证、进场后对该批成品桩的检验记录；

(7) 桩位竣工平面图（包括桩位偏差、桩顶标高、桩身垂直度）；

(8) 周围环境监测记录;
(9) 压桩每一验收批记录。

3.4.2 钻孔灌注桩

3.4.2.1 工艺流程

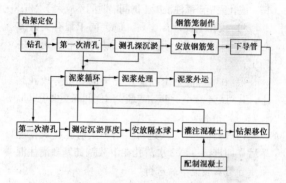

3.4.2.2 质量检查要求

(1) 施工前应复核测量基准线、水准基点。
(2) 对定出的桩位埋设的护筒:
1) 护筒内径宜比桩身设计直径大100mm;
2) 护筒中心与桩位中心线的允许偏差不大于20mm并保持垂直;

3）埋设的护筒周围应用黏土分层回填夯实。

（3）成孔要求

1）用作桩基的工程施工前必须试成孔，数量不少于2个；

2）成孔施工应一次不间断地完成，不得无故停钻。成孔完毕至灌注混凝土的间隔时间不应大于24h；

3）成孔至设计深度后，应会同工程有关各方对孔深等进行检查，确认符合后方可进行下道工序施工；

4）在相邻混凝土刚灌注完毕的邻桩旁成孔施工，其间距不宜小于4d，或最少时间间隔不少于36h。

（4）清孔要求：

1）清孔应分2次进行。第1次清孔在成孔完毕后立即进行；第2次清孔在下放钢筋笼和灌注混凝土导管安装完毕后进行。

2）清孔过程应测定泥浆指标，清孔后的泥浆密度应小于1.15。

3）清孔结束后在保持孔内水头高度外，应在30min内灌注混凝土，超过30min，灌注混凝土前应重新测定孔底沉淤厚度。

（5）钢筋笼施工：

1）钢筋笼制作：

①钢筋笼主筋混凝土保护层允许偏差±20mm。为保证保护层厚度,钢筋笼上应设保护垫块,设置数量每节钢筋笼不应少于2组,长度大于12m的,中间应增设一组,每组数量不得少于三组,应均称地分布在同一截面的主筋上。

②钢筋搭接长度应符合表3-14的要求,焊缝宽度不应小于0.7d,厚度不应小于0.3d。

钻孔灌注桩工程钢筋笼钢筋搭接长度　　表3-14

序号	检查项目	允许偏差（mm）
1	Ⅰ级钢：单面焊	8d
	双面焊	4d
2	Ⅱ级钢：单面焊	10d
	双面焊	5d

2）钢筋笼安装:
①钢筋笼应经隐蔽验收合格后方可安装;
②钢筋笼孔口焊接宜两边对称施焊;
③每节钢筋笼焊接完毕后应该补足焊接部位的箍筋。

3）水下混凝土施工:
①混凝土灌注是确保成桩质量的关键工序,保

证混凝土灌注能连续紧凑地进行。单桩混凝土灌注时间不宜超过8h。

②混凝土充盈系数（即实际灌注混凝土体积和按设计桩身计算体积加预留长度体积之比）不得小于1，也不宜大于1.3。

③混凝土灌注过程中的导管应始终埋在混凝土中，严禁将导管提出混凝土面。导管埋入混凝土深度以3~10m为宜，最小埋入深度不得小于2m，导管勤提勤拆，1次提管拆管不得超过6m。

④混凝土实际灌注高度应比设计桩顶标高高出一定的高度。

⑤混凝土施工中应对混凝土材料质量和用量进行检查，每个工作班至少2次。

⑥混凝土施工中应按要求进行坍落度测定；单桩混凝土量小于$25m^3$的，每根桩测定2次，灌注前中各1次，单桩混凝土量大于$25m^3$的，每根桩测定3次，前后各1次。

⑦混凝土试块数量一根桩不少于1组（3块）同组试块应取自同拌或同车混凝土。

⑧混凝土强度达不到强度要求时，可从桩体中钻取混凝土芯样进行强度试验，或采取非破损检验方法进行进一步检验。

3.4.2.3 检查判定

(1) 主控项目

1) 钻孔灌注桩工程(钢筋笼)主控项目质量要求见表3-15;

钻孔灌注桩工程(钢筋笼)主控项目质量要求

表3-15

序号	检查项目	允许偏差(mm)
1	主筋间距(mm)	±10
2	长度(mm)	±100

2) 钻孔灌注桩工程(混凝土灌注桩)主控项目质量要求见表3-16。

钻孔灌注桩工程(混凝土灌注桩)主控项目质量要求

表3-16

序号	检查项目	允许偏差(mm)
1	桩位	按GB 50202第5.1.4条
2	孔深	+300
3	桩体质量检验	按桩基检测技术规范
4	混凝土强度	设计要求
5	承载力	按桩基检测技术规范

(2) 一般项目

1) 钻孔灌注桩工程（钢筋笼）一般项目质量要求见表 3-17；

钻孔灌注桩工程（钢筋笼）一般项目质量要求

表 3-17

序号	检 查 项 目	允许偏差（mm）
1	钢筋材质检验	设计要求
2	箍筋间距（mm）	±20
3	直径（mm）	±10

2) 钻孔灌注桩工程（混凝土灌注桩）一般项目质量要求见表 3-18。

钻孔灌注桩工程（混凝土灌注桩）一般项目质量要求

表 3-18

序号	检 查 项 目	允许偏差（mm）
1	垂直度	按 GB 50202 第 5.1.4 条
2	桩径	按 GB 50202 第 5.1.4 条
3	泥浆比重（黏土和砂性土中）	1.15～1.20
4	泥浆面标高（高于地下水位）（m）	0.5～1.0

续表

序号	检查项目	允许偏差（mm）
5	沉淤厚度：端承桩（mm） 摩擦桩（mm）	≤50 ≤150
6	混凝土坍落度：水下灌桩(mm) 干施工（mm）	160~220 70~100
7	钢筋笼安装深度（mm）	±100
8	混凝土充盈系数	>1
9	桩顶标高（mm）	+30，-50

3.4.2.4 形成的质量文件

（1）桩位测量轴线平面图；

（2）原材料合格证及试验报告；

（3）混凝土测试试验报告；

（4）桩孔测试报告；

（5）施工记录；

（6）隐蔽工程验收记录；

（7）检验批质量验收记录表；

（8）设计变更通知书，事故处理记录及有关文件；

(9) 桩位竣工平面图;

(10) 凡进行桩静荷载试验、动荷载试验、超声波检验和取芯法检验等检查试验项目,还应由测试单位提供所进行试验项目的试验报告。

3.5 地下防水

3.5.1 卷材防水层

3.5.1.1 工艺流程

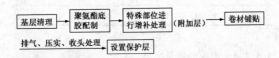

3.5.1.2 质量检查要求

(1) 在卷材防水层施工前,应对基层的混凝土缺陷、杂物、尘土处理和清扫干净,并通过监理共同验收隐蔽通过。

(2) 卷材防水层铺贴前,所有穿过防水层的管道、预埋件均应施工完毕,并做好防水处理,严禁在防水层上打眼开洞。

(3) 卷材防水层施工期间地下水位应降低到垫层以下不少于300mm处。

(4) 粘贴各类卷材必须采用与卷材材性相容的胶粘剂:

1) 高聚物改性沥青卷材间的粘结剥离强度不应小于 8N/10mm。

2) 合成高分子卷材胶粘剂的粘结剥离强度不应小于 15N/10mm,浸 7d 后的粘结剥离强度保持率不应小于 70%。

(5) 不同防水等级对防水卷材厚度的要求见表 3-19。

地下防水工程对防水卷材厚度的要求　　表 3-19

防水等级	设防道数	合成高分子防水卷材	高聚物改性沥青防水卷材
1 级	二道或三道以上设防	单层:不应小于 1.5mm	单层:不应小于 4mm
1 级	二道设防	双层:每层不应小于 1.2mm	双层:每层不应小于 3mm

(6) 两幅卷材短边和长边的搭接宽度均不应小于 100mm。采用多层卷材时,上下两层和相邻两幅卷材的接缝应错开 1/3 幅宽,且两层卷材不得相互垂直铺贴。

(7) 地下工程的卷材防水层不得采用纸胎油毡。

(8) 地下室工程的卷材防水层应先铺贴平面,后铺贴立面。第一块卷材应铺贴在平面和立面相交的阴角处,平面和立面各占半幅卷材。待第一块卷材铺贴完后,以后的卷材应根据卷材的搭接宽度(长边为100mm,短边为150mm)在已铺的卷材的搭接边上弹出基准线。

(9) 冷粘法铺贴卷材:

1) 胶粘剂涂刷应均匀、不漏底、不堆积;

2) 铺贴卷材应控制胶粘剂涂刷与卷材铺贴的间隔时间;

3) 接缝口应用密封材料封严,其宽度不应小于10mm;

4) 铺贴的卷材应平整、顺直、搭接尺寸正确、不得有扭曲、皱折。

(10) 热熔法铺贴卷材:

1) 火焰加热器加热卷材应均匀,不得过分加热或烧穿卷材;厚度小于3mm的高聚物改性沥青防水卷材,严禁采用热熔法施工。

2) 卷材热熔后立即滚铺卷材,排除卷材下面空气,辊压粘结牢固,不得有空鼓和皱折。

3) 滚铺卷材接缝部位必须溢出沥青的热熔胶,并随即刮封接口,确保接缝粘结严密。

4) 铺贴后的卷材应平整、顺直、搭接尺寸正确、不得有扭曲、皱折。

(11) 地下工程卷材外表不应有孔眼、断裂、叠皱、边缘撕裂。表面防粘层应均匀散布,受水后不起泡、不翘边,冬季不脆断。

3.5.1.3 检查判定

(1) 主控项目要求见表3-20;

地下防水工程对卷材防水施工质量主控项目的要求　　　表3-20

序号	检查项目	检查要求
1	卷材及配套材料要求	卷材防水层所用卷材及主要配套材料必须符合设计要求
2	细部要求	卷材防水层及其转角处、变形缝、穿墙管道等细部做法均需符合设计要求

(2) 一般项目要求见表3-21。

地下防水工程对卷材防水施工质量一般项目的要求

表 3-21

序号	检查项目	检查要求
1	基层质量	卷材防水层的基层应牢固，基面应洁净、平整，不得有空鼓、松动、起砂和脱皮现象，基层阴阳角处应做成圆弧形
2	卷材搭接缝	卷材防水层的搭接缝应粘（焊）结牢固，密封严密，不得有皱折、翘边和鼓泡等缺陷
3	保护层	侧墙卷材防水层的保护层与防水层应粘结牢固，结合紧密，厚度均匀一致
4	卷材搭接宽度允许偏差	卷材搭接宽度的允许偏差为 -10mm

3.5.1.4 形成的质量文件

(1) 防水卷材出厂合格证、现场取样试验报告；

(2) 胶结材料出厂合格证、使用配合比资料、粘结试验资料；

(3) 隐蔽工程验收记录。

3.5.2 涂料防水层

3.5.2.1 工艺流程

基层清理 → 涂刷底胶 → 涂膜防水层施工 → 保护层施工

3.5.2.2 质量检查要求

(1) 基层要求坚固，平整光滑，表面无起砂、疏松、蜂窝麻面等现象；

(2) 穿墙管或预埋件应按规定安装牢固、收头圆滑；

(3) 基层应干燥，含水率不得大于9%；

(4) 材料配制必须至充分拌和均匀即可使用，配好的混合料应在2h内用完，不可时间过长；

(5) 穿过墙、顶、地的管根部，地漏、排水口、阴阳角，变形缝及薄弱部位，在大面积施工前，先做好上述部位的增强涂层（附加层）；

(6) 涂刷第一道涂层，必须等附加层涂膜固化和干燥，而且检查附加层无残留的气泡；

(7) 涂刮第二道涂膜与第一道涂层间隔时间一般不少于24h，也不大于72h；

(8) 第三道涂层涂刮方向应与第二道涂膜

垂直。

3.5.2.3 检查判定

(1) 主控项目要求见表3-22；

地下防水工程对涂料防水施工质量主控项目的要求

表3-22

序号	检查项目	检查要求
1	涂料质量及配合比	涂料防水层所用材料及配合比必须符合设计要求
2	细部做法	涂料防水层及其转角处、变形缝、穿墙管道等细部做法均需符合设计要求。

(2) 一般项目要求见表3-23。

地下防水工程对涂料防水施工质量一般项目的要求

表3-23

序号	检查项目	检查要求
1	基层搭接	涂料防水层的基层应牢固，基面应洁净、平整，不得有空鼓、松动、起砂和脱皮现象基层阴阳角处应做成圆弧形

续表

序号	检查项目	检查要求
2	表面质量	涂料防水层应与基层粘结牢固，表面平整，涂刷均匀，不得有流淌、皱折、鼓泡、露胎体、翘边等缺陷
3	涂料防水层	涂料防水层的平均厚度应符合设计要求，最小厚度不得小于设计厚度的80%
4	保护层与防水层粘结	侧墙涂料防水层的保护层与防水层粘结牢固，结合紧密，厚度均匀一致

3.5.2.4 形成的质量文件

（1）防水材料及密封、胎体材料的合格证、质量检验报告和现场抽样试验报告；

（2）专业防水施工资质证明及防水工的上岗证明；

（3）隐蔽工程验收记录：基层墙面处理验收记录；附加层胎体增强材料铺贴验收记录；

（4）施工记录、技术交底及三检记录；

(5) 分项工程检验批质量验收记录;
(6) 施工方案;
(7) 设计图纸及设计变更资料。

3.6 混凝土基础

3.6.1 模板

3.6.1.1 工艺流程

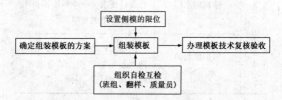

3.6.1.2 质量检查要求

(1) 组合钢模板:检查阴、阳角模板拼装,其纵横肋拼接用 U 形卡、插销等零件要求齐全牢固,不松动、不遗漏;

(2) 木模板:检查板档的间距是否符合方案要求,阴阳角的连接是否合理;

(3) 模板安装后,应检查断面尺寸、标高、对拉螺栓间距、连杆支撑位置,是否符合设计和施工方案要求。

3.6.1.3 检查判定

(1) 主控项目

1) 模板安装质量要求见表 3-24。

混凝土基础工程模板安装主控项目质量要求

表 3-24

序号	检查项目	检查要求
1	模板支撑、立柱位置和垫板	安装现浇结构的上层模板及其支架时,下层楼板应具有承受上层荷载的承载能力,或加设支架;上、下层支架的立柱应对准,并铺设垫板
2	避免隔离剂沾污	在涂刷模板隔离剂时,不得沾污钢筋和混凝土接槎处

2) 模板拆除:

①模板及其支架拆除时的混凝土强度:底模及其支架拆除时的混凝土强度应符合设计要求;当设计无要求时,混凝土强度应符合底模拆除时的混凝土强度要求,见表 3-25。

混凝土基础工程模板拆除主控项目质量要求

表 3-25

序号	检查项目要求		模板拆除时强度要求
1	板（m）	≤2	≥50%
		>2，≤8	≥75%
		>8	≥100%
2	梁、拱、壳（m）	≤8	≥75%
		>8	≥100%
3	悬臂结构（m）	—	≥100%

②后张法预应力构件侧模和底模的拆除时间：对后张法预应力混凝土结构构件，侧模宜在预应力张拉前拆除；底模支架的拆除应按施工技术方案执行，当无具体要求时，不应在结构构件建立预应力前拆除。

③后浇带拆模和支模：后浇带模板的拆除和支模应按施工技术方案执行。

（2）一般项目

1）模板安装质量要求见表 3-26；

混凝土基础工程模板安装一般项目质量要求

表 3-26

序号	检查项目	检 查 要 求
1	模板安装一般要求	1. 模板的接缝不应漏浆；在浇捣混凝土前，木模板应浇水湿润，但模板内不应有积水和杂物。 2. 模板与混凝土的接触面应清洁干净，并涂刷隔离剂，但不得采用影响结构性能或妨碍装饰工程施工的隔离剂。 3. 浇捣混凝土前，模板内的杂物应清理干净。 4. 对清水混凝土工程，及装饰混凝土工程，应使用能达到设计效果的模板
2	用作模板的地坪、胎模质量	用作模板的地坪、胎模等应平整光洁，不得产生影响构件质量的下沉、裂缝、起砂或起鼓
3	模板起拱高度	对跨度不小于 4m 的现浇钢筋混凝土梁、板，其模板应按设计要求起拱；当设计无具体要求时，起拱高度宜为跨度的 1/1000~3/1000

续表

序号	检查项目	检查要求		
4	预埋件、预留孔和预留洞允许偏差（mm）	预埋钢板中心线位置		3
		预留管、预留孔中心线位置		3
		插筋	中心线位置	5
			外露长度	+10, 0
		预埋螺栓	中心线位置	2
			外露长度	+10, 0
		预留洞	中心线位置	10
			外露尺寸	+10, 0
5	现浇模板安装的允许偏差（mm）	轴线位置		5
		底模上表面标高		±5
		截面内部尺寸	基础	±10
			柱、墙、梁	+4, -5
		层高垂直度	不大于5m	6
			大于5m	8
		相邻两板表面高低差		2
		表面平整度		5

2) 模板拆除要求见表 3-27。

混凝土基础工程模板拆除一般项目质量要求

表 3-27

序号	检查项目	检 查 要 求
1	避免拆模损伤	侧模拆除时的混凝土强度应能保证其表面及棱角不受损伤
2	模板拆除堆放和清运	模板拆除时,不应对楼层形成冲击荷载。拆除的模板和支架不宜集中堆放并及时清运

3.6.1.4 形成的质量文件

(1) 施工技术方案;
(2) 技术复核单;
(3) 检验批质量验收记录;
(4) 分项工程质量验收记录。

3.6.2 钢筋

3.6.2.1 工艺流程

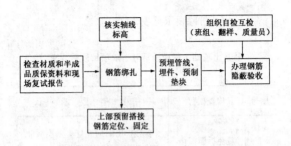

3.6.2.2 质量检查要求

（1）按设计图纸核对加工的钢筋或加工的半成品钢筋的规格、品种、形状、型号。

（2）检查是否按顺序绑扎，一般先长轴后短轴，按照图纸要求画线、铺钢筋、穿箍、绑扎、成型。

（3）检查受力钢筋绑扎接头位置，上铁在跨中，下铁应该尽量在支座处；每个搭接接头长度范围内，搭接钢筋面积不应超过该长度范围内钢筋总面积的1/4。所有受力钢筋和箍筋交接处全绑扎，不得跳扎。

（4）检查预留洞、埋件位置的钢筋加固措施是否符合设计要求。

（5）检查底部钢筋下的预制保护层垫块一般间

隔1000mm，侧面的垫块应与钢筋绑牢，不应遗漏。

3.6.2.3 检查判定

(1) 主控项目

1) 钢筋加工质量要求见表3-28；

钢筋加工主控项目质量要求　　表3-28

序号	检查项目	检查要求
1	力学性能检验	按现行国家标准 GB 1499 等规定，抽取试件作力学性能检验
2	抗震用钢筋强度实测值	有抗震要求的框架结构，纵向受力钢筋的强度，当设计无要求时，对一、二级抗震等级应符合下列要求： ①钢筋抗拉强度实测值与屈服强度的比值不小于1.25； ②钢筋屈服强度实测值与强度的标准比值不大于1.3
3	化学成分等专项检验	当钢筋发生脆断，焊接性能不良或力学性能显著不正常时，应对该批钢筋进行化学成分检验或其他专项检验

续表

序号	检查项目	检 查 要 求
4	受力钢筋的弯钩和弯折	应符合下列规定： ①HPB235级钢筋末端应作180°弯钩，其弯弧内直径不应小于钢筋直径的2.5倍，弯钩的弯后平直部分长度不应小于钢筋直径的3倍； ②当设计要求钢筋末端须作135°弯钩时，HRB335级钢筋、HRB400级钢筋的弯弧内直径不小于钢筋直径的4倍，弯后平直长度符合设计要求； ③钢筋作不大于90°的弯折时，弯折处弯弧内直径不应小于钢筋直径的5倍
5	箍筋弯钩形式	除焊接封闭环式箍筋外，箍筋末端均应弯钩，形式符合设计要求，当设计无要求时，应符合下列规定： ①弯弧内直径：不应小于钢筋直径的5倍 ②弯折角度：一般结构不应小于90°，有抗震要求的结构应为135° ③弯后平直部分长度，一般结构小于钢筋直径的5倍，对有抗震要求的结构不小于钢筋直径的10倍

2) 钢筋安装质量要求见表 3-29。

钢筋安装主控项目质量要求　　表 3-29

序号	检查项目	检查要求
1	纵向受力钢筋的连接方式	应符合设计要求
2	机械连接和焊接接头的力学性能	现场按国家现行标准《钢筋机械连接通用技术规程》(JGJ 107—2003)、《钢筋焊接及验收规程》(JGJ18—2003)的规定,抽取钢筋机械连接接头、焊接接头试件作力学性能检验,其质量应符合有关规程规定
3	受力钢筋的品种、级别、规格、数量	符合设计要求

(2) 一般项目
1) 钢筋加工质量要求见表 3-30;

钢筋加工一般项目质量要求　　表 3-30

序号	检查项目		检查要求
1	外观质量		钢筋应平直、无损伤、表面不得有裂纹、油污、颗粒状或片状老锈
2	钢筋调直		钢筋调直采用冷拉法时，HRB235 级钢筋的冷拉率不大于 4%；HRB335、HRB400、RRB400 级钢筋的冷拉率不大于 1%
3	钢筋加工形状、尺寸允许偏差（mm）	受力钢筋顺长度方向全长的净尺寸	±10
4		弯起钢筋的弯折位置	±20
5		箍筋内净尺寸	±5

2）钢筋安装质量要求见表 3-31。

钢筋安装一般项目质量要求　　表 3-31

序号	检查项目	检 查 要 求
1	接头位置和数量	接头宜设置在受力较小处，同一纵向受力钢筋不宜设置两个或两个以上接头。接头末端至钢筋弯起点的距离不应小于钢筋直径的 10 倍
2	机械连接、焊接接头的外观质量	应符合《钢筋机械连接通用技术规程》（JGJ107—2003）、《钢筋焊接及验收规程》（JGJ18—2003）的规定，抽取钢筋机械连接接头、焊接接头的外观进行检查，其质量应符合有关规程规定
3	机械连接、焊接接头面积百分率	设置在同一构件内的受力钢筋的接头宜相互错开，其同一级内受力钢筋的接头面积的百分率应符合设计要求，当设计无要求时；应符合： ①受拉区不宜大于 50%。 ②接头不宜设置在有抗震设防要求的框架梁端、柱端的箍筋加密区。 ③直接承受动力荷载的结构构件中，不宜采用焊接接头；当采用机械连接接头时，不应大于 50%

续表

序号	检查项目	检查要求
4	绑扎搭接接头面积百分率和搭接长度	同一构件中相邻纵向受力钢筋绑扎接头宜相互错开,绑扎接头中钢筋的横向净距不应小于钢筋直径,且不应小于25mm。同一连接区段内,纵向受力钢筋的接头面积百分率应符合设计要求;当设计无要求时,应符合下列规定: ①对梁、板类及墙类构件不宜大于25%。 ②对柱类构件不宜大于50%。 ③当工程中确有必要增大接头面积百分率时,对梁类构件,不宜大于50%。对其他构件可根据实际情况放宽
5	搭接长度范围内箍筋	在梁、柱类构件的纵向受力钢筋搭接长度范围内,应按设计要求配置箍筋 当设计无具体要求时,应符合下列规定: ①箍筋直径不应小于搭接钢筋较大直径的0.25倍; ②受拉搭接区段的箍筋间距不应大于搭接钢筋较小直径的5倍,且不应大于100mm;

续表

序号	检查项目	检 查 要 求	
5	搭接长度范围内箍筋	③受压搭接区段的箍筋间距不应大于搭接钢筋较小直径的10倍,且不应大于200mm; ④当柱中纵向受力钢筋直径大于25mm时,应在搭接接头两个端面外10mm范围内各设置两个箍筋,其间距宜50mm	
6	钢筋安装位置允许偏差(mm)	绑扎钢筋网 长、宽	±10
		网眼尺寸	±20
		绑扎钢筋骨架 长	±10
		宽、高	±5
		受力钢筋 间距	±10
		排距	±5
		保护层厚度 基础	±10
		柱、梁	±5
		板、墙、壳	±3
		绑扎箍筋、横向钢筋间距	±20
		钢筋弯起点位置	20

续表

序号	检查项目		检 查 要 求	
6	允许偏差(mm)	预埋件	中心线位置	5
			水平高差	+3,0

说明：1. 检查预埋件中心线位置时，应沿纵横两个方向量测，取其中较大值。
2. 表中梁、板类构件上部方向受力钢筋保护层厚度的合格点率应达到90％及以上，且不得有超过表中数值1.5倍的尺寸偏差。

3.6.2.4 形成的质量文件

（1）钢筋出厂合格证、出厂检验报告；
（2）钢筋进场复试报告；
（3）钢筋焊接接头力学性能试验报告；
（4）钢筋机械连接接头力学性能试验报告；
（5）焊接（剂）试验报告；
（6）钢筋隐蔽工程验收记录；
（7）钢筋锥螺纹加工检验记录及连接套筒产品合格证；
（8）钢筋锥螺纹接头质量检查记录；

(9) 施工现场挤压接头质量检查记录；
(10) 设计变更或钢材代用证明；
(11) 检验批质量验收记录；
(12) 分项工程质量验收记录。

3.6.3 混凝土

3.6.3.1 工艺流程

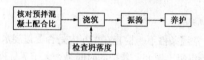

3.6.3.2 质量检查要求

(1) 检查混凝土（商品）配合比是否符合设计要求，尤其有抗渗要求配合比。

(2) 检查到现场的混凝土（商品）坍落度是否达到规定的正负差内。

(3) 检查混凝土浇筑是否按照方案顺序倒入模内浇捣，如接槎超过初凝时间，应该按照施工缝处理，当采用塔机吊斗直接卸料入模时，其吊斗出料口距操作面高度以 300~400mm 为宜，并不得集中一处倾倒。

(4) 检查混凝土振捣是否按浇捣方向采用斜向振捣法（振动机与水平面倾角约30°左右，插棒间距500mm左右），是否有漏振，捣振时间是否控制混凝土表面翻浆出气泡为准。

(5) 纵横连接处及桩顶一般不宜留槎，留槎应在相邻两桩中间的1/3范围内。检查甩槎处是否用板留成直槎，继续施工时，是否对接槎处先湿润和浇浆。

(6) 养护：

1) 常温条件下，检查在12h内是否覆盖浇水养护，保持混凝土湿润。养护的时间是否大于7昼夜。

2) 冬期施工，混凝土养护检查是否按冬期施工方案执行，是否增加与结构同条件养护混凝土试块。

3.6.3.3 检查判定

(1) 主控项目质量要求见表3-32；

混凝土主控项目质量要求　　　　表3-32

序号	检查项目	检 查 要 求
1	混凝土强度等级、试件的取样和留置	结构混凝土强度等级必须符合设计要求，用于检查结构构件混凝土强度的试件，应在混凝土的浇筑地点随机抽取。取样和留置应符合下列规定：

续表

序号	检查项目	检查要求
1	混凝土强度等级、试件的取样和留置	①每拌制100盘,且不超过100m³的同一配合比的混凝土,取样不得少于1次; ②每工作班拌制的同一配合比的混凝土不足100盘时,取样不得少于1次; ③当连续浇筑超过1000m³时,同一配合比的混凝土每200m³混凝土,取样不得少于1次; ④每一楼层,同一配合比的混凝土,取样不得少于1次; ⑤每次取样应至少留置一组标准养护试件,同条件养护试件的留置组数应根据实际需要确定
2	混凝土抗渗、试件的取样和留置	对有抗渗要求的混凝土结构,其混凝土试件应在浇筑地点随机抽样。同一工程、同一配合比的混凝土,取样应不少于一次,留置组数可根据实际需要确定
3	原材料每盘称量的允许偏差	1)水泥、掺和料 ±2% 2)粗、细骨料 ±3% 3)水、外加剂 ±2%

续表

序号	检查项目	检查要求
4	混凝土初凝时间控制	混凝土运输、浇筑及间歇的全部时间不应超过混凝土初凝时间，同一施工段的混凝土应连续浇筑，并应在底层混凝土初凝之前将上一层混凝土浇筑完毕。当底层混凝土初凝后浇筑上一层混凝土时，应按施工技术方案中对施工缝的要求进行处理

（2）一般项目质量要求见表3-33。

混凝土一般项目质量要求　　　表3-33

序号	检查项目	检查要求
1	施工缝的位置及处理	施工缝的位置应在混凝土的浇筑前按设计要求和施工技术方案确定。施工缝的处理应按施工技术方案执行
2	后浇带的位置及处理	后浇带的留置位置按设计要求和施工技术方案确定 后浇带混凝土浇筑应按施工技术方案进行

续表

序号	检查项目	检查要求
3	混凝土养护	混凝土浇筑完毕后，应按施工技术方案及时采取有效的养护措施，应符合下列规定： ①应在浇筑完毕后的12h内对混凝土覆盖、保湿、养护。 ②混凝土浇水养护时间： 采用硅酸盐水泥、普通硅酸盐水泥或矿渣硅酸盐水泥拌制的混凝土，不得少于7d； 采用缓凝型外加剂或有抗渗要求的混凝土不得少于14d； ③浇水的次数量应能保持混凝土处于潮湿状态；养护用水应与拌制用水相同； ④采用塑料布覆盖养护的混凝土，应覆盖严密，保持塑料布内有凝结水； ⑤混凝土强度达到1.2N/mm² 前不得在其上踩踏或安装模板及支架； ⑥当日平均气温低于5℃时，不得浇水； ⑦大体积混凝土养护，根据施工技术方案采取控温措施

3.6.3.4　形成的质量文件

（1）混凝土（商品）配合比报告；

（2）混凝土（商品）坍落度测试记录；

（3）混凝土证明书（包括商品混凝土备案证明）；

（4）混凝土试块抗压强度试验报告（包括同条件养护试块）；

（5）混凝土试块抗渗试验报告（有抗渗要求）；

（6）混凝土试块数理统计评定记录；

（7）混凝土试块非数理统计评定记录；

（8）检验批质量验收记录；

（9）分项工程质量验收记录。

3.7　砌体基础

3.7.1　砖砌体

3.7.1.1　工艺流程

基础墙弹线 → 确定组砌方法 → 排大方砖 → 砌筑 → 防潮层施工

3.7.1.2　质量检查要求

（1）砌筑前应对基础弹线和皮数杆进行复核合

格,办理好技术复核记录(皮数杆一般间距15~20m,转角处均应设立)。

(2) 根据皮数杆最下面一层砖的底标高拉线检查水平灰缝大于20mm时应用细石混凝土找平。常温施工黏土砖必须在前一天浇水湿润,一般以水浸入砖四边15mm左右为宜。

(3) 砌基础墙应挂线,240mm厚墙反手挂线,370mm厚以上墙应双面挂线。

(4) 基础大放脚至基础上部时,要拉线检查轴线和对照皮数杆,确保墙的皮数与皮数杆一致。

(5) 变形缝的墙角应按直角要求砌筑。

(6) 安装管沟和洞口的预制过梁两端的搁置应一致,坐灰超过20mm应用细石混凝土硬找平、再软坐灰。

(7) 外墙转角处严禁留直槎。

(8) 预埋拉结筋的数量、长度应符合设计要求,留置间距偏差不超过一皮砖。

(9) 留置构造柱大马牙槎应先退后进,马牙的深度60mm,高度不大于300mm,上下顺直。

3.7.1.3　检查判定

(1) 主控项目质量要求见表3-34;

砌体基础工程砖砌体主控项目质量要求

表 3-34

序号	检查项目	检查要求
1	砖强度等级	砖强度等级按设计要求检查和验收,砖应有进场验收报告,批量及强度满足设计要求为合格
2	砂浆强度等级	砂浆强度等级按设计要求检查和验收;砂浆有配合比报告,计量配置,按规定留置试块,在试块强度未出来以前,先将试块编号填写,出来后核对,并在分项工程中,按检验批强度评定,符合要求为合格
3	水平灰缝砂浆饱满度	不小于80%
4	斜槎留置	按规范留置,水平投影长度不小于高度的2/3为合格
5	直槎拉结筋及接槎处理	按规定设置,留槎正确,拉结筋数量、规格正确,竖向间距偏差±100mm,留置长度基本正确为合格

续表

序号	检查项目	检查要求
6	轴线位移	不大于10mm为合格
7	垂直度每层	垂直度每层5mm，不超过5mm为合格

（2）一般项目质量要求见表3-35。

砌体基础工程砖砌体一般项目质量要求

表3-35

序号	检查项目	检查要求和允许偏差（mm）
1	组砌方法	上下错缝，内外搭砌，砖柱不能包心砌法。混水墙≤300mm的通缝，每间不超过3处，且不得在同一墙体上，为合格
2	水平灰缝厚度	量10皮砖砌体高度折算，在8～12mm范围内为合格
3	基础顶面、墙面标高	±15mm
4	表面平整度	清水墙5mm、混水墙8mm
5	门窗洞口高、宽	±5mm

续表

序号	检查项目	检查要求和允许偏差（mm）
6	外墙上下窗口偏移	20mm
7	水平灰缝平直度	10mm
8	清水墙游丁走缝	20mm

注：1. 上下两皮砖搭接长度小于25mm为通缝。
　　2. 各项目80%检测点应满足要求，其余20%点可超过允许值，但不得超过其值的150%为合格。

3.7.1.4　形成的质量文件

（1）施工图、设计说明及其他设计文件；

（2）原材料的备案证明、合格证书，产品性能检测报告；

（3）技术复核记录（测量放线和皮数杆设置）；

（4）混凝土及砂浆配合比通知单；

（5）混凝土（商品）证明书；

（6）混凝土及砂浆试件抗压强度试验报告；

（7）隐蔽工程验收记录（拉结筋设置、圈梁钢筋和砖砌体基础砌筑）；

（8）检验批质量验收记录表；

(9) 分项工程验收记录。

3.7.2 混凝土砌块砌体（混凝土空心小砌块）

3.7.2.1 工艺流程

墙体放线 → 制备砂浆 → 砌块排列 → 铺砂浆 → 砌块就位、校正 → 竖缝隙灌砂浆 → 勾缝

3.7.2.2 质量检查要求

（1）拌置砂浆在气温超过30℃时，应分别在拌成后2h和3h用完，细石混凝土应在2h内用完。

（2）龄期不足28d及潮湿的小砌块不得进行砌筑。

（3）应在建筑物四角或楼梯间转角处设置皮数杆，皮数杆间距不宜超过15m。

（4）小砌块应底面朝上反砌。

（5）小砌块应对孔错缝搭砌，个别无法对孔砌筑时，普通混凝土小砌块的搭接长度不应小于90mm，轻骨料混凝土小砌块的搭接长度不应小于120mm。当不能保证此规定时，应在水平缝中设置钢筋网片或拉结筋，网片和拉结筋的长度应不小于

700mm。

(6) 小砌块应从转角或定位处开始,内外墙同时砌筑,纵横交错连接,墙体临时间断处应砌成斜槎,斜槎长度不应小于高度的2/3(一般按一步脚手架高度控制),如留斜槎有困难,除外墙转角处及抗震设防地区,墙体临时间断处不应留直槎外,可以从墙面伸出200mm砌成阳槎,并沿墙高度每两皮砌块(400mm)设置拉结筋或网片,接槎部位宜延至门窗洞口。

(7) 水平灰缝和竖向灰缝的饱满度不应低于90%和80%。

(8) 对设计的固定件和预埋件等部位的砌筑应在墙砌筑中用C20混凝土填实预留或预埋,严禁在砌好的墙体上剔凿或用冲击钻钻孔。

(9) 电线管在砌块墙上埋设时严禁打凿,应采用专用工具按要求切割安装孔。

(10) 电表箱预留洞大于1000mm时,应采用全现浇过梁。

3.7.2.3 检查判定

(1) 混凝土空心小砌块施工主控项目质量要求见表3-36;

混凝土空心小砌块施工主控项目质量要求

表 3-36

序号	检查项目	检查要求
1	小砌块强度等级	符合设计要求
2	砂浆强度等级	符合设计要求,要有配合比报告,计量配制,在试块强度未出来以前,先将试块编号填写,出来后核对,并在分项工程中,按检验批进行评定,符合要求为合格
3	砌筑留槎	墙体转角处和纵横交接处应同时砌筑。临时间断处应砌成斜槎,斜槎的水平投影长度不应小于高度的2/3
4	水平灰缝饱满度	不低于90%,按净面积计算
5	竖向灰缝饱满度	不低于80%,竖缝凹槽填满砂浆,不出现瞎缝或透缝
6	轴线位移	轴线位置偏移10mm,检查全部承重墙,不大于10mm
7	垂直度(每层)	层高垂直度,选质量较差的抽查,不少于6处,不大于5mm

(2) 混凝土空心小砌块施工一般项目质量要求见表3-37。

混凝土空心小砌块施工一般项目质量要求

表3-37

序号	检查项目	检查要求和允许偏差（mm）
1	水平灰缝厚度和竖向灰缝宽度	8~12mm
2	基础顶面和楼层标高	±15mm
3	表面平整度	清水墙5mm，混水墙8mm
4	门窗洞口	±5mm
5	窗口偏差移	20mm
6	水平灰缝	清水墙7mm，混水墙10mm

注：各项目的80%点允许偏差达到要求，其余20%的可超过允许值，但不得超过其值的150%，即为合格，否则返工处理。

3.7.2.4 形成的质量文件

(1) 施工图、设计说明及其他设计文件；

(2) 原材料的备案证明、合格证书，产品性能检测报告；

(3) 技术复核记录 (测量放线和皮水杆设置);

(4) 混凝土及砂浆配合比通知单;

(5) 混凝土 (商品) 证明书;

(6) 混凝土及砂浆试件抗压强度试验报告;

(7) 隐蔽工程验收记录 (拉结筋设置、圈梁钢筋和砖砌体基础砌筑);

(8) 检验批质量验收记录表;

(9) 分项工程验收记录。

4 主体结构工程质量检查评定

4.1 主体结构分部（子分部）工程、分项工程的划分

主体结构分部划分为 6 个子分部，36 个分项工程，详见表 4-1。

主体结构分部（子分部）工程、分项工程的划分

表 4-1

分部工程	子分部工程	分 项 工 程
主体结构	混凝土结构	模板、钢筋、混凝土、预应力、现浇结构、装配式结构
	劲钢（管）混凝土结构	劲钢（管）焊接，螺栓连接、劲钢（管）与钢筋的连接、劲钢（管）制作、安装、混凝土

续表

分部工程	子分部工程	分项工程
主体结构	砌体结构	砖砌体、混凝土小型空心砌块砌体、石砌体、填充墙砌体、配筋砖砌体
	钢结构	钢结构焊接、紧固件连接、钢零部件加工、单层钢结构安装、多层及高层钢结构安装、钢结构涂装、钢构件组装、钢构件预拼装、钢网架结构安装、压型金属板
	木结构	方木和原木结构、胶合木结构、轻型木结构、木结构防护
	网架和索膜结构	网架制作、网架安装、索膜安装、网架防火、防腐涂料

4.2 混凝土结构:模板工程

4.2.1 工艺流程

确定模板安装方案 → 安装模板(设置模板的限位、组织检查)→

进行模板工程的复核验收

4.2.2 质量检查要求

(1) 模板及其支架应根据工程结构形式、荷载大小、地基土类别、施工设备和材料供应等条件进行设计。模板及其支架应具有足够的承载能力、刚度和稳定性，能可靠地承受浇筑混凝土的重量、侧压力以及施工荷载。

(2) 模板在安装过程中应多检查，注意垂直度、中心线、标高及各部位的尺寸。在浇筑混凝土之前，应对模板工程进行验收。

(3) 模板安装后，应检查断面尺寸、标高、对拉螺栓间距、连杆支撑位置，是否符合设计和施工方案要求。

(4) 模板与混凝土的接触应涂隔离剂。不宜采用油质类隔离剂。严禁隔离剂沾污钢筋与混凝土接槎处。

(5) 竖向模板和支架的支承部分必须坐落在坚实的基土上，并应加设垫板，使其有足够的支承面积。

(6) 模板及其支架的拆除顺序及安全措施应按施工技术方案执行。一般是后支先拆，先支后拆，先拆非承重部分，后拆承重部分。

4.2.3 检查与判定

(1) 主控项目质量要求见表4-2;

混凝土结构模板工程主控项目质量要求

表 4-2

项目	合格质量标准	检验方法	检查数量
安装控制	安装现浇结构的上层模板及其支架时,下层楼板应具有承受上层荷载的承载能力,或加设支架。上下层支架的立柱应对准,并铺设垫板	对照模板施工方案进行观察	全数检查
隔离剂涂刷	不得沾污钢筋与混凝土接槎处	观察检查	
底模拆除要求	底模及其支架拆除时的混凝土强度应符合设计要求。当无具体要求时,应符合表4-3要求	检查同条件养护试块报告	

续表

项目	合格质量标准	检验方法	检查数量
后张法预应力混凝土拆模要求	侧模宜在预应力张拉前拆除。底模支架的拆除应按施工技术方案执行，当无具体要求时，不应在结构构件建立预应力前拆除	观察检查	全数检查
后浇带拆模要求	后浇带模板的拆除和支顶应按施工技术方案执行		

（2）底模拆除时的混凝土强度要求见表4-3；

混凝土结构模板拆除工程主控项目质量要求

表4-3

构件类型	构件跨度（m）	达到设计的混凝土立方体抗压强度标准值的百分率（%）
板	≤2	≥50
	>2, ≤8	≥75
	>8	≥100

续表

构件类型	构件跨度（m）	达到设计的混凝土立方体抗压强度标准值的百分率（%）
梁、拱、壳	≤8	≥75
	>8	≥100
悬臂结构		≥100

（3）一般项目质量检验方法见表4-4。

4.2.4 形成的质量文件

（1）模板标高轴线复核记录；
（2）模板安装、模板拆除检验批质量验收记录；
（3）模板安装、模板拆除分项工程质量验收记录。

4.3 混凝土结构：钢筋工程

4.3.1 工艺流程

进场材料验收及复试 → 钢筋绑扎（钢筋定位、固定，轴线、标高复核）→
预埋管线、埋件的放置 → 进行钢筋工程的验收

混凝土结构模板工程一般项目质量检验方法 表 4-4

项目	合格质量标准	检验方法	检查数量
模板安装	①模板接缝不应漏浆，在浇筑混凝土前，木模板应浇水湿润，但板内不应有积水；②板与混凝土的接触面应清理干净并涂刷隔离剂，但不得采用影响结构性能或妨碍装饰工程施工的隔离剂；③浇筑混凝土前，模板内杂物应清理干净；④对清水混凝土工程及装饰混凝土工程，应使用能达到设计效果的模板	观察检查	全数检查
地坪、胎膜质量	用作模板的地坪、胎膜等应平整光洁，不得产生影响构件质量的下沉、裂缝、起砂或起鼓		

续表

项目	合格质量标准	检验方法	检查数量
模板起拱要求	对跨度不小于 4m 的现浇钢筋混凝土梁、板,其模板应按设计要求起拱。当设计无要求时,起拱高度宜为跨度的 1/1000 ~ 3/1000	水准仪或拉线、钢直尺检查	在同一检验批内,对梁、柱和独立基础,应抽查构件数量的 10%,且不少于 3 件。对墙和板,应按有代表性的自然间抽查 10%,且不少于 3 间。对大空间结构,墙可按相邻轴线间高度 5m 左右划分检查面,板可按纵、横轴线划分检查面,检查面,检查 10%,且均不少于 3 面
预埋件、预留孔洞的允许偏差	固定在模板上的预埋件和预留孔洞不得遗漏,安装必须牢固,位置准确,其允许偏差应符合《混凝土结构工程施工质量验收规范》GB 50204—2002 表 4.2.6 的规定	尺量检查	
模板安装的允许偏差	应符合《混凝土结构工程施工质量验收规范》GB 50204—2002 表 4.2.7 的规定		

续表

项目	合格质量标准	检验方法	检查数量
侧模拆除要求	侧模拆除时的混凝土强度应能保证其表面及棱角不受损伤	观察检查	全数检查
模板的拆除、堆放和清运	模板拆除时，不应对楼层形成冲击荷载，拆除的模板宜分散堆放并及时清运		

4.3.2 质量检查要求

（1）在浇筑混凝土前，应进行钢筋隐蔽工程验收，包括纵向受力钢筋的品种、规格、数量、位置，钢筋的连接方式、接头位置、接头数量、接头面积百分率，箍筋、横向钢筋的品种、规格、数量、间距，预埋件的规格、数量、位置等。

（2）当钢筋的品种、级别或规格需作变更时，应办理设计变更文件。

（3）钢筋进场时，应按炉罐（批）号及直径分批验收。验收内容包括查对标牌，检查产品合格证，并按有关规定抽取试件作力学性能检验，其质量必须符合有关标准的规定，方可使用。

（4）钢筋加工应严格按照下料要求进行，在制作加工中发生断裂的钢筋，应进行抽样化学分析，防止其化学成分不合格。

（5）钢筋的连接接头（包括电弧焊、闪光对焊、电渣压力焊、机械连接等）应按照国家现行的标准做力学性能检验，其质量必须符合有关规程的规定。

（6）钢筋绑扎过程中，对于梁和柱的箍筋，除设计有特殊要求外，应与受力钢筋保持垂直，箍筋弯钩叠合处，应沿受力钢筋方向错开放置。此外，梁的箍筋弯钩应尽量放在受压处。特别应注意箍筋加密的设置要求。

（7）钢筋安装时，配置的钢筋级别、直径、根数和间距应符合设计图纸的要求。为保证混凝土保护层厚度，垫块设置应适量可靠，可选用定制的塑料垫块。

4.3.3 检查与判定

（1）主控项目质量检验方法见表4-5；

（2）一般项目质量检验方法见表4-6。

混凝土结构钢筋工程主控项目质量检验方法　　表4-5

项目	合格质量标准	检验方法	检查数量
钢筋力学性能检验	钢筋进场应按现行国家标准抽取试件作力学性能检验，其质量必须符合有关标准的规定	检查产品合格证、出厂检验报告和进场复验报告	按进场的批次和产品的抽样检验方案确定
抗震用钢筋强度实测值	有抗震要求的框架结构纵向受力钢筋的强度，当无设计要求时，对一、二级抗震等级应符合下列要求：①钢筋抗拉强度实测值与屈服强度实测值的比值不小于1.25；②钢筋抗屈服强度实测值与强度标准的比值不大于1.3	检查进场复验报告	

续表

项目	合格质量标准	检验方法	检查数量
钢筋化学成分的专项检查	当发现钢筋脆断、焊接性能不良或力学性能显著不正常等现象时,应对该批钢筋进行化学成分检验或其他专项检验	检查化学成分专项检验报告	按产品的抽样检验方案确定
受力钢筋的弯钩和弯折	①HPB235级钢筋末端应作180°弯钩,其弯钩弧内径不小于钢筋直径的2.5倍,弯后平直部分不小于钢筋直径的3倍;②135°弯钩,HPB235、HPB400级钢筋的弯钩弧内径不小于钢筋直径的4倍,弯后平直部分应符合设计要求;③不大于90°的弯折时,弯钩弧内径不小于钢筋直径的5倍	尺量检查	按每工作班同一类型钢筋、同一加工设备抽查不应少于3件
箍筋弯钩形式	除焊接封闭环式箍筋外,末端均应作弯钩,弯钩形式应符合设计要求。当设计无具体要求时,应符合下列规定:①箍筋弯钩的		

续表

项目	合格质量标准	检验方法	检查数量
箍筋弯钩形式	弯弧内直径除应满足上述要求外，尚应不小于受力钢筋直径；②箍筋弯钩的弯折角度：对一般结构不应小于90°，对有抗震等要求的结构应为135°；③箍筋弯后平直部分长度：对一般结构，不宜小于箍筋直径的5倍，对有抗震等要求的结构，不应小于箍筋直径的10倍	尺量检查	按每工作班同一类型钢筋、同一加工设备抽查不应少于3件
纵向受力钢筋的连接方式	应符合设计要求	观察检查	全数检查
机械连接和焊接接头的力学性能	应符合有关规程的规定	检查产品合格证、接头力学性能试验报告	按有关规程规定
受力钢筋的品种、级别、规格和数量	必须符合设计要求	观察和尺量检查	全数检查

表 4-6 混凝土结构钢筋工程一般项目质量检验方法

项目	合格质量标准	检验方法	检查数量
外观质量	钢筋应平直、无损伤，表面不得有裂纹、油污、颗粒状或片状老锈	观察检查	进场抽样检查
钢筋调直	采用冷拉法时，HPB235级钢筋冷拉率不大于4%，HPB235、HPB400、RRB400级钢筋冷拉率不大于1%	观察和尺量检查	按每工作班同一类型钢筋、同一加工设备抽查不应少于3件
钢筋加工	形状、尺寸应符合设计要求，偏差符合下列规定：受力钢筋顺长度方向全长的净尺寸允许偏差±10mm；弯起钢筋的弯折位置±20mm；箍筋内净尺寸±5mm	尺量检查	
接头位置和数量	钢筋的接头设置宜避开最大受力处。同一纵向受力钢筋不宜设置两个或两个以上接头。接头末端至钢筋弯起点的距离不小于钢筋直径的10倍	观察和尺量检查	全数检查

续表

项目	合格质量标准	检验方法	检查数量
机械连接、焊接接头的外观质量	应对其外观按国家现行标准进行验收	观察检查	全数检查
纵向受力钢筋机械连接、焊接接头的百分率	设置在同一构件内的受力钢筋接头宜相互错开,其同一级内纵向受力钢筋接头的接头面积百分率应符合设计要求,当设计无要求时:①在受拉区不宜大于50%;②接头不宜设置在有抗震设防要求的框架梁端、柱端箍筋加密区,当无法避开时,对等强度高质量机械连接接头,不应大于50%;③直接承受动力荷载的结构构件中,不宜采用焊接接头,当采用机械连接接头时,不应大于50%	观察和尺量检查	在同一检验批内、对梁、柱和独立基础,应抽查构件数量的10%,且不少于3件,对墙和板,应按有代表性的自然间抽查10%,且不少于3间。对大空间

114

续表

项目	合格质量标准	检验方法	检查数量
纵向受力钢筋搭接接头面积百分率和最小搭接长度	同一构件中相邻纵向受力钢筋的绑扎搭接接头宜相互错开。绑扎搭接接头中钢筋的横向净距不应小于钢筋直径，且不应小于25mm。钢筋绑扎搭接接头连接区段的长度为1.3倍搭接长度，纵向钢筋搭接接头面积百分率应符合设计要求；当无设计要求时，应符合下列规定：①对于梁、板类及墙类构件，不宜大于25%；②对于柱类构件，不宜大于50%；③当工程中确有必要增加接头百分率时，对于梁类构件，不应大于50%，对于其他构件，可根据实际情况放宽	观察和尺量检查	结构、墙可按相邻轴线间高度5m左右划分检查面，板可按纵、横轴线划分检查面，检查10%，且均不少于3面

115

续表

项目	合格质量标准	检验方法	检查数量
纵向受力钢筋搭接区箍筋设置	①箍筋直径不应小于搭接钢筋较大直径的0.25倍；②受拉搭接区段的箍筋间距不应大于搭接钢筋较小直径的5倍，且不应大于100mm；③受压搭接区段的箍筋间距不应大于搭接钢筋较小直径的10倍，且不应大于200mm；④当柱中纵向受力钢筋直径大于25mm时，应在搭接接头两个端面外100mm范围内各设置两个箍筋，其间距宜为50mm	观察和尺量检查	在同一检验批内，对ращ梁、柱和独立基础，应抽查构件数量的10%，且不少于3件；对墙和板，应按有代表性的自然间抽查10%，且不少于3间。对大空间结构，墙可按相邻轴线间高度5m左右划分检查面，板可按纵、横轴线划分检查面，均检查10%，且均不少于3面
钢筋安装的位置允许偏差 (mm)	绑扎钢筋网：长、宽±10，网眼尺寸±20；绑扎钢筋骨架：长±10，宽±5、高±5；受力钢筋：间距±10，排距±5，保护层厚度±10（基础），±5（柱、梁）±3（板、墙、壳）；绑扎箍筋间距：横向钢筋间距：±20，钢筋弯起点位置：20；预埋件：中心线位置5，水平高差（+3，0）	尺量检查	

4.3.4 形成的质量文件

(1) 钢筋出厂合格证、出厂检验报告、钢筋进场复试报告;
(2) 钢筋焊接接头、机械连接接头力学性能试验报告;
(3) 钢筋机械连接套筒合格证明书;
(4) 钢筋锥螺纹加工和接头质量检查记录;
(5) 钢筋隐蔽工程验收记录;
(6) 钢筋加工、钢筋安装检验批质量验收记录;
(7) 钢筋分项工程质量验收记录。

4.4 混凝土结构：混凝土工程

4.4.1 工艺流程

商品混凝土配合比验收 → 混凝土浇筑(检查坍落度、制作试块) → 混凝土振捣、收光 → 混凝土养护

4.4.2 质量检查要求

(1) 结构构件拆模、出池、出厂、吊装、张拉、放张及施工期间临时负荷时的混凝土强度，应

根据同条件养护的标准尺寸试件的混凝土强度确定。

（2）当混凝土试件强度评定不合格时，可采用非破损或局部破损的检测方法，按国家有关标准进行推定，并作为处理的依据。

（3）室外平均气温连续 5d 稳定低于 5℃时，应采取冬期施工措施。

（4）混凝土在运输过程中，应控制不离析、不分层。

（5）混凝土浇筑前，应对模板、支架、钢筋和预埋件的质量、数量、位置等进行隐蔽工程验收。

（6）混凝土应在浇筑地点分别取样检测坍落度，每一个工作班不应小于 2 次。

（7）混凝土浇筑留设施工缝位置的原则为：尽可能留置在受剪力较小的部位；留置部位应便于施工。承受动力作用的设备基础，原则上不应留置施工缝，当必须留置时，应符合设计要求并按施工技术方案执行。

4.4.3 检查与判定

（1）主控项目质量检验方法见表 4-7；
（2）一般项目质量检验方法见表 4-8。

混凝土结构混凝土工程主控项目质量检验方法　　　　表 4-7

项　目	合格质量标准	检验方法	检查数量
水泥进场检验	水泥进场时对其品种、级别、包装或散装仓号、出厂日期等进行检验，并对其强度、安定性及其他必要的性能指标进行复验	检查产品合格证、出厂检验报告和进场复验报告	按同一生产厂家、同一等级、同一品种、同一批号且连续进场的水泥，袋装不超过200t为一批，散装不超过500t为一批，每批抽样不少于1次
外加剂质量及应用	混凝土中外加剂的质量及应用技术应符合现行国家标准。预应力混凝土结构中，严禁使用含氯化物的外加剂	检查产品合格证、出厂检验报告和进场复验报告	按进场的批次和产品的抽样检验方案确定

续表

项　目	合格质量标准	检验方法	检查数量
配合比设计	应根据混凝土强度等级、耐久性和工作性等要求进行设计	检查配合比设计资料	全数检查
混凝土强度等级及工作要求	结构用混凝土强度等级构件强度应符合设计要求。用于检查混凝土结构构件强度的试件，应在浇筑地点随机抽取。取样与试件留置应符合规定：①每拌制100盘且不超过100m³的同配合比混凝土，取样不得少于1次；②每工作班拌制的同一配合比的混凝土不足100盘时，取样不得少于1次；③当一次连续浇筑超过1000m³时，同一配合比的混凝土每200m³取样不得少于1次；④每一楼层，同一配合比的混凝土，取样不得少于1次；⑤每次取样应至少留置1组标准养护试件，同条件养护试件的留置组数应根据实际需要确定	检查施工记录及试件强度试验报告	

续表

项 目	合格质量标准	检验方法	检查数量
混凝土抗渗及试件要求	对有抗渗要求的混凝土结构，其混凝土试件应在浇筑地点随机取样。同一工程、同一配合比的混凝土，取样不应少于1次，留置组数可根据实际需要确定	检查抗渗试验报告	全数检查
原材料每盘称量允许偏差	混凝土原材料每盘称量的偏差应符合：水泥、掺合料±2%；粗、细骨料±3%；水、外加剂±2%	复称	每工作班抽查应不少于1次
混凝土初凝时间控制	混凝土运输、浇筑及间歇的全部时间不应超过混凝土的初凝时间。同一施工段的混凝土应连续浇筑，并应在底层混凝土初凝之前将上一层混凝土浇筑完毕。当底层混凝土初凝后浇筑上一层混凝土时，应按施工技术方案中施工缝的要求进行处理。	检查施工记录及观察检查	全数检查

混凝土结构混凝土工程一般项目质量检验方法   表 4-8

项 目	合格质量标准	检验方法	检查数量
矿物掺合料质量及掺量	应符合现行国家标准规定	检查出厂合格证和进场复验报告	按进场的批次和产品的抽样检验方案确定
粗、细骨料质量	应符合现行国家标准规定:①混凝土用的粗骨料,其最大颗粒粒径不得超过构件截面最小尺寸的 1/4,且不得超过钢筋最小净间距的 3/4;②对混凝土实心板,骨料的最大粒径不宜超过板厚的 1/3,且不得超过 40mm		
拌制混凝土用水	拌制混凝土宜采用饮用水。当采用其他水源时,水质应符合国家现行标准规定	检查水质试验报告	同一水源检查不应少于 1 次

续表

项　目	合格质量标准	检验方法	检查数量
配合比的开盘鉴定	首次使用的混凝土配合比应进行开盘鉴定,其工作性应满足设计配合比的要求。开始生产时应至少留置1组标准养护试件,作为验证配合比的依据	检查开盘鉴定资料和试件强度试验报告	按配合比设计要求确定
施工配合比	混凝土拌制前,应测定砂、石含水率并根据测试结果调整材料用量,提出施工配合比	检查含水率测试结果和施工配合比通知单	每工作班检查1次
施工缝的位置及处理	施工缝的位置应在混凝土浇筑前按设计要求和施工技术方案确定。施工缝的处理应按施工技术方案执行	观察、检查施工记录	全数检查
后浇带的位置及处理	后浇带留置位置应按设计要求和施工技术方案确定。后浇带混凝土浇筑应按施工技术方案进行		

续表

项　目	合格质量标准	检验方法	检查数量
混凝土的养护	混凝土浇筑完毕后,应按施工技术方案及时采取有效的养护措施,并应符合下列规定:①应在浇筑完毕后的12h以内对混凝土加以覆盖并保湿养护;②混凝土浇水养护的时间:对采用硅酸盐水泥、普通硅酸盐水泥或矿渣硅酸盐水泥拌制的混凝土,不得少于7d;对掺用缓凝型外加剂或有抗渗要求的混凝土,不得少于14d;③浇水次数应能保持混凝土处于湿润状态;混凝土养护用水应与拌制用水相同;④采用塑料布覆盖养护的混凝土,其敞露的全部表面应覆盖严密,并应保持塑料布内有凝结水;⑤混凝土强度达到1.2N/mm²前,不得在其上踩踏或安装模板及支架	观察,检查施工记录	全数检查

4.4.4 形成的质量文件

(1) 商品混凝土配合比报告、质量证明书；
(2) 混凝土坍落度测试报告；
(3) 粗、细骨料的质量证明书；
(4) 水泥质量证明书和复试报告；
(5) 混凝土试块抗压强度试验报告、抗渗试验报告；
(6) 同条件养护试块报告及温度记录；
(7) 混凝土数理、非数理统计报告；
(8) 混凝土原材料及配合比设计检验批质量验收记录；
(9) 混凝土施工检验批质量验收记录；
(10) 混凝土分项工程质量验收记录。

4.5 混凝土结构：预应力工程

4.5.1 工艺流程

4.5.1.1 先张法施工工艺流程

预应力筋张拉 → 混凝土的浇筑和养护 → 预应力筋放置

4.5.1.2 后张法施工工艺流程

预应力筋放置（套管、波纹管）→ 混凝土浇筑和养护 → 预应力筋张拉 → 预应力筋锚固

4.5.2 质量检查要求

（1）后张法预应力工程施工应由具有相应资质等级的预应力专业施工单位承担。

（2）预应力筋张拉机具设备及仪表，应定期维护和校验。张拉设备应配套标定，并配套使用。张拉设备的标定期限不应超过半年。当在使用过程中出现反常现象时或在千斤顶检修后，应重新标定。

（3）在浇筑混凝土之前，应进行预应力隐蔽工程验收。

4.5.3 检查与判定

（1）主控项目质量检验方法见表 4-9；

（2）一般项目质量检验方法见表 4-10。

4.5.4 形成的质量文件

（1）预应力筋产品合格证、出厂检验报告和进场复验报告；

混凝土结构预应力工程主控项目质量检验方法 表4-9

项 目	合格质量标准	检验方法	检查数量
预应力筋力学性能检验	预应力筋进场时,应按现行国家标准规定抽取试件作力学性能检验,其质量必须符合有关标准的规定	检查产品合格证、出厂检验报告和进场复验报告	按进场的批次和产品的抽样检验方案确定
无粘结预应力筋的涂包质量	应符合无粘结预应力钢绞线标准的规定	观察,检查产品合格证、出厂检验报告和进场复验报告	每60t为一批,每一批抽取一组试件
预应力用锚具、夹具和连接器性能	应按设计要求采用,其性能应符合现行国家标准的规定	检查产品合格证、出厂检验报告和进场复验报告	按进场批次和产品的抽样检验方案确定
孔道灌浆用水泥质量	应采用普通硅酸盐水泥,质量符合相关规定		

续表

项 目	合格质量标准	检验方法	检查数量
预应力筋安装	其品种、级别、规格、数量必须符合设计要求	观察和尺量检查	全数检查
隔离剂要求	先张法预应力施工时应选用非油质类模板隔离剂,并应避免沾污预应力筋	观察检查	
避免电火花损伤	施工过程中应避免电火花损伤预应力筋;受损伤的预应力筋应予以更换	观察检查	
张拉或放张时的混凝土强度	预应力筋张拉或放张时,混凝土强度应符合设计要求;当设计无具体要求时,不应低于设计的混凝土立方体抗压强度标准值的75%	检查同条件养护试件试验报告	

续表

项 目	合格质量标准	检验方法	检查数量
张拉力、张拉或放张顺序及张拉工艺	预应力筋的张拉力、张拉或放张顺序及张拉工艺应符合设计及施工技术方案的要求	检查张拉记录	全数检查
实际预应力值允许偏差	预应力筋张拉锚固后实际建立的预应力值与工程设计规定检验值的相对允许偏差为±5%	对先张法施工，检查预应力筋应力检测记录；对后张法施工，检查见证张拉记录	对先张法施工，每工作班抽查预应力筋总数的1%，且不少于3根；对后张法施工，在同一检验批内，抽查预应力筋总数的3%，且不少于5束

续表

项　目	合格质量标准	检验方法	检查数量
预应力筋断裂或滑脱要求	张拉过程中应避免预应力筋断裂或滑脱；当发生断裂或滑脱时，必须符合下列规定：①对后张法预应力结构构件，断裂或滑脱的预应力筋数量严禁超过同一截面预应力筋总根数的3%，且每束钢丝不得超过1根；对多跨双向连续板，其同一截面应按每跨计算；②对先张法预应力构件，在浇筑混凝土前发生断裂或滑脱的预应力筋必须予以更换	观察，检查张拉记录	全数检查
孔道灌浆要求	后张法有粘结预应力筋张拉后应尽早进行孔道灌浆，孔道内水泥浆应饱满、密实	观察，检查灌浆记录	

续表

项 目	合格质量标准	检验方法	检查数量
锚具的封闭保护	锚具的封闭保护应符合设计要求；当设计无具体要求时，应符合下列规定：①应采取防止锚具腐蚀和遭受机械损伤的有效措施；②凸出式锚固端锚具的保护层厚度不应小于50mm；③外露预应力筋的保护层厚度：处于正常环境时，不应小于20mm；处于易受腐蚀的环境时，不应小于50mm	观察、钢尺检查	在同一检验批内，抽查预应力筋总数的5%，且不少于5处

混凝土结构预应力工程一般项目质量检验方法　　表4-10

项　目	合格质量标准	检验方法	检查数量
预应力筋外观检查	有粘结预应力筋展开后应平顺，不得有弯折，表面不应有裂纹、小刺、机械损伤，氧化铁皮和油污等；无粘结预应力筋护套应光滑、无裂缝，无明显褶皱	观察检查	全数检查
预应力筋用锚具、夹具和连接器外观检查	其表面应无污物、锈蚀、机械损伤和裂纹		
预应力混凝土用金属螺旋管的尺寸和性能	应符合国家现行标准的规定	检查产品合格证、出厂检验报告和进场复验报告	按进场批次和产品的抽样检验方案确定

续表

项 目	合格质量标准	检验方法	检查数量
预应力混凝土用金属螺旋管外观检查	内外表面应清洁，无锈蚀，不应有油污。孔洞和不规则的褶皱，咬口不应有开裂或脱扣	观察检查	全数检查
预应力筋下料	①预应力筋应采用砂轮锯或切断机切断，不得采用电弧切割；②当钢丝束两端采用镦头锚具时，同一束中各根钢丝长度的极差不应大于钢丝长度的1/5000，且不应大于5mm。当成组张拉长度不大于10m的钢丝时，同组钢丝长度的极差不得大于2mm	观察、钢尺检查	每工作班抽查预应力筋总数的3%，且不少于3束

133

续表

项目	合格质量标准	检验方法	检查数量
锚具的制作质量	①挤压锚具制作时压力表油压应符合操作说明书的规定,挤压后顶应力筋外端露出挤压套筒1~5mm;②钢绞线压花锚成形头尺寸和直线段长度应符合设计要求,表面应清洁、无油污、梨形头尺寸和直线段长度应符合设计要求;③钢丝镦头的强度不得低于钢丝强度标准值的98%	观察,钢尺检查,检查镦头强度试验报告	对挤压锚,每工作班抽查5%,且不应少于5件;对压花锚,每工作班抽查3件;对钢丝镦头强度,每批钢丝检查6个镦头试件

续表

项 目	合格质量标准	检验方法	检查数量
预留孔道质量	后张法有粘结预应力筋预留孔道的规格、数量、位置和开头尺除应符合设计要求外，尚应符合下列规定：①预留孔道的定位应牢固，浇筑混凝土时不应出现位移和变形；②孔道应平顺，端部的预埋锚垫板应垂直于孔道中心线；③成孔用管道应密封良好，接头应严密且不得漏浆；④灌浆孔的间距：对预埋金属螺旋管不宜大于30m；对抽芯成形孔道不宜大于12m；⑤在曲线孔道的曲线波峰部位应设置排气兼泌水管，必要时可在最低点设置排水孔；⑥灌浆孔及泌水管的孔径应能保证浆液畅通	观察、钢尺检查	全数检查

续表

项 目	合格质量标准	检验方法	检查数量
预应力筋束形控制	预应力筋束形控制点的竖向位置偏差应符合：当截面高（厚）度 $h \leq 300mm$，为 $\pm 5mm$；$300mm < h \leq 1500mm$，为 $\pm 10mm$；$h > 1500mm$，为 $\pm 15mm$	钢尺检查	在同一检验批内，抽查各类型构件中预应力筋总数的5%，且对各类型构件均不少于5束，每束不应少于5处

续表

项　目	合格质量标准	检验方法	检查数量
无粘结预应力筋铺设	①无粘结预应力筋的定位应牢固,浇筑混凝土时不应出现移位和变形;②端部预埋锚垫板应垂直于预应力筋;③内埋式固定端垫板不应重叠,锚具与垫板应贴紧;④无粘结预应力筋成束布置时应能保证混凝土密实并能裹住预应力筋;⑤无粘结预应力筋的护套应完整,局部破损处应采用防水胶带缠绕紧密	观察检查	全数检查
预应力筋防锈措施	浇筑混凝土前穿人孔道的后张法有粘结预应力筋,宜采取防止锈蚀的措施		

续表

项目	合格质量标准	检验方法	检查数量
锚固阶段张拉端预应力筋的内缩量	符合设计要求	钢尺检查	每工作班抽查预应力筋总数的3%，且不少于3束
先张法预应力筋张拉后偏差	先张法预应力筋张拉后不得大于5mm，且不得大于构件截面短边边长的4%		
外露预应力筋切断后方法和外露长度	后张法宜采用机械方法切割，其外露部分预应力筋不宜小于预应力筋直径的1.5倍，且不宜小于30mm	观察、钢尺检查	在同一检验批内，抽查预应力筋总数的3%，且不少于5束

续表

项目	合格质量标准	检验方法	检查数量
灌浆用水泥浆的水灰比要求	灌浆用水泥浆的水灰比不应大于 0.45，搅拌后 3h 泌水率不宜大于 2%，且不应大于 3%。泌水应能在 24h 内全部重新被水泥吸收	检查水泥浆性能试验报告	同一配合比检查一次
灌浆用水泥浆的抗压强度	灌浆用水泥浆的抗压强度不应小于 30N/mm²	检查水泥浆试件强度试验报告	每工作班留置一组边长为 70.7mm 的立方根试件

(2) 预应力筋、锚具和连接器的产品合格证、出厂检验报告和进场复验报告；

(3) 灌浆水泥质量证明书、出厂检验报告和进场复验报告；

(4) 套管、波纹管的产品合格证、出厂检验报告和进场复验报告；

(5) 预应力张拉记录；

(6) 灌浆记录；

(7) 预应力原材料检验批质量验收记录；

(8) 预应力制作与安装检验批质量验收记录；

(9) 预应力张拉、放张、灌浆及封锚检验批质量验收记录；

(10) 预应力分项工程质量验收记录。

4.6 混凝土结构：现浇结构工程

4.6.1 质量检查要求

(1) 现浇结构外观质量缺陷，应由监理（建设）单位、施工单位等各方根据其对结构性能和使用功能影响的严重程度，按表4-11确定；

(2) 现浇结构拆模后，应由监理（建设）单位、施工单位对外观质量和尺寸偏差进行检查，做

混凝土结构现浇结构工程外观质量缺陷　　　　表 4-11

名称	现　象	严重缺陷	一般缺陷
露筋	构件内钢筋未被混凝土包裹而外露	纵向受力钢筋有露筋	其他钢筋有少量露筋
蜂窝	混凝土表面缺少水泥砂浆而形成石子外露	构件主要受力部位有蜂窝	其他部位有少量蜂窝
孔洞	混凝土中孔穴深度和长度均超过保护层厚度	构件主要受力部位有孔洞	其他部位有少量孔洞
夹渣	混凝土中夹有杂物且深度超过保护层厚度	构件主要受力部位有夹渣	其他部位有少量夹渣
疏松	混凝土中局部不密实	构件主要受力部位有疏松	其他部位有少量疏松

续表

名称	现　象	严重缺陷	一般缺陷
裂缝	缝隙从混凝土表面延伸至混凝土内部	构件主要受力部位有影响结构性能或使用功能的裂缝	其他部位有少量不影响结构性能或使用功能的裂缝
连接部位缺陷	构件连接处混凝土缺陷及连接钢筋、连接件松动	连接部位有影响结构传力性能的缺陷	连接部位有基本不影响结构传力性能的缺陷
外形缺陷	缺棱掉角、棱角不直、翘曲不平、飞边凸肋等	清水混凝土构件有影响使用功能或装饰效果的外形缺陷	其他混凝土构件有不影响使用功能的外形缺陷

出记录，并应及时按施工技术方案对缺陷进行处理。

4.6.2 检查与判定

（1）主控项目质量检验方法见表4-12；

混凝土结构现浇结构工程主控项目质量检验方法

表4-12

项目	合格质量标准	检验方法	检查数量
现浇结构的外观质量	不应有严重缺陷。对已经出现的严重缺陷，应由施工单位提出技术处理方案，并经监理（建设）单位认可后进行处理。对经处理的部位，应重新检查验收	观察，检查技术处理方案	全数检查
尺寸偏差要求	现浇结构不应有影响结构性能和使用功能的尺寸偏差。混凝土设备基础不应有影响结构性能和设备安装的尺寸偏差。对超过尺寸允许偏差且影响结构性能和安装、使用功能的部位，应由施工单位提出技术处理方案，并经监理（建设）单位认可后进行处理。对经处理的部位，应重新检查验收	量测，检查技术处理方案	

混凝土结构现浇结构工程一般项目质量检验方法　　　表 4-13

项目	合格质量标准	检验方法	检 查 数 量
外观质量一般缺陷	现浇结构的外观质量不宜有一般缺陷。对已经出现的一般缺陷，应由施工单位按技术处理方案进行处理，并重新检查验收	观察，检查技术处理方案	全数检查
现浇结构和混凝土设备基础拆模后的尺寸偏差	应符合 GB 50204—2002 第 8.3 节关于尺寸偏差的规定		按楼层、结构缝或施工段划分检验批。在同一检验批内，对梁、柱和独立基础，应抽查构件数量的 10%，且不少于 3 件；对墙和板，应按有代表性的自然间抽查 10%，且不少于 3 间；对大空间结构，墙可按相邻轴线间高度 5m 左右划分检查面，抽查 10%，且不少于 3 面；对电梯井，应全数检查。对设备基础，应全数检查

(2) 一般项目质量标准见表4-13。

4.6.3 形成的质量文件

(1) 现浇结构外观尺寸偏差检验批质量验收记录;

(2) 混凝土设备基础外观及尺寸偏差检验批质量验收记录;

(3) 现浇结构分项工程质量验收记录。

4.7 混凝土结构：装配式结构工程

4.7.1 质量检查要求

(1) 预制构件应进行结构性能检验。结构性能检验不合格的预制构件不得用于混凝土结构。

(2) 叠合结构中预制构件的叠合面应符合设计要求。

4.7.2 检查与判定

(1) 主控项目质量检验方法见表4-14;

(2) 一般项目质量检验方法见表4-15。

混凝土结构装配式结构工程主控项目质量检验方法 表 4-14

项 目	合格质量标准	检验方法	检查数量
预制构件验收要求	预制构件应在明显部位标明生产单位、构件型号、生产日期和质量验收标志。构件上的预埋件、插筋和预留孔洞的规格、位置和数量应符合标准图或设计的要求	观察检查	全数检查
外观质量严重缺陷处理	预制构件的外观质量不应有严重缺陷。对已经出现的严重缺陷,应按技术处理方案进行处理,并重新检查验收	观察、检查技术处理方案	

续表

项　目	合格质量标准	检验方法	检查数量
影响结构性能和安装、使用功能的尺寸偏差处理	预制构件不应有影响结构性能和安装、使用功能的尺寸偏差。对超过尺寸允许偏差且影响结构性能和安装、使用功能的部位，应按技术处理方案进行处理，并重新检查验收	量测，检查技术处理方案	全数检查
预制构件进场验收	进入现场的预制构件，其外观质量、尺寸偏差及结构性能应符合标准图或设计的要求	检查构件合格证	按批检查
预制构件与结构之间的连接	预制构件与结构之间的连接应符合设计要求	观察，检查施工记录	全数检查

续表

项 目	合格质量标准	检验方法	检查数量
预制构件混凝土强度要求	承受内力的接头和拼缝，当其混凝土强度未达到设计要求时，不得吊装上一层结构构件；当设计无具体要求时，应在混凝土强度不小于10N/mm²或具有足够的支承时方可吊装上一层结构构件。已安装完毕的装配式结构，应在混凝土强度达到设计要求后，方可承受全部设计荷载	检查施工记录及试件强度试验报告	全数检查

混凝土结构装配式结构工程一般项目质量检验方法　　表 4-15

项目	合格质量标准	检验方法	检查数量
预制构件的外观质量	预制构件的外观质量不宜有一般缺陷。对已经出现的一般缺陷，应按技术处理方案进行处理，并重新检查验	观察，检查技术处理方案	全数检查
预制构件的尺寸偏差要求	应符合 GB 50204—2002 第 9.2.5 条关于尺寸偏差的规定		同一工作班生产的同类型构件，抽查 5% 且不少于 3 件
预制构件支承位置和方法	预制构件码放和运输时的支承位置和方法应符合标准图或设计的要求	观察检查	全数检查

续表

项目	合格质量标准	检验方法	检查数量
预制构件安装标志	预制构件吊装前，应按设计要求在构件和相应的支承结构上标志中心线、标高等控制尺寸，按标准图或设计文件核核预埋件及连接钢筋等，并做出标志	观察，钢尺检查	全数检查
预制构件吊装要求	预制构件应按标准图或设计的要求吊装。起吊时绳索与构件水平面的夹角不宜小于45°，否则应采用吊架或经验算确定	观察检	
临时固定措施和位置校正	预制构件安装就位后，应采取保证构件稳定的临时固定措施，并应根据水准点和轴线校正位置	观察，钢尺检查	

150

续表

项目	合格质量标准	检验方法	检查数量
接头和拼缝质量要求	装配式结构中的接头和拼缝应符合设计要求；当设计无具体要求时，应符合下列规定：①对承受内力的接头和拼缝应用混凝土浇筑，其强度等级应比构件混凝土强度等级提高一级；②对不承受内力的接头和拼缝应采用混凝土或砂浆浇筑，其强度等级不应低于 C15 或 M15；③用于接头和拼缝的混凝土或砂浆，宜采取微膨胀措施和快硬措施，在浇筑过程中应振捣密实，并应采取必要的养护措施	检查施工记录及试件强度试验报告	全数检查

4.7.3 形成的质量文件

(1) 预制构件的合格证明书;
(2) 预制构件检验批质量验收记录;
(3) 装配式结构施工检验批质量验收记录;
(4) 装配式结构分项工程质量验收记录。

4.8 砌体结构:基本规定

4.8.1 施工工艺

立皮数杆 → 墙体砌筑(拉结筋放置,如有防水要求设置混凝土导墙) → 构造柱、圈梁施工 → 水泥砂浆或细石混凝土嵌缝

4.8.2 砌体工程所用的材料应有产品的合格证书、产品性能检测报告。块材、水泥、钢筋、外加剂等尚应有材料的主要性能的进场复验报告。严禁使用国家明令淘汰的材料。

4.8.3 砌筑顺序应符合下列规定:(1) 基底标高不同时,应从低处砌起,并应由高处向低处搭砌。当设计无要求时,搭接长度不应小于基础扩大部分的高度;(2) 砌体的转角处和交接处应同时砌筑。当不能同时砌筑时,应按规定留槎、接槎。

4.8.4 在墙上留置临时施工洞口，其侧边离交接处墙面不应小于500mm，洞口净宽度不应超过1m。临时洞口呈三角形，侧边应留成踏步式或留设拉结筋。

4.8.5 设计要求的洞口、管道、沟槽应于砌筑时正确留出或预埋，未经设计同意，不得打凿墙体和在墙体上开凿水平沟槽。宽度超过300mm的洞口上部，应设置过梁，两端搁置长度应大于250mm。

4.8.6 砌体墙面不同材料交接部位，应在粉刷前采取控制裂缝产生的相应措施。

4.8.7 砌筑施工前，应在基础及墙身的转角及某些交接处立好皮数杆，其间距为10~15m，皮数杆上应划有每皮砖和灰缝厚度及门窗洞口、过梁等竖向构造的变化情况，控制楼层及各部位构件的标高。

4.8.8 砌筑砂浆宜采用商品砂浆，一般为预拌和干粉两种。

4.8.9 水泥进场使用前，应分批对其强度、安定性进行复验。检验批应以同一生产厂家、同一编号为一批。当在使用中对水泥质量有怀疑或水泥出厂超过3个月（快硬硅酸盐水泥超过1个月）时，应复查试验,并按其结果使用。不同品种的水泥,不得混合使用。

4.8.10 砂浆应随拌随用,水泥砂浆和水泥混合砂浆应分别在3h和4h内使用完毕;当施工期间最高气温超过30℃时,应分别在拌成后2h和3h内使用完毕。

4.8.11 砌筑砂浆应具有良好的和易性。一般对于烧结普通砖砌体为70~90mm;烧结多孔砖砌体为60~80mm;混凝土小型空心砌块砌体为50~70mm。砌筑砂浆分层度不应大于30mm。

4.9 砌体结构:砖砌体工程

4.9.1 质量检查要求

(1) 本章适用于烧结普通砖、烧结多孔砖、蒸压灰砂砖、粉煤灰砖等砌体工程。

(2) 有冻胀环境和条件的地区,地面以下或防潮层以下的砌体,不宜采用多孔砖。

(3) 砖砌体砌筑前应有适宜的含水率,砖应提前1~2d浇水湿润。

(4) 清水墙面勾缝时,宜采用细砂拌制的1:1.5水泥砂浆,当勾缝为凹缝时,深度宜为4~5mm。

(5) 砌体采用蒸压（养）砖的龄期不应小于28d。

(6) 砖墙与构造柱连接处应砌成马牙槎，马牙槎进退应大于60mm。从每个楼面开始，马牙槎应先退后进，每个马牙槎沿高度方向不宜超过300mm。砖墙与构造柱之间应沿墙高每500mm设置2ϕ6水平拉结钢筋。

(7) 门窗洞口位置砌筑时砌体内宜采用预埋不低于砖强度等级的混凝土砖用于固定门窗框。洞口高度在1.2m以内的，每边放2块，高度在1.2~2m的，每边放3块，高度在2~3m的，每边放4块，预埋混凝土砖（木砖）的部位应在洞口的上侧向下150mm、下侧向上200mm处开始，中间均匀分布。

4.9.2 检查与判定

(1) 主控项目质量检验方法见表4-16；
(2) 一般项目质量检验方法见表4-17；
(3) 砖砌体的一般尺寸允许偏差见表4-18。

4.9.3 形成的质量文件

(1) 砖砌体原材料合格证明书、产品性能检测

砌体结构砖砌体工程主控项目质量检验方法　　　　　表 4-16

项 目	合格质量标准	检验方法	检查数量
砖和砂浆的强度等级	砖和砂浆的强度等级必须符合设计要求	查砖和砂浆试块试验报告	全数检查
砖砌体水平灰缝砂浆饱满度	砖砌体水平灰缝的砂浆饱满度不得小于80%	用百格网检查砖底面与砂浆的粘结痕迹面积，每处检测3块砖，取其平均值	每检验批抽查不应少于5处
斜槎留置	砖砌体的转角处和交接处应同时砌筑，严禁无可靠措施的内外墙分砌施工。对不能同时砌筑而又必须留置的临时间断处应砌成斜槎，斜槎水平投影长度不小于高度的2/3	观察检查	每检验批，且不20%接槎，应少于5处

156

续表

项 目	合格质量标准	检验方法	检查数量
拉结筋要求	非抗震设防及抗震设防烈度为6度、7度地区设有临时间断处，当不能留斜槎时，除转角处外，可留直槎，但直槎必须做成凸槎。留直槎处应加设拉结钢筋，拉结钢筋的数量为每120mm墙厚放置1ϕ6拉结钢筋（120mm厚墙放置2ϕ6拉结钢筋），间距沿墙高不应超过500mm；埋入长度从留槎处起每边均不应小于500mm，对抗震设防烈度6度、7度的地区，不应小于1000mm；末端应有90°弯钩	观察和尺量检查	每检验批抽20%接槎，且不应少于5处

157

续表

项　目	合格质量标准	检验方法	检查数量
砖砌体位置和垂直度允许偏差	砖砌体的位置及垂直度允许偏差应符合：轴线位移允许偏差为10mm。垂直度每层为5mm；全高≤10m，为10mm，全高＞10m，为20mm	用经纬仪、吊线和尺以及2m托线板检查	轴线查全部承重墙柱；外墙阳角，直度全高查一处，不应少于4处；每层20m查一处；内墙按有代表性的自然间抽10%，但不应少于3间，每间不应少于2处，柱不少于5根

158

砌体结构砖砌体工程一般项目质量检验方法 表 4-17

项 目	合格质量标准	检验方法	检查数量
砖砌体组砌方法	砖砌体组砌方法应正确，上、下错缝，内外搭砌，砖柱不得采用包心砌法	观察检查	外墙每20m抽查一处，每处3~5m，且不应少于3处；内墙按有代表性的自然间抽10%，且不应少于3间
灰缝厚度	砖砌的灰缝应横平竖直，厚薄均匀。水平灰缝厚度宜为10mm，但不应小于8mm，也不应大于12mm	用尺量10皮砖砌高度折算	每步脚手架施工的砌体，每20m抽查1处
砖砌体的一般尺寸允许偏差	符合表4-18的规定		

砖砌体允许偏差 表 4-18

项次	项 目		允许偏差 (mm)	检验方法	抽检数量
1	基础顶面和楼面面标高		±15	用水平仪和尺检查	不应少于 5 处
2	表面平整度	清水墙、柱	5	用 2m 靠尺和楔形塞尺检查	有代表性的自然间抽 10%，但不应少于 3 间，每间不应少于 2 处
		混水墙、柱	8		
3	门窗洞口高、宽（后塞口）		±5	用尺检查	检验批洞口的 10%，且不应少于 5 处
4	外墙上下窗口偏移		20	以底层窗口为准，用经纬仪或吊线检查	检验批的 10%，且不应少于 5 处

续表

项次	项目		允许偏差(mm)	检验方法	抽检数量
5	水平灰缝平直度	清水墙	7	拉10m线和尺检查	有代表性的自然间抽10%，但不应少于3间，每间不应少于2处
		混水墙	10		
6	清水墙游丁走缝		20	吊线和尺检查，以每层第一皮砖为准	有代表性的自然间抽10%，但不应少于3间，每间不应少于2处

报告及复验报告;

(2) 砂浆配合比报告及砂浆试块复试报告;

(3) 拉结筋、圈梁构造柱钢筋隐蔽工程验收记录;

(4) 砖砌体工程检验批质量验收记录;

(5) 砖砌体工程分项工程质量验收记录。

4.10 砌体结构:混凝土小型空心砌块砌体工程

4.10.1 质量检查要求

(1) 本章适用于普通混凝土小型空心砌块和轻骨料混凝土小型空心砌块(以下简称小砌砖)工程的质量验收。

(2) 施工时所用的小砌块的产品龄期不应小于28d。

(3) 砌筑小砌块时,应清除表面污物和芯柱用小砌块孔洞底部的毛边,剔除外观质量不合格的小砌块。承重墙体严禁使用断裂小砌块。

(4) 施工时所用的砂浆,宜选用专用的小砌块砌筑砂浆。

(5) 小砌块砌筑时,在天气干燥炎热的情况下，可提前洒水湿润小砌块；对轻骨料混凝土小砌块，可提前浇水湿润。小砌块表面有浮水时，不得施工。

（6）小砌块砌筑时常用全顺砌筑形式，墙厚等于砌块宽度，小砌块应底面朝上反砌于墙上。

（7）小砌块墙体内严禁混砌其他墙体材料。若需镶嵌，必须采用与小砌块材料强度同等级的预制混凝土块或混凝土实心砖。

（8）小砌块砌筑时应分皮错缝搭砌，上下皮搭砌长度不得小于90mm。当搭砌长度不能满足要求时，应在水平灰缝内设置不少于2Φ4钢筋网片（横向钢筋间距不宜大于200mm），网片每端均应超过该垂直缝，其长度不得小于300mm。

4.10.2 检查与判定

（1）主控项目质量检验方法见表4-19；
（2）一般项目质量检验方法见表4-20。

4.10.3 形成的质量文件

（1）小型空心砌块原材料合格证明书、产品性能检测报告及复验报告；
（2）砂浆配合比报告及砂浆试块复试报告；

砌体结构构混凝土小型空心砌块砌体工程主控项目质量检验方法

表 4-19

项　目	合格质量标准	检验方法	检查数量
小砌块、砂浆强度等级	小砌块和砂浆的强度等级必须符合设计要求	查小砌块和砂浆试块试验报告	全数检查
灰缝饱满度	砌体水平灰缝的砂浆饱满度，应按净面积计算不得低于90%；竖向灰缝饱满度不得小于80%，竖缝凹槽部位应用砂浆填实；不得出现瞎缝、透明缝	用专用百格网检测小砌块与砂浆粘结面迹，每处检测3块小砌块，取其平均值	每检验批不应少于3处
砌筑留槎	墙体转角处和纵横交接处应同时砌筑；临时间断处应砌成斜槎，斜槎水平投影长度不应小于高度的2/3	观察检查	每检验批抽20%接槎，且不应少于5处
砌体位置和垂直度允许偏差	同砖砌体	同砖砌体	同砖砌体

砌体结构混凝土小型空心砌块砌体工程一般项目质量检验方法　表 4-20

项　目	合格质量标准	检验方法	检查数量
水平灰缝厚度和竖向灰缝宽度	墙体的水平灰缝厚度和竖向灰缝宽度宜为10mm，但不应大于12mm，也不应小于8mm	用尺量 5 皮小砌块的高度和2m砌体长度折算	每层楼的检测点不应少于3处
小砌块墙体的一般尺寸偏差	同砖砌体的一般尺寸允许偏差	同砖砌体	同砖砌体

(3) 拉结筋、圈梁构造柱钢筋隐蔽工程验收记录。

(4) 小型空心砌块砌体工程检验批质量验收记录。

(5) 小型空心砌块砌体工程分项工程质量验收记录。

4.11 砌体结构：填充墙砌体工程

4.11.1 质量检查要求

(1) 本章适用于房屋建筑采用空心砖、蒸压加气混凝土砌块、轻骨料混凝土小型空心砌块等砌筑填充墙砌体的施工质量验收。

(2) 蒸压加气混凝土砌块、轻骨料混凝土小型空心砌块砌筑时，其产品龄期应超过28d。

(3) 填充墙砌体砌筑前应根据不同砌块材料特性适当浇水湿润。

(4) 采用轻骨料混凝土小型空心砌块或蒸压加气混凝土砌块砌筑墙体时，填充墙的外墙和厨房、卫生间及其他需防潮、防湿房间的墙体，底部应设混凝土导墙等，其宽度应与墙体等厚度，高度不宜小于200mm。

(5) 填充墙砌至接近梁、板底时,应留置适当空隙,镶嵌严密,采用砂浆或混凝土填嵌的厚度分别不宜超过 30mm 或 50mm,并间隔一定时间后(一般为填充墙砌筑完 7d 后),再行镶嵌。

(6) 蒸压加气混凝土砌块,上下皮搭砌长度不得小于砌块长度的 1/3。当搭砌长度不能满足要求时,应在水平灰缝内设置不少于 2ϕ4 钢筋网片,其长度不得小于 700mm。

4.11.2 检查与判定

(1) 主控项目质量检验方法见表 4-21;

砌体结构填充墙砌体工程主控项目质量检验方法

表 4-21

项　　目	合格质量标准	检验方法	检查数量
砖、砌块和砂浆强度等级	必须符合设计要求	检查砖或砌块的产品合格证书、产品性能检测报告和砂浆试块试验报告	全数检查

(2) 一般项目质量检验方法见表 4-22;

砌体结构填充墙砌体工程一般项目质量检验方法　　表 4-22

项　目	合格质量标准	检验方法	检查数量
填充墙砌体一般尺寸的允许偏差	符合表 4-23 要求	见表 4-23	①对表中 1、2 项，在检验批的标准间中随机抽查 10%，但不应少于 3 间；大面积房间和楼道按两个标准间计数。每间检验不应少于 3 处。②对表中 3、4 项，在检验批中抽检 10%，且不应少于 5 处

续表

项 目	合格质量标准	检验方法	检查数量
无混砌现象	蒸压加气混凝土砌块砌体和轻骨料混凝土小型空心砌块砌体不应与其他块材混砌	外观检查	在检验批中抽检20%,且不应少于5处
砂浆饱满度	填充墙砌体的砂浆饱满度及检验方法应符合:空心砖砌体水平、垂直为填满砂浆,不得有透明缝、瞎缝、假缝;加气混凝土砌块和轻骨料混凝土小砌块砌体水平、垂直≥80%	用专用百格网检测块材底面砂浆粘结痕迹面积	每步架子不少于3处,且每处不应少于3块

续表

项目	合格质量标准	检验方法	检查数量
拉结钢筋留置	填充墙砌体预留的拉结钢筋或网片的位置应与块体皮数相符合。拉结钢筋或网片应置于灰缝中，埋置长度应符合设计要求，竖向位置偏差不应超过一皮高度	观察和用尺量检查	在检验批中抽检20%，且不应少于5处
错缝搭接	填充墙砌筑时应错缝搭砌，蒸压加气混凝土砌块搭砌长度不应小于砌块长度的1/3；轻骨料混凝土砌块搭砌长度不应小于90mm；竖向通缝不应大于2皮	观察和用尺检查	在检验批的标准间中抽查10%，且不应少于3间

续表

项 目	合格质量标准	检验方法	检查数量
灰缝厚度和宽度	填充墙砌体的灰缝厚度和宽度应正确。空心砖、轻骨料混凝土小型空心砌块的砌体灰缝应为 8～12mm。蒸压加气混凝土砌块砌体的水平灰缝厚度及竖向灰缝宽度分别宜为 15mm 和 20mm	用尺量 5 皮空心砖或小砌块的高度和 2m 砌体长度折算	在检验批的标准间中抽查 10%，且不应少于 3 间
梁、板底嵌缝	填充墙砌至接近梁、板底时，应留一定空隙，待填充墙砌完并应至少间隔 7d 后，再将其补砌挤紧	观察检查	每验收批抽 10%填充墙片（每两柱间的填充墙为一墙片），且不应少于 3 片墙

(3) 填充墙砌体一般尺寸允许偏差见表 4-23。

填充墙砌体允许偏差　　表 4-23

项次	项目		允许偏差（mm）	检验方法
1	轴线位移		10	用尺检查
	垂直度	小于或等于 3m	5	用 2m 托线板或吊线、尺检查
		大于 3m	10	
2	表面平整度		8	用 2m 靠尺和楔形塞尺检查
3	门窗洞口高、宽（后塞口）		±5	用尺检查
4	外墙上、下窗口偏移		20	用经纬仪或吊线检查

4.11.3　形成的质量文件

（1）砖、砌块原材料合格证明书、产品性能检测报告及复验报告；

（2）砂浆配合比报告及砂浆试块复试报告；

（3）墙体砌筑粘结材料的原材料合格证明书、产品性能检测报告及复验报告；

(4) 拉结筋、圈梁构造柱钢筋隐蔽工程验收记录;

(5) 填充墙砌体工程检验批质量验收记录;

(6) 填充墙砌体工程分项工程质量验收记录。

4.12 钢结构：钢结构焊接工程

4.12.1 质量检查要求

(1) 钢结构工程施工单位应具备相应的钢结构工程施工资质。

(2) 钢结构工程检验批评定其主控项目必须符合本规范合格质量标准的要求。一般项目其检验结果应有80%及以上的检查点（值）符合规范合格质量标准的要求，且最大值不应超过其允许偏差值的1.2倍。

(3) 碳素结构钢应在焊缝冷却到环境温度、低合金结构钢应在完成焊接24h以后，进行焊缝探伤检验。

(4) 从事钢结构各种焊接工作的焊工，应按现行国家标准规定取得合格证后，方可进行操作。

(5) 在钢结构中首次采用的钢种、焊接材料、结构形式、坡口形式及工艺方法，应按有关规定进行焊接工艺评定。

（6）焊接材料的选择应与母材的机械性能相匹配。

（7）焊条、焊剂、电渣焊的熔化嘴和栓钉焊保护瓷圈，使用前应按技术说明书规定的烘焙时间进行烘焙，然后转入保温。

（8）母材的焊接坡口及两侧 30~50mm 的范围内，在焊前必须彻底清除氧化皮、熔渣、锈、油、涂料、灰尘、水分等影响焊接质量的杂质。

（9）焊缝出现裂缝时，焊工不得擅自处理，应及时报告焊接技术负责人查明原因，制订措施，方可处理。焊缝同一部位的返修次数不宜超过 2 次。

4.12.2　检查与评定

（1）主控项目质量检验方法见表 4-24；
（2）一般项目检验方法见表 4-25。

4.12.3　形成的质量文件

（1）焊接材料的质量合格证明文件、检验报告及抽样复试报告；
（2）焊接工艺评定报告；
（3）焊条烘焙记录；

钢结构焊接工程主控项目质量检验方法

表 4-24

项 目	合格质量标准	检验方法	检查数量
焊接材料的品种、规格、性能	焊接材料的品种、规格、性能等应符合现行国家产品标准和设计要求	检查焊接材料的质量合格证明文件、中文标志及检验报告等	全数检查
焊接材料的抽样复试	重要钢结构采用的焊接材料应进行抽样复验,复验结果应符合现行国家产品标准和设计要求	检查复验报告	
焊接材料与母材的匹配	焊条、焊丝、焊剂、电渣焊等焊接材料与母材的匹配应符合设计要求及国家现行行业标准规定。焊条、焊剂、焊丝、熔嘴等在使用前,应按其产品说明书及焊接工艺文件的规定进行烘焙和存放	检查质量证明书和烘焙记录	

续表

项目	合格质量标准	检验方法	检查数量
焊工要求	焊工必须经考试合格并取得合格证书。持证焊工必须在其考试合格项目及其认可范围内施焊	检查焊工合格证及其认可范围、有效期	全数检查
焊接工艺评定	施工单位对其首次采用的钢材、焊接材料、焊接方法、焊后热处理等，应进行焊接工艺评定，并应根据评定报告确定焊接工艺	检查焊接工艺评定报告	
内部缺陷的检验	设计要求全焊透的一、二级焊缝应采用超声波探伤进行内部缺陷的检验，超声波探伤不能对缺陷作出判断时，应采用射线探伤	检查超声波或射线探伤记录	

续表

项 目	合格质量标准	检验方法	检查数量
组合焊缝焊脚尺寸	T形接头、十字接头、角接接头等要求熔透的对接和角对接组合焊缝，其焊脚尺寸不应小于 $t/4$；设计有疲劳验算要求的吊车梁或类似构件的腹板与上翼缘连接焊缝的焊脚尺寸为 $t/2$，且不应小于 10mm。焊脚尺寸的允许偏差为 $0\sim4$ mm	观察检查，用焊缝量规抽查测量	资料全数检查；同类焊缝抽查10%，且不应少于3条
焊缝表面缺陷	焊缝表面不得有裂纹、焊瘤等缺陷。一级、二级焊缝不得有表面气孔、夹渣、弧坑裂纹、电弧擦伤等缺陷，且一级焊缝不许有咬边、未焊满、根部收缩等缺陷	观察检查或使用放大镜、焊缝量规和钢尺检查，当存在疑义时，采用渗透或磁粉探伤检查	每批同类构件抽查10%，且不应少于3件；被抽查构件中，每一类型焊缝按条数抽查5%，且不应少于1条；每条检查1条，总抽查数不应少于10处

续表

项 目	合格质量标准	检验方法	检查数量
焊钉（栓钉）焊接工艺评定	施工单位对其采用的焊钉和钢材焊接应进行焊接工艺评定，其结果应符合设计要求和现行国家标准的规定。瓷环应按其产品说明书进行烘焙	检查焊接工艺评定报告和烘焙记录	全数检查
焊钉（栓钉）焊后弯曲试验	焊钉焊接后应进行弯曲试验检查，其焊缝和热影响区不应有肉眼可见的裂纹	焊钉弯曲30°后用角尺检查和观察检查	每一类构件抽查10%，且不应少于10件；被抽查构件中，每件检查焊钉数量的1%，但不应少于1个

钢结构焊接工程一般项目质量检验方法　　　　表 4-25

项目	合格质量标准	检验方法	检查数量
焊条外观质量	焊条外观不应有药皮脱落、焊芯生锈等缺陷；焊剂不应受潮结块	观察检查	按量抽查 1%，且不应少于 10 包
预、后热处理	对于需要进行焊前预热或焊后热处理的焊缝，其预热温度或后热温度应符合国家现行有关标准的规定或通过工艺试验确定。预热区在焊道两侧，每侧宽度均应大于焊件厚度的 1.5 倍以上，且不应小于 100 mm；后热处理应在焊后立即进行，保温时间应根据板厚按每 25 mm 板厚 1h 确定	检查预、后热施工记录和工艺试验报告	全数检查

续表

项　目	合格质量标准	检验方法	检查数量
二级、三级焊缝外观质量	二级、三级焊缝外观质量标准应符合 GB 50205-2001 钢结构工程施工质量验收规范附录 A 中表 A.0.1 的规定	观察检查或使用放大镜、焊缝量规和钢尺检查	每批同类构件抽查 10%，且不应少于 3 件；被抽查构件中，每一类型焊缝按条数抽查 5%，且不应少于 1 条；每条检查 1 处，总抽查数不应少于 10 条
焊缝尺寸允许偏差	应合 GB 50205-2001 钢结构工程质量验收规范附录 A 中表 A.0.2 的规定	用焊缝量规检查	
凹形的角焊缝	焊出凹形的角焊缝，焊缝金属与母材间应平缓过渡；加工成凹形的角焊缝，不得在其表面留下切痕	观察检查	每批同类构件抽查 10%，且不应少于 3 件

续表

项 目	合格质量标准	检验方法	检查数量
焊缝观感	焊缝观感应达到：外形均匀、成型较好、焊道与焊道、焊道与基本金属间过渡比较平滑，焊渣和飞溅物基本清除干净	观察检查	每批同类构件抽查10%，且不应少于3件；被抽查构件中，每种焊缝按数量各抽查5%，总抽查处不应少于5处
焊钉(栓钉)焊接工程	焊钉根部焊脚应均匀，焊脚立面的局部未熔合或焊脚不足360°的焊脚应进行修补	观察检查	按总焊钉数量抽查1%，且不应少于10个

(4) 预热、后热施工记录；
(5) 焊缝探伤报告；
(6) 钢结构制作（安装）焊接工程检验批质量验收记录；
(7) 钢结构焊接分项工程质量验收记录。

4.13 钢结构：普通紧固件连接工程

4.13.1 检查与评定

（1）主控项目质量检验方法见表4-26；

钢结构普通紧固件连接工程主控项目质量检验方法

表4-26

项 目	合格质量标准	检验方法	检查数量
进场验收	普通螺栓、铆钉、自攻钉、钢拉铆钉、射钉、锚栓（机械型和化学试剂型）、地脚锚栓等紧固标准件及螺母、垫圈等标准配件，其品种、规格、性能等应符合现行国家产品标准和设计要求	检查产品的质量合格证明文件、中文标志及检验报告等	全数检查

续表

项　目	合格质量标准	检验方法	检查数量
螺栓实物复试	普通螺栓作为永久性连接螺栓时，当设计有要求或对其质量有疑义时，应进行螺栓实物最小拉力载荷复验	检查螺栓实物复验报告	每一规格螺栓抽查8个
匹配与间距	连接薄钢板采用的自攻螺钉、拉铆钉、射钉等其规格尺寸应与连接钢板相匹配，其间距、边距等应符合设计要求	观察和尺量检查	按连接节点数抽查1%，且不应少于3个

（2）一般项目质量检验方法见表4-27。

钢结构普通紧固件连接工程一般项目质量检验方法

表 4-27

项目	合格质量标准	检验方法	检查数量
螺栓紧固	永久普通螺栓紧固应牢固、可靠、外露丝扣不应少于2扣	观察或用小锤敲击检查	按连接节点数抽查10%，且不应少于3个
外观质量	自攻螺钉、钢拉铆钉、射钉等与连接钢板应紧固密贴，外观排列整齐	观察或用小锤敲击检查	

4.13.2 形成的质量文件

(1) 普通紧固件产品的质量合格证明文件、检验报告;
(2) 螺栓实物复验报告;
(3) 普通紧固件连接工程检验批质量验收记录;
(4) 普通紧固件连接分项工程质量验收记录。

4.14 钢结构：高强度螺栓连接工程

4.14.1 质量检查要求

(1) 高强度螺栓连接应对构建摩擦面进行喷砂、砂轮打磨或酸洗加工处理。
(2) 高强度螺栓应顺畅穿入孔内，不得强行敲打，在同一连接面上穿入方向宜一致，以便于操作。
(3) 高强度螺栓的紧固，应分 2 次拧紧（初拧、终拧），每组拧紧顺序应从节点中心开始逐步向边缘两端施拧。整体结构的不同连接位置或同一节点的不同位置有两个连接构件时，应先紧主要构件，后紧次要构件。
(4) 螺栓初拧、复拧和终拧后，要做出不同标记，以便标识，避免重拧或漏拧。当日安装的螺栓应在当日终拧完毕,以防构件摩擦面、螺纹沾污、生锈和螺栓漏拧。

4.14.2 检查与评定

(1) 主控项目质量检验方法见表4-28;
(2) 一般项目质量检验方法见表4-29。

4.14.3 形成的质量文件

(1) 高强度螺栓连接副及标准件质量合格证明文件、检验报告;
(2) 高强度螺栓复试报告;
(3) 初拧、复拧、终拧记录;
(4) 高强度螺栓连接工程检验批质量验收记录;
(5) 高强度螺栓连接分项工程质量验收记录。

4.15 钢结构:钢零件及钢部件加工工程

4.15.1 质量检查要求

(1) 钢结构用钢材、钢铸件的品种、规格、性能等应符合现行国家产品标准和设计要求。进口钢材产品的质量应符合设计和合同规定标准的要求。

钢结构高强度螺栓连接工程主控项目质量检验方法　　表 4-28

项目	合格质量标准	检验方法	检查数量
进场验收	钢结构连接用高强度大六角头螺栓连接副、扭剪型高强度螺栓连接副、钢网架用高强度螺栓，其品种、规格、性能等应符合现行国家产品标准和设计要求。高强度大六角头螺栓连接副、扭剪型高强度螺栓连接副出厂时应分别随箱带有扭矩系数和紧固轴力（预拉力）的检验报告	检查产品的质量合格证明文件、中文标志及检验报告等	全数检查
高强度螺栓连接的检验	高强度大六角头螺栓连接副应按本规范的规定检验其扭矩系数，扭剪型高强度螺栓连接副应按本规范规定检验预拉力	检查复验报告	随机抽取，每批抽 8 套

续表

项目	合格质量标准	检验方法	检查数量
抗滑移系数试验	钢结构制作和安装单位应按本规范附录 B 的规定分别进行高强度螺栓连接摩擦面的抗滑移系数试验和复验，现场处理的构件摩擦面应单独进行摩擦面抗滑移系数试验，其结果应符合设计要求	检查摩擦面抗滑移系数试验报告和复验报告	一般 2000t 为一批，每批 3 组试件
终拧扭矩	高强度大六角头螺栓连接副终拧完成 1h 后、48h 内应进行终拧扭矩检查，检查结果应符合本规范规定。扭剪型高强度螺栓连接副终拧后，除因构造原因无法使用专用扳手终拧掉梅花头者外，未在终拧中拧掉梅花头的螺栓数	扭矩法或转角法	大六角头：按节点数检查 10%，且不应少于 10 个；每个被抽查节点按螺栓数抽查 10%，且不应少于 2 个；扭剪型：按节点数抽查

续表

项目	合格质量标准	检验方法	检查数量
终拧扭矩	不应大于该节点螺栓数的5%，对所有梅花头未拧掉的扭剪型高强度螺栓连接副应采用扭矩法或转角法进行终拧并作标记	扭矩法或转角法	10%，但不应少于10节点，被抽查节点中梅花头未拧掉的扭剪型高强度螺栓连接副全数进行终拧扭矩检查

钢结构高强度螺栓连接工程一般项目质量检验方法　　表4-29

项目	合格质量标准	检验方法	检查数量
进场外观检查	高强度螺栓连接副，应按包装箱配套供货，包装箱上应标明批号、规格、数量及生产日期。螺栓、螺母、垫圈外观表面应涂油保护，不应出现生锈和沾染脏物，螺纹不应损伤	观察检查	按包装箱数抽查5%，且不应少于3箱
表面硬度试验	对建筑结构安全等级为一级，跨度40m及以上的螺栓连接节点钢网架结构，其连接高强度螺栓应进行表面硬度试验	硬度计，10倍放大镜或磁粉探伤	按规格抽查8只
初拧、复拧扭矩	高强度螺栓连接副的施拧顺序和初拧、复拧扭矩应符合设计要求和国家现行行业标准	检查扭矩扳手标定记录和螺栓施工记录	全数检查资料

续表

项目	合格质量标准	检验方法	检查数量
连接外观质量	高强度螺栓连接副拧后，螺栓扣外露应为2~3扣，其中允许有10%的螺栓扣外露1扣或4扣	观察检查	按节点数抽查5%，且不应少于10个
连接摩擦面	高强螺栓连接摩擦面应保持干燥、整洁，不应有飞边、毛刺、焊接飞溅物、焊疤、氧气铁皮、污垢等，除设计要求外摩擦面不应涂漆	观察检查	全数检查
扩孔要求	高强度螺栓孔应自由穿入螺栓孔。高强度螺栓孔不应采用气割扩孔，扩孔数量应征得设计同意，扩孔后的孔径不应超过1.2d（d为螺栓直径）	观察检查及用卡尺检查	被扩螺栓孔全数检查

续表

项目	合格质量标准	检验方法	检查数量
拧入螺栓球内的长度要求	螺栓球节点网架总拼完成后，高强度螺栓与球节点应紧固连接，高强度螺栓拧入螺栓球内的螺纹长度不应小于1.0d（d为螺栓直径），连接处不应出现有间隙、松动等未拧紧情况	普通扳手及尺量检查	按节点数抽查5%，且不应少于10

(2) 对属于下列情况之一的钢材,应进行抽样复验,其复验结果应符合现行国家产品标准和设计要求。

1) 国外进口钢材;

2) 钢材混批;

3) 板厚不小于 40mm,且设计有 Z 向性能要求的厚板;

4) 建筑结构安全等级为一级,大跨度钢结构中主要受力构件所采用的钢材;

5) 设计有复验要求的钢材;

6) 对质量有疑义的钢材。

(3) 结构用钢材的外观质量除应符合国家现行有关技术标准的规定外,还应满足:

1) 钢材表面有锈蚀、麻点或划痕等缺陷时,其深度不得大于该钢材厚度负允许偏差值的 1/2;

2) 钢材表面的锈蚀等级应符合现行国家标准《涂装前钢材表面锈蚀等级和除锈等级》(GB 8923)规定的 C 级及 C 级以上;

3) 钢材端边或断口处不应有分层、夹渣等缺陷。

(4) 对重级工作制和吊车起重量≥50t 的中级工作制焊接吊车梁、吊车桁架或类似结构的钢材,除应有抗拉强度、屈服强度、延伸率和硫、磷含量的合格保证外,还应有常温冲击韧度的合格保证。

(5) 钢零件及钢部件加工放样前,放样人员必须熟悉施工图和工艺要求,如发现施工图有遗漏或错误,以及其他原因需要更改施工图时,必须取得原设计单位签具设计变更文件,不得擅自修改。

(6) 钢零件及钢部件放样、号料、切割、矫正成型、边缘加工、制孔等均应满足施工图、规范及工艺要求。

4.15.2 检查与评定

(1) 主控项目质量检验方法见表4-30;

钢结构钢零件及钢部件加工工程主控项目检验方法

表4-30

项目	合格质量标准	检验方法	检查数量
切面质量	钢材切割面或剪切面应无裂纹、夹渣、分层和大于1mm的缺棱	观察或用放大镜及百分尺检查,有疑义时作渗透、磁粉或超声波探伤检查	全数检查

续表

项目	合格质量标准	检验方法	检查数量
矫正成型	碳素结构钢在环境温度低于-16°C、低合金结构钢在环境温度低于-12°C时,不应进行冷矫正和冷弯曲。碳素结构钢和低合金结构在加热矫正时,加热温度不应超过900°C。低合金结构钢在加热矫正后应自然冷却	检查制作工艺报告和施工记录	全数检查
边缘加工	气割或机械剪切的零件,需要进行边缘加工时,其刨削量应不小于2.0mm	检查制作工艺报告和施工记录	
管、球加工	螺栓球成型后,不应有裂纹、褶皱、过烧。钢板压成半圆球后,表面不应有裂纹、褶皱;焊接球其对接坡口应采用机械加工,对接焊缝表面应打磨平整	10倍放大镜观察检查或表面探伤	每种规格抽查10%,且不少于5个

续表

项目	合格质量标准	检验方法	检查数量
制孔	A、B级螺栓孔（Ⅰ类孔）应具有H12的精度，孔壁表面粗糙度不应该大于12.5μm。其孔径允许偏差应符合GB 50205—2001表7.6.1-1的规定。C级螺栓孔（Ⅱ类孔），孔壁表面粗糙度不应大于25μm，其允许偏差应符合表7.6.1-2的规定	检查制作工艺报告和施工记录	按钢构件数量抽查10%，且不少于3个

（2）一般项目质量检验方法见表4-31。

钢结构钢零件及钢部件加工工程一般项目质量检验方法

表4-31

项目	合格质量标准	检验方法	检查数量
气割精度	允许偏差零件宽度、长度：±3.0mm；切割面平整度：0.05t，且不应大于2.0mm（t为切割面厚度）；割纹深度：0.3mm；局部缺口深度：1.0mm	观察检查或用钢直尺、塞尺检查	按切割面数量抽查10%，且不少于3个

续表

项目	合格质量标准	检验方法	检查数量
机械剪切精度	允许偏差零件宽度、长度：±3.0mm；边缘缺棱：1.0mm；型钢端部垂直度：2.0mm	观察检查或用钢直尺、塞尺检查	按切割面数量抽查10%，且不少于3个
矫正质量	矫正后的钢材表面，不应有明显的凹面或损伤，划痕深度不得大于0.5mm，且不应大于该钢材厚度负允许偏差的1/2。冷矫正和冷弯曲的最小曲率半径和最大弯曲矢高应符合GB 50205—2001表7.3.4的规定。钢材矫正后的允许偏差，应符合表7.3.5的规定	观察检查和实测检查	按冷矫正和冷弯曲的件数抽查10%，且不少于3个
边缘加工精度	边缘加工的允许偏差应符合GB 50205—2001表7.4.2的规定	观察检查和实测检查	按加工面数量抽查10%，且不少于3个

续表

项目	合格质量标准	检验方法	检查数量
管、球加工精度	螺栓球加工的允许偏差应符合 GB 50205—2001 表 7.5.3 的规定。焊接球加工的允许偏差应符合表 7.5.4 的规定。钢网架（桁架）用钢管杆件加工的允许偏差应符合表 7.5.5 的规定	用卡尺、游标卡尺、百分表等进行检查	每种规格抽查 10%，且不少于 5 个
制孔精度	螺栓孔孔距的允许偏差应符合 GB 50205—2001 表 7.6.2 的规定。螺栓孔孔距的允许偏差超过本规范表 7.6.2 规定的允许偏差时，应采用与母材材质相匹配的焊条补焊后重新制孔	用钢尺检查	按钢构件数量抽查 10%，且不少于 3 个

4.15.3 形成的质量文件

（1）钢零件及钢部件合格证明书、复试报告；
（2）制作工艺报告和施工记录；
（3）加工有疑义时检查探伤报告；
（4）钢零件及钢部件加工工程检验批质量验收记录；

(5) 钢零件及钢部件加工分项工程质量验收记录。

4.16 钢结构:钢构件组装工程

4.16.1 检查与评定

(1) 主控项目质量检验方法见表4-32;

钢结构钢构件组装工程主控项目质量检验方法

表4-32

项目	合格质量标准	检验方法	检查数量
吊车梁和吊车桁架	吊车梁和吊车桁架不应下挠	构件直立,在两端支承后,用水准仪和钢尺检查	全数检查
端部铣平的允许偏差	端部铣平的允许偏差应符合下列规定:两端铣平时构件长度允许偏差±2.0mm;两端铣平时零件长度为±0.5mm;铣平面的平面度为0.3mm;铣平面对轴线的垂直度为$l/1500$	用钢尺、角尺、塞尺等检查	按铣平面数量抽查10%,且不应少于3个
钢构件外形尺寸	钢构件外形尺寸主控项目的允许偏差应符合表4-34规定	用钢尺检查	全数检查

198

（2）一般项目质量检验方法见表4-33；

钢结构钢构件组装工程一般项目质量检验方法

表4-33

项目	合格质量标准	检验方法	检查数量
焊接H型钢接缝	焊接H型钢的翼缘板拼接缝和腹板拼接缝的间距不应小于200mm。翼缘板拼接长度不应小于2倍板宽；腹板拼接宽度不应小于300mm，长度不应小于600mm	观察和用钢尺检查	全数检查
焊接H型钢允许偏差	焊接H型钢的允许偏差应符合钢结构工程施工质量验收规范附录C中表C.0.1的规定	用钢尺、角尺、塞尺等检查	按钢构件数抽查10%，宜不应少于3件
焊接连接组装精度	焊接连接组装的允许偏差应符合钢结构工程施工质量验收规范附录C中表C.0.2的规定	用钢尺检查	按构件数抽查10%，且不应少于3个
顶紧接触面	顶紧接触面应有75%以上的面积紧贴	用0.3mm塞入面积应小于25%，边缘间隙应不大于0.8mm	按接触面的数量抽查10%，且不少于10个

续表

项目	合格质量标准	检验方法	检查数量
轴件交点错位	桁架结构杆件轴件交点错位的允许偏差不得大于3.0mm	尺量检查	按构件数抽查10%，且不应少于3个，每个抽查构件按节点数抽查10%，且不少于3个节点
安装焊缝坡口精度	安装焊缝坡口的允许偏差应符合下列规定：坡口角度为±5°；钝边为±1.0mm	用焊缝量检查	按坡口数量抽查10%，且不少于3条
铣平面保护	外露铣平面应防锈保护	观察检查	全数检查
外形尺寸	钢构件外形尺寸一般项目的允许偏差应符合钢结构工程施工质量验收规范附录C中表C.0.3～表C.0.9的规定	见本规范附录C中表C.0.3～表C.0.9	按构件数量抽查10%，且不应少于3件

(3) 钢构件外形尺寸主控项目的允许偏差见表 4-34。

钢构件外形尺寸主控项目的允许偏差　　　表 4-34

项　　目	允许偏差（mm）
单层柱、梁、桁架受力支托（支承面）表面至第一安装孔距离	±1.0
多节柱铣平面至第一安装孔距离	±1.0
实腹梁两端最外侧安装孔距离	±3.0
构件连接处的截面几何尺寸	±3.0
柱、梁连接处的腹板中心线偏移	2.0
受压构件（杆件）弯曲矢高	$l/1000$，且不应大于 10.0

4.16.2 形成的质量文件

(1) 钢构件组装工程检验批质量验收记录；
(2) 钢构件组装分项工程质量验收记录。

4.17 钢结构：钢网架安装

4.17.1 质量检查要求

(1) 钢网架使用的钢材、连接材料、高强度螺栓、焊条等材料应符合设计要求,并应有出厂合格证明。

(2) 螺栓球、空心焊接球、加肋焊接球、锥头、套筒、封板、网架杆件、焊接钢板节点等半成品,应符合设计要求及相应的国家标准规定。

(3) 螺栓球节点网架安装时,必须将高强度螺栓拧紧,螺栓拧进长度为该螺栓直径的 1 倍时,可以满足受力要求,按规定拧进长度为直径的 1.1 倍,并随时进行复拧。

(4) 螺栓球与钢管特别是拉杆的连接,杆件在承受拉力后即变形,必然产生缝隙,在南方或沿海地区,水气有可能进入高强度螺栓或钢管中,易腐蚀,因此必须对网架各个接头用油腻子将所有空余螺孔及接缝处填嵌密实,补刷防腐漆二道。

(5) 大面积网架拼装一般采取从中间向两边或向四周顺序拼装,杆件有一端是自由端,能及时调整拼装尺寸,以减少焊接应力与变形。

(6) 焊接球节点总拼顺序一般从一边向另一边,或从中间向两边顺序进行。只有螺栓与锥筒(封板)端部齐平时,才可以跳格拼装,其顺序为:下弦—斜杆—上弦。

4.17.2 检查与评定

(1) 主控项目质量检验方法见表4-35;

钢结构钢网架安装主控项目质量检验方法 表4-35

项目	合格质量标准	检验方法	检查数量
支座控制	钢网架结构支座定位轴线的位置、支座锚栓的规格应符合设计要求	用经纬仪和钢尺实测	按支座数抽查10%,且不应少于4处
支承面顶板控制	支承面顶板的位置、标高、水平度以及支座锚栓位置的允许偏差应符合 GB 50205—2001 表 12.2.2 的规定	用经纬仪、水准仪、水平尺和钢尺实测	
支承垫块的控制	支承垫块的种类、规格、摆放位置和朝向,必须符合设计要求和国家现行有关标准的规定。橡胶垫块与刚性垫块之间或不同类型刚性垫块之间不得互换使用	观察和用钢尺实测	按支座数抽查10%,且不应少于4处
支座锚栓紧固	支座锚栓的紧固允许偏差应符合 GB 50205—2001 表 10.12.5 的规定。支座锚栓的螺纹应受到保护	观察检查	

续表

项目	合格质量标准	检验方法	检查数量
小拼单元控制	小拼单元的允许偏差应符合 GB 50205—2001 表 12.3.1 的规定	用钢尺和拉线等辅助量具实测	按单元数抽查 5%，且不应少于 5 个
中拼单元控制	中拼单元的允许偏差应符合 GB 50205—2001 表 12.3.2 的规定	用钢尺和辅助量具实测	全数检查
节点承载力试验	对建筑结构安全等级为一级，跨度 40m 及以上的公共建筑钢网架结构，且设计有要求时，应按下列项目进行节点承载力试验，其结果应符合以下规定：①焊接球节点应按设计指定规格的球及其匹配的钢管焊接成试件，进行轴心拉、压承载力试验，其试验破坏荷载值大于或等于 1.6 倍设计承载力为合格；②螺栓球节点应按设计指定规格的球最大螺栓孔螺纹进行抗拉强度保证荷载试验，当达到螺栓的设计承载力时，螺孔、螺纹及封板仍完好无损为合格	在万能试验机上进行检验，检查试验报告	每项试验做 3 个试件

续表

项目	合格质量标准	检验方法	检查数量
网架结构挠度值控制	钢网架结构总拼完成后及屋面工程完成应分别测量其挠度值,且所测的挠度值不应超过相应设计值的1.15倍	用钢尺和水准仪实测	跨度24m及以下钢网架结构测量下弦中央一点;跨度24m以上钢网架结构测量下弦中央一点及各向下弦跨度的四等分点

（2）一般项目质量检验方法见表4-36。

钢结构钢网架安装一般项目质量检验方法　表4-36

项目	合格质量标准	检验方法	检查数量
支座锚栓控制	支座锚栓的允许偏差应符合《钢结构工程施工质量验收规范》(GB 50205—2001) 10.2.5的规定。支座锚栓的螺纹应受到保护	用钢尺实测	按支座数抽查10%,且不应少于4处

续表

项目	合格质量标准	检验方法	检查数量
网架节点和杆件表面控制	钢网架结构安装完成后,其节点及杆件表面应干净,不应有明显的疤痕、泥砂和污垢。螺栓球节点应将所有接缝用油腻子填嵌严密,并应将多余螺孔封口	观察检查	按节点及杆件数量抽查5%,且不应少于10个节点
网架结构安装允许偏差	钢网架结构安装完成后,其安装的允许偏差应符合 GB 50205—2001 表12.3.6 的规定	用钢尺和经纬仪实测	GB 50205—2001 表12.3.6

4.17.3 形成的质量文件

（1）钢网架材料的质量合格证明文件、中文标志及相关检验报告等。

（2）节点承载力的试验报告等。

（3）钢网架安装工程检验批质量验收记录。

（4）钢网架安装分项工程质量验收记录。

4.18 钢结构：防腐涂料涂装

4.18.1 检查与评定

(1) 主控项目质量检验方法见表4-37；

钢结构防腐涂料涂装主控项目质量检验方法

表4-37

项目	合格质量标准	检验方法	检查数量
涂料性能	钢结构防腐涂料、稀释剂和固化剂等材料的品种、规格、性能等符合现行国家产品标准和设计要求	检查产品的质量合格证明文件、中文标志及检验报告等	全数检查
涂装基层验收	涂装前钢材表面除锈应符合设计要求和国家现行有关标准和规定。处理后的钢材表面不应有焊渣、焊疤、灰尘、油污、水和毛刺等	用铲刀检查和用现行国家标准规定的图片对照、观察检查	按构件数量抽查10%，且同类构件不应少于3件

续表

项目	合格质量标准	检验方法	检查数量
涂层厚度	漆料、涂装遍数、涂层厚度均应符合设计要求。当设计对涂层厚度无要求时，涂层干漆膜总厚度：室外应为150μm，室内应为125μm，其允许偏差-25μm。每遍涂层干漆膜厚度的允许偏差-5μm	用干漆膜测厚仪检查。每个构件检测5处，每处的数值是3个相距50mm测点涂层干漆膜厚度的平均值	按构件数抽查10%，且同类构件不应少于3件

（2）一般项目质量检验方法见表4-38。

钢结构防腐涂料涂装质量检验方法　表4-38

项目	合格质量标准	检验方法	检查数量
产品质量	防腐涂料的型号、名称、颜色及有效期应与其质量证明文件相符。开启后，不应存在结皮、结块、凝胶等现象	观察检查	每种规格抽查5%，且不应少于3桶

续表

项目	合格质量标准	检验方法	检查数量
表面质量	构件表面不应误漆、漏涂，涂层不应脱皮和返锈等。涂层应均匀、无明显皱皮、流坠、针眼和气泡等	观察检查	全数检查
附着力测试	钢结构处在有腐蚀介质环境或外露且设计有要求时，应进行涂层附着力测试，在检测处范围内，当涂层完整程度达到70%以上时，涂层附着力达到合格质量标准的要求	按照现行国家标准执行	按构件数抽查1%，且不应少于3件，每件测3处
标志	涂装完成后，构件的标志、标记和编号应清晰完整	观察检查	全数检查

4.18.2　形成的质量文件

（1）防腐涂料、稀释剂和固化剂等材料的产品的质量合格证明文件、中文标志及检验报告；
（2）防腐涂料涂装工程检验批质量验收记录；
（3）防腐涂料涂装分项工程质量验收记录。

4.19　钢结构：防火涂料涂装

4.19.1　检查与评定

（1）主控项目质量检验方法见表4-39；
（2）一般项目质量检验方法见表4-40。

4.19.2　形成的质量文件

（1）防火涂料产品的质量合格证明文件、中文标志及检验报告；
（2）防火涂料复试报告；
（3）防火涂料涂装工程检验批质量验收记录；
（4）防火涂料涂装分项工程质量验收记录。

钢结构防火涂料涂装主控项目质量检验方法

表 4-39

项目	合格质量标准	检验方法	检查数量
涂料性能	钢结构防火涂料的品种和技术性能应符合设计要求，并应经过具有资质的检测机构检测符合国家现行有关标准的规定	检查产品的质量合格证明文件、中文标志及检验报告等	全数检查
涂装基层验收	防火漆料涂装前钢材表面除锈及防底漆涂装应符合设计要求和国家现行有关标准的规定	表面除锈用铲刀检查和用现行国家标准规定的图片对照观察检查。底漆涂装用干漆膜测厚仪检查，每个构件检测5处，每处的数值为3个相距50mm测点涂层干漆膜厚度的平均值	按构件数抽查10%，且同类构件不应少于3件

211

续表

项目	合格质量标准	检验方法	检查数量
强度试验	钢结构防火涂料的粘结强度、抗压强度应符合国家现行标准规定	检查复检报告	每使用100t或不足100t薄涂型防火涂料应抽检一次粘结强度；每使用500t或不足500t厚涂型防火涂料应抽检一次粘结强度和抗压强度
涂层厚度	薄涂型防火涂料的涂层厚度应符合有关耐火极限的设计要求。厚涂型防火涂料涂层的厚度，80%及以上面积应符合有关耐火极限的设计要求，且最薄处厚度不应低于设计要求的85%	用涂层厚度测量仪、测针和钢尺检查	按同类构件数抽查10%，且均不应少于3件

续表

项目	合格质量标准	检验方法	检查数量
表面裂纹	薄涂型防火漆料漆层表面裂纹宽度不应大于 0.5mm；厚涂型防火漆料涂层表面裂纹宽度不应大于 1mm	观察利用尺量检查	按同类构件数量抽查10%，且应不少于 3 件

钢结构防火涂料涂装一般项目质量检验方法 表 4-40

项目	合格质量标准	检验方法	检查数量
产品质量	防火涂料的型号、名称、颜色及有效期应与其质量证明文件相符。开启后，不应存在结皮、结块、凝胶等现象	观察检查	每种规格抽查5%，且不应少于3桶

213

续表

项目	合格质量标准	检验方法	检查数量
基层表面	防火漆料漆装基层不应有油污、灰尘和泥砂等污垢	观察检查	全数检查
涂层表面质量	防火漆料不应有误涂、漏涂、涂层应闭合无脱层、空鼓、明显凹陷、粉化松散和浮浆等外观缺陷，孔宾已剔除	观察检查	全数检查

5 建筑装饰装修工程质量检查评定

5.1 建筑装饰装修分部工程的划分

根据《建筑工程施工质量验收统一标准》(GB 50300—2001) 建筑工程分部（子分部）工程、分项工程划分，建筑装饰装修分部有 10 个子分部、50 个分项。见表 5-1。

5.2 地面工程

5.2.1 地砖面层

5.2.1.1 工艺流程

基层清理、弹线 → 刷水泥素浆 → 水泥砂浆找平层 → 水泥浆结合层 → 铺贴地砖 → 压平 → 嵌缝 → 养护

建筑装饰装修分部(子分部)工程、分项工程划分表

表 5-1

分部工程	子分部工程	分 项 工 程
建筑装饰装修工程	地面	整体面层:基层,水泥混凝土面层,水泥砂浆面层,水磨石面层,防油渗面层,水泥钢(铁)屑面层,不发火(防爆的)面层;板块面层:基层,砖面层(陶瓷锦砖、缸砖陶瓷地砖和水泥花砖面层),大理石面层和花岗石面层,预制板块面层(预制水泥混凝土、水磨石板块面层),料石面层(条石、块石面层),塑料地板面层,活动地板面层,地毯面层;木竹面层:基层,实木地板面层(条材、块材面层),实木复合地板面层(条材、块材面层),中密度(强化)复合地板面层(条材面层),竹板面层
	抹灰	一般抹灰,装饰抹灰,清水砌体勾缝
	门窗	木门窗制作与安装,金属门窗安装,塑料门窗安装,特种门安装,门窗玻璃安装

续表

分部工程	子分部工程	分项工程
建筑装饰装修	吊顶	暗龙骨吊顶,明龙骨吊顶
	轻质隔墙	板材隔墙,骨架隔墙,活动隔墙,玻璃隔墙
	饰面板(砖)	饰面板安装,饰面砖粘贴
	幕墙	玻璃幕墙,金属幕墙,石材幕墙
	涂料	水性涂料涂饰,溶剂型涂料涂饰,美术涂饰
	裱糊与软包	裱糊,软包
	细部	橱窗制作与安装,窗帘箱、窗台板和暖气罩制作与安装,门窗套制作与安装,护栏与扶手制作与安装,花饰制作与安装

217

5.2.1.2 质量检查要求

(1) 墙面抹灰工作完并已弹好 +1.000m 装饰水平标高线。

(2) 过地面的套管已做完，管洞已用豆石混凝土堵塞密实。设计要求做防水时，已经办完隐蔽手续和完成蓄水试验手续。

(3) 找平层完成 24h 后或抗压强度达到 1.2MPa 后方可在房间弹出十字中心线，不足整张的甩到边角处。

(4) 房间门框内外地砖在块材模数有合拍的地方必须对缝，进门必须是整块，找头留到里墙面，进门两侧可以根据中心线墙脚下同时留找头，但不小于100mm。

(5) 房间地砖宜一次镶铺连续操作，如果房间大一次不能铺完，须将接槎切齐，余灰清理干净。

(6) 地砖随铺随纠平整度及对缝。

(7) 面层表面的坡度符合设计要求，不倒泛水，无积水，与地漏（管道）结合处严密牢固，无渗漏。

(8) 踢脚线表面洁净，接缝平整均匀，接合牢固，出墙厚度适宜（一砖厚度）、一致。

(9) 厕、浴间地面穿楼板的上、下等各种管道穿楼面洞口必须加有高出楼面套管,并与结构堵塞密实,验收合格后再做防水层,管口部位与防水层结合要严密,待蓄水试验合格后才能做找平层,砖面层完成后应做第2次蓄水试验。

5.2.1.3 检查判定

(1) 主控项目

1) 块材品种、质量：面层所用块材的品种、质量必须符合以下要求：

①在铺贴前,应对砖的规格尺寸、外观质量、色泽等进行预选,浸水湿润,晾干待用；

②勾缝和压缝应采用同品种、同强度等级、同颜色的水泥,并做养护和保护。

2) 面层与下一层结合（粘结）应该牢固,无空鼓。

注：凡单块砖边角有局部空鼓,且每自然间（标准间）不超过总数的5%可不计。

(2) 一般项目

1) 面层、表层质量：砖面层表面应洁净、图案清晰,色泽一致,接缝平整,深浅一致,周边顺直,板块无裂纹、掉角和缺棱等缺陷。

2) 踢脚线表面质量：表面应洁净、高度一致、结合牢固、出墙厚度一致。

3）楼梯踏步和台阶质量：板块的缝隙宽度应一致，齿角整齐。楼层梯段相邻踏步高度差不应大于10mm，防滑条顺直。

4）面层表面坡度：表面坡度应符合设计要求，不倒泛水、无积水，与地漏、管道结合处应严密牢固、无渗漏。

5）允许偏差应符合表5-2的规定。

地砖面层允许偏差控制表　　表5-2

序号	检查项目	允许偏差（mm）	检验方法
1	表面平整度	1	用2m靠尺和塞尺检查
2	缝格平直	2	用钢直尺检查
3	接缝高低差	0.5	用钢直尺和塞尺检查
4	踢脚线上口平直	1	拉线或用钢直尺检查
5	板块间隙宽度	1	用钢直尺检查

5.2.1.4　形成质量文件

（1）水泥备案证明；

（2）水泥出厂合格证和复试报告；

（3）陶瓷地砖合格证；

（4）有防水要求地面的隐蔽验收记录（堵洞

存水、基层、防水材料）及蓄水试验；

（5）砖面层工程检验批质量验收记录表。

5.2.2 实木地板面层

5.2.2.1 工艺流程

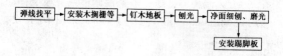

5.2.2.2 质量检查要求

（1）屋面防水和室内装饰作业已完成，楼面管线洞渗水检查符合使用功能。

（2）地板施工前对墙、顶抹灰，门框安装必须完，在墙面已设置装饰统一标高控制线。

（3）在钉板前必须对搁栅含水率测定符合要求，做好防腐。

（4）管线设置隐蔽、暖卫管道的试水、打压全部结束，应符合相应规范要求。

（5）毛地板铺设应将木材髓心向上，板与板之间缝隙不应大于3mm 表面应平直，与墙之间应留8~12mm 空隙。

（6）实木地板与墙之间应留8~12mm 缝隙。

(7) 实木制作的踢脚线,背面应抽凹槽(防止翘曲):

1) 踢脚板高度100mm背面应抽一条凹槽;
2) 踢脚板高度150mm背面应抽两条凹槽;
3) 踢脚板高度超过150mm背面应抽三条凹槽;
4) 木踢脚板接缝一般采用暗榫或斜坡压榫,为了防潮通风,一般1000~1500mm采用φ6孔设一组通风孔。

5.2.2.3 检查判定

(1) 主控项目

1) 实木地板面层所采用的材质和铺设时的木材含水率必须符合设计要求。木搁栅、垫木和毛地板必须做防腐、防蛀处理。

2) 木搁栅安装应牢固、平直。

3) 面层铺设应牢固;粘结无空鼓。

(2) 一般项目

1) 实木地板面层应刨平、磨光,无明显刨痕和毛刺等现象;图案清晰、颜色均匀一致。

2) 面层缝隙应严密;接头位置应错开,表面洁净。

3) 拼花地板接缝应对齐,粘、钉严密;缝隙宽度均匀一致;表面洁净;胶粘无溢胶。

4) 踢脚板表面应光滑接缝严密,高度一致。
5) 允许偏差应符合表 5-3 的规定。

实木地板面层 允许偏差控制表　　表 5-3

序号	检查项目		允许偏差（mm）	检验方法
1	板面缝隙宽度	拼花地板	0.2	用钢直尺检查
2		硬木地板	0.5	
3		松木地板	1	
4	表面平整度	拼花、硬木地板	2	用 2m 靠尺和塞尺检查
5		松木地板	3	
6	踢脚线上口平齐		3	拉线或用钢直尺检查
7	板面拼缝平直		3	用钢直尺检查
8	相邻板材高差		0.5	用钢直尺检查
9	踢脚线与面层接缝		1	用钢直尺检查

5.2.2.4　形成质量文件

（1）实木地板工程设计施工图、设计说明、及其他设计变更文件；

（2）材质合格证明文件及检测报告；

（3）木材防火、防虫防腐处理记录；

(4) 细木工板等人造板游离甲醛含量复验记录;
(5) 样板间室内环境污染物浓度检测记录;
(6) 实木地板面层工程检验批质量验收记录表;
(7) 分项工程质量记录表。

5.3 门窗工程

5.3.1 木门窗制作与安装

5.3.1.1 工艺流程
(1) 先立档子

(2) 后立档子

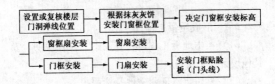

5.3.1.2 质量检查要求

（1）门窗框进入现场必须检查验收型号、尺寸（尤其帽头处框宽度误差不能相差太大，直接影响今后竖缝大小）是否符合设计图纸要求，是否有窜角、翘扭、弯曲、劈裂等现象。

（2）门窗框靠墙、靠地的一面应刷防腐涂料。

（3）门窗框安装应在抹灰前进行，门扇和窗扇的安装宜在抹灰后进行，如必须先安装时，应注意对成品的保护。

（4）室内外门框应根据设计图纸位置和标高安装，应提前检查锚固件的数量是否满足安装牢固要求：

1）1.2m 高的门口，每边预埋 2 块预埋件；

2）1.2~2m 高的门口，每边预埋 3 块预埋件；

3）2~3m 高的门口，每边预埋 4 块预埋件；

（5）对门窗框、扇安装后要逐只检查安装质量：

1）门窗框位置和开启方向，尤其双扇门窗要注意盖缝的左右位置（一般右扇为盖口扇）；

2）门框固定后要检查框中腰和下脚的内净宽度是否与框帽头处一致；

3）检查框挺标高是否一致（头高低后直接影响门扇上缝质量）；

4）铰链槽剔好后安装合页，木螺栓应钉入全长的1/3，拧入2/3；

5）门扇开启到墙应安装门碰头，对有特殊要求的门安装开启器，参照"产品安装说明书"的要求。

5.3.1.3 检查判定

（1）主控项目

1）木门窗的品种、类型、规格、开启方向、安装位置及连接方式应符合设计要求。

2）木门窗安装必须牢固。预埋木砖的防腐处理、木门窗框固定点的数量位置及固定方法应符合设计要求。

3）木门扇安装必须牢固，并应开关灵活，关闭严密，无翘缺。

4）木门窗配件的型号、规格、数量应符合设计要求，安装应牢固，位置应正确，功能应满足使用要求。

（2）一般项目

1）木门窗与墙体间缝隙的填嵌材料应符合设计要求，填嵌应饱满。寒冷地区外门窗（或门窗框）与砌体间的空隙应填充保温材料。

2）木门窗批水、盖口条、压缝条、密封条的安装应顺直，与门窗结合应牢固、严密。

3）木门窗安装留缝限值及允许偏差应符合表

5-4 的规定。

木门窗安装质量允许偏差　　表 5-4

序号	检 查 项 目		留缝限值（mm）		允许偏差（mm）	
			普通	高级	普通	高级
1	门窗槽口对角线长度差		—	—	3	2
2	门窗框正、侧面垂直度		—	—	2	1
3	框与扇、扇与扇接缝高低差		—	—	2	1
4	门窗扇对口缝		1~2.5	1.5~2	—	—
5	工业厂房双扇大门对口缝		2~5	—	—	—
6	门窗扇与上框间留缝		1~2	1~1.5	—	—
7	门窗扇与侧框间留缝		1~2.5	1~1.5	—	—
8	窗扇与下框间的留缝		2~3	2~2.5	—	—
9	门扇与下框间的留缝		3~5	3~4	—	—
10	双层门窗内外框间距		—	—	4	3
11	无下框时门扇与地面间留缝	外门	4~7	5~6	—	—
		内门	5~8	6~7	—	—
		卫生间门	8~12	8~10	—	—
		厂房大门	10~20	—	—	—

5.3.1.4 形成质量文件

(1) 木窗出厂合格证或进场验收记录;
(2) 门窗五金的出厂合格证或产品合格证明;
(3) 木门窗框锚固隐蔽验收记录;
(4) 木门窗安装工程检验批质量验收记录表;
(5) 分项工程质量验收记录表。

5.3.2 铝合金、塑料门窗安装

5.3.2.1 工艺流程

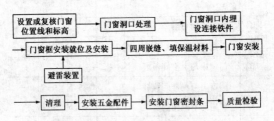

5.3.2.2 质量检查要求

(1) 结构质量经验收达到合格标准,工种间办理了交接手续;

(2) 检查门窗安装洞口位置线和标高线是否设置和正确(对洞口位置和标高有问题的在安装前首先处理到位);

（3）门窗框与墙的缝隙填缝，应避免直接用水泥砂浆与门窗表面接触，以免腐蚀门窗框，并易对铝合金窗形成冷桥；

（4）门窗框固定，铁脚至窗角的距离不应大于180mm，铁脚间距应小于600mm；

（5）门扇地弹簧座的上皮一定与室内地坪一致，门扇地弹簧转轴线一定要与门框横料的定位销轴心线一致；

（6）弹簧门扇自动定位准确，开启角度90°±1.5°，关闭时间在6~10s范围内；

（7）因立框后外墙抹灰尚未完成，应采用塑料保护膜保护好窗框，并不可随意撕去；

（8）窗框与外墙之间要留5~8mm间隙，用密封胶封闭；

（9）初装饰房间阳台门下槛要适当提高标高（考虑铺地板要求）。

5.3.2.3 检查判定

（1）主控项目

1）门窗的品种、类型、规格、尺寸、性能、开启方向、安装位置及连接方式及门窗的型材壁厚应符合设计要求。门窗的防腐处理及填嵌、密封处理应符合设计要求。

2）门窗框和副框的安装必须牢固。预埋件的数量、位置、埋设方式、与框的连接方式必须符合设计要求。

3）门窗扇必须安装牢固，并应开关灵活，关闭严密，无翘曲，推拉门窗扇必须有防脱落措施。

4）门窗配件的型号、规格、数量应符合设计要求，安装应牢固，位置应正确，功能应满足使用要求。

（2）一般项目

1）门窗表面应洁净、平整、光滑、色泽一致、无锈蚀、大面无划痕、碰伤、薄膜和保护层应连续。

2）门窗推拉门窗扇开关力应不大于100N。

3）门窗框与墙体之间的缝隙应填嵌饱满，并采用密封胶密封、密封胶表面应光滑、顺直，无裂纹。

4）门窗扇的橡胶密封条或毛毡密封条应安装完好，不得脱槽。

5）有排水孔的门窗，排水孔应畅通，位置和数量应符合设计要求。

6）铝门窗安装允许偏差应符合表5-5规定。塑料门窗安装允许偏差应符合表5-6规定。

铝合金门窗安装允许偏差控制表　　表5-5

序号	检查项目		允许偏差（mm）	检验方法
1	门窗槽口宽度、高度	≤1500mm	1.5	用钢尺检查
		>1500mm	2	
2	门窗槽口对角线长度差	≤2000mm	3	用钢尺检查
		>2000mm	4	
3	门窗框的正、侧面垂直度		2.5	用垂直检测尺检查
4	门窗横框的水平度		2	用1m水平尺和塞尺检查
5	门窗横框标高		5	用钢尺检查
6	门窗竖向偏离中心		5	用钢尺检查
7	双层门窗内外框间距		4	用钢尺检查
8	推拉门窗扇与框搭接量		1.5	用钢直尺检查

塑料门窗安装允许偏差控制表　　表5-6

序号	检查项目		允许偏差（mm）	检验方法
1	门窗槽口宽度、高度	≤1500mm	2	用钢尺检查
		>1500mm	3	

续表

序号	检查项目		允许偏差（mm）	检验方法
2	门窗槽口对角线长度差	≤2000mm	3	用钢尺检查
		>2000mm	5	
3	门窗框的正、侧面垂直度		3	用垂直检测尺检查
4	门窗横框的水平度		3	用1m水平尺和塞尺检查
5	门窗横框标高		5	用钢尺检查
6	门窗竖向偏离中心		5	用钢尺检查
7	双层门窗内外框间距		4	用钢尺检查
8	同樘平开窗相邻扇高度差		2	用钢直尺检查
9	平开窗铰链部位配合间隙		+2；-1	用塞尺检查
10	推拉门窗扇与框搭接量		+1.5；-2.5	用钢直尺检查
11	推拉门窗扇与竖框平行度		2	用1m水平尺和塞尺检查

5.3.2.4 形成质量文件

（1）门窗产品合格证书、性能检测报告、进场验收记录、复验报告；

(2) 门窗框锚固隐蔽验收记录；

(3) 建筑外墙窗的抗风压性能、空气渗透性能和雨水渗透性能检测报告；

(4) 门窗安装工程检验批质量验收记录表；

(5) 分项工程质量验收记录表。

5.3.3 门窗玻璃安装

5.3.3.1 工艺流程

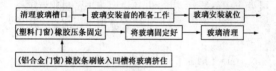

5.3.3.2 质量检查要求

(1) 玻璃应在内外门窗五金安装后，经检查合格，并在涂刷最后一道油漆前进行安装。

(2) 对集中加工后进场的半成品，应有针对性试安装提前核实来料的尺寸留量，长宽各应缩小1个裁口宽的四分之一（一般每块玻璃的上下余量3mm，宽窄余量4mm）边缘不得有斜曲或缺角情况，必要时应再加工处理或更换。

(3) 安装压花玻璃或磨砂玻璃时,压花玻璃的花面应向外,磨砂玻璃的磨砂面应向室内。

(4) 铝合金框扇玻璃安装,玻璃就位后,其边缘不得与框扇及连接件相接触,所留间隙应符合有关标准规定。所用的材料不得影响泄水孔。

(5) 安装斜天窗玻璃,如设计无要求,应采用夹丝玻璃,并应顺流水方向盖叠安装,盖叠搭接长度应视天窗坡度而定,当坡度为1/4或大于1/4,不小于30mm;坡度小于1/4时,不小于50mm,盖叠处应用钢丝卡固定,并在缝隙中用密封胶嵌填密实;如采用平板玻璃时,要在玻璃下面加设一层镀锌铅丝网。

(6) 冬期施工应在已安装好玻璃的室内作业,温度应在正温度以上,外墙铝合金框、扇玻璃不宜冬期安装。

5.3.3.3 检查判定

(1) 主控项目

1) 玻璃的品种、规格、尺寸、色彩、图案和涂膜朝向应符合设计要求,单块玻璃大于$1.5m^2$时应使用安全玻璃。

2) 门窗玻璃裁割尺寸应正确。安装后的玻璃应牢固,不得有裂纹、损伤和松动。

3）玻璃的安装方法应符合设计要求，固定玻璃的钉子或钢丝卡的数量规格应保证玻璃安装牢固。

4）镶钉木压条接触玻璃处，应与裁口边缘平齐，木压条应互相紧密连接，并与裁口边缘紧贴，割角应整齐。

5）密封条与玻璃、玻璃槽口的接触应紧密、平整。密封胶与玻璃、玻璃槽口的边缘应粘结牢固、接缝平齐。

6）带密封条的玻璃压条，其密封条必须与玻璃全部贴紧，压条与型材之间应无明显缝隙，压条接缝应不大于0.5mm。

（2）一般项目

1）玻璃表面应洁净，不得有腻子、密封胶、涂料等污渍。中空玻璃内外表面均应洁净，玻璃中空层内不得有灰尘和水蒸气。

2）门窗玻璃不应直接接触型材。单面镀膜玻璃的镀膜层及磨砂玻璃的磨砂面应朝向室内。中空玻璃的单面镀膜玻璃应在最外层，镀膜层应朝向室内。

3）腻子应填抹饱满、粘结牢固；腻子边缘与裁口应平齐。固定玻璃的卡子不应在腻子表面显露。

5.3.3.4 形成质量文件

（1）玻璃产品合格证书、性能检测报告、进场

验收记录、复验报告;

(2) 密封胶条的出厂合格证及材质证明;

(3) 玻璃胶的出厂合格证及材质证明;

(4) 垫块、镶嵌条的材质证明及使用要求;

(5) 隐蔽工程验收记录;

(6) 门窗玻璃安装工程检验批质量验收记录表;

(7) 分项工程质量验收记录表。

5.4 吊顶工程

5.4.1 暗龙骨吊顶

5.4.1.1 工艺流程

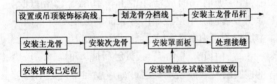

5.4.1.2 质量检查要求

(1) 结构质量经验收达到合格标准,工种间办理了交接手续。

(2) 轻钢龙骨骨架在大面积施工前,应先做样板间,对顶棚的起拱、灯槽、通风口等处进行构造处理,通过做样板间决定分块及固定方法,经鉴定认可后再大面积施工。

(3) 顶棚罩面板施工前:

1) 应做完墙、地湿作业工程项目。

2) 安装完顶棚内的各种管线和设备及检测通过各种试验,完成管线、设备的隐蔽验收工作,并确定好灯位、通风口及各种露明孔口位置。

3) 对顶棚的吊点、吊架规格、品种、间距、牢度等已通过隐蔽验收。

(4) 如遇到梁和管道固定点大于设计和规程要求,应增加吊杆的固定点;吊杆用角钢和膨胀螺栓固定在混凝土楼板下。

(5) 轻钢龙骨吊顶在留洞、灯具口、通风口应按图纸上的相应节点构造设置龙骨及连接件,保证吊挂的刚度(吊顶的灯具、风口、及检修口等应设附加吊杆和补强龙骨,不能直接固定在吊顶的龙骨上,应有单独的角架固定,管线上的吊架和吊顶上的吊架不能相互利用,应该各管各设置)。

(6) 高低顶棚的侧楣应该与纵横骨架形成整体有一定的刚度,而且有斜撑确保侧楣的垂直和刚度,不能只设置吊件而没有骨架和斜撑。

5.4.1.3 检查判定

（1）主控项目

1）吊顶标高、尺寸、起拱和造型应符合设计要求。

2）饰面材料的材质、品种、规格、图案和颜色应符合设计要求。

3）暗龙骨吊顶工程的吊杆、龙骨和饰面材料的安装必须牢固。

4）吊杆、龙骨的材质、规格、安装间距及连接方式应符合设计要求，金属吊杆龙骨应经过表面防腐处理；木吊杆、龙骨应进行防腐、防火处理。

5）石膏板的接缝应按其施工工艺标准进行板缝防裂处理。安装双层石膏板时，面层板与基层板的接缝应错开，并不得在同一根龙骨上接缝。

（2）一般项目

1）饰面材料表面应洁净、色泽一致，不得有翘曲、裂缝及缺损。压条应平直、宽窄一致。

2）饰面板上的灯具、烟感器、喷淋头、风口算子等设备的位置合理、美观，与饰面板的交接应吻合、严密。

3）金属吊杆、龙骨的接缝应均匀一致，角缝应吻合，表面应平整，无翘曲、锤痕。木质吊杆、龙骨应顺直,无劈裂、变形。

4)吊顶内的填充吸声材料的品种和铺设厚度应符合设计要求,并应有防散落措施。

5)暗龙骨吊顶工程允许偏差应符合表5-7的规定。

暗龙骨吊顶允许偏差　　　　表5-7

序号	检查项目	允许偏差(mm)			
		纸面石膏板	金属板	矿棉板	木板、塑料板、格栅
1	表面平整度	3	2	2	2
2	接缝直线度	3	1.5	3	3
3	接缝高低差	1	1	1.5	1

5.4.1.4 形成质量文件

(1)吊顶工程的施工图、设计说明、及其他设计变更文件;

(2)材料产品合格证书、性能检测报告、进场验收记录、复验报告;

(3)吊点、吊架安装隐蔽验收记录(包括安装管线设备隐蔽及各检测资料);

(4)暗龙骨安装工程检验批质量验收记录表;

(5) 分项工程质量验收记录表。

5.4.2 明龙骨吊顶

5.4.2.1 工艺流程

设置或吊顶装饰标高线 → 划龙骨分档线 → 安装主龙骨吊杆 → 弹线设置边龙骨 → 立柱安装 → 次龙骨安装 → 整体校正 → 罩面板安装 → 顶棚内的安装管线、设备已经就位，检测试验完

5.4.2.2 质量检查要求

(1) 结构质量经验收达到合格标准，工种间办理了交接手续。

(2) 如遇到梁和管道固定点大于设计和规程要求，应增加吊杆的固定点。

(3) 边龙骨锚固用自攻螺栓固定在设置的木榫或木砖上，不能用木工钉固定在边龙骨锚固。如遇混凝土结构可用射钉固定，射钉的间距应不大于吊顶次龙骨间距。

(4) 主龙骨的悬臂端不应大于 300mm，吊杆间距不宜大于 1.2m。

(5) 管线上的吊架和吊顶上的吊架不能相互利用，应该各自单独设置。轻钢龙骨吊顶在预留洞、

灯具口、通风口应按图纸上的相应节点构造设置龙骨及连接件，保证吊挂的刚度（吊顶的灯具、风口、及检修口等应设附加吊杆和补强龙骨，不能直接固定在吊顶的龙骨上，应有单独的角架固定。

（6）吊顶吊杆长度大于1500mm应设置反撑，对上人和不上人吊顶及吊杆长度要注意吊杆的规格大小（一般不上人吊顶用$\phi 6$吊杆，当吊杆长度超过1000mm，宜用$\phi 8$吊杆，而且应设置反撑。上人吊顶用$\phi 8$吊杆，当吊杆长度超过1000mm宜用$\phi 10$吊杆，而且应设置反撑）。

5.4.2.3 检查判定

（1）主控项目

1）吊顶标高、尺寸、起拱和造型应符合设计要求。

2）饰面材料的材质、品种、规格、图案和颜色应符合设计要求。

3）饰面材料安装应稳固严密。饰面材料与龙骨的搭接宽度应大于龙骨受力面宽度的2/3。

4）吊杆、龙骨的材质、规格、安装间距及连接方式符合设计要求。金属吊杆龙骨应经过表面防腐处理；木吊杆、龙骨应进行防腐、防火处理。

5）明龙骨吊顶工程的吊杆和龙骨安装必须牢固。

(2) 一般项目

1) 饰面材料表面应洁净、色泽一致,不得有翘曲、裂缝及缺损。压条应平直、宽窄一致。

2) 饰面板上的灯具、烟感器、喷淋头、风口箅子等设备的位置合理、美观,与饰面板的交接应吻合、严密。

3) 金属龙骨的接缝应平整、吻合、颜色一致,不得有划伤、擦伤等表面缺陷。木质龙骨应平整、顺直,无劈裂。

4) 吊顶内的填充吸声材料的品种和铺设厚度应符合设计要求,并应有防散落措施。

5) 明龙骨吊顶工程允许偏差应符合表 5-8 的规定。

明龙骨吊顶工程允许偏差　　　　表 5-8

序号	检查项目	允许偏差 (mm)			
		石膏板	金属板	矿棉板	塑料板、玻璃板
1	表面平整度	3	2	3	2
2	接缝直线度	3	2	3	3
3	接缝高低差	1	1	2	1

5.4.2.4 形成质量文件

（1）吊顶工程的施工图、设计说明、及其他设计变更文件；

（2）材料产品合格证书、性能检测报告、进场验收记录、复验报告；

（3）吊点、吊架安装隐蔽验收记录（包括安装管线设备隐蔽及各检测资料）；

（4）明龙骨安装工程检验批质量验收记录表；

（5）分项工程质量验收记录表。

5.5 饰面板（砖）工程

5.5.1 饰面砖粘贴

5.5.1.1 工艺流程

基层处理 → 阴阳角挂垂线、找方 → 设置底层砂浆灰饼（刮糙塌饼）→ 抹底层砂浆（刮糙层）→ 设置垂直线和水平标高控制线 → 分格、排砖 → 浸砖 → 镶贴面砖 → 面砖勾缝与擦缝隙

5.5.1.2 质量检查要求

（1）结构质量经验收达到合格标准，工种间办理了交接手续；并做好面砖粘结强度检测。

（2）外墙面砖施工应有垂直位置线和装饰标高控制线为依据（基层灰达到六至七成干，即可进行分段分格弹线工作，大墙面和四角、门窗口边的弹垂线必须由顶到底一次进行，分层设点）。

（3）有门窗洞口的必须把门窗框位置正确标注，并应考虑墙面砖的尺寸有足够的余量。

（4）大面积施工前应先放出大样做出样板，经质量鉴定合格，同时经设计、甲方、施工单位共同认定。方可组织按样板要求施工。

（5）大墙面、通天柱和墙垛要排整砖，以及同一堵墙上横竖排列，均不得有一行以上的非整砖。非整砖行应排在次要部位，窗间墙或阴角处要求一致和对称，碰到突出的卡件，应用整砖套割吻合，不得用非整砖随意拼凑镶贴。

（6）墙面凸出的檐口、腰线、窗台、雨篷等饰面应有流水坡度。

（7）女儿墙压顶、窗台、腰线等部位平面也应镶贴面砖，除流水坡度符合设计要求，应采取顶面面砖压立面面砖的做法。同时还应采取立面中最低一排面砖必须压底平面面砖，并低出底平面面砖3~5mm。

（8）拉缝铺贴面砖勾缝，应先勾水平缝再勾竖缝，勾缝后要凹进面砖 2~3mm。如面砖铺贴为干挤缝或小于 3 mm 缝，应用白水泥配颜色进行擦缝处理。

(9) 面砖铺贴完成后用草酸清洗。

5.5.1.3 检查判定

(1) 主控项目

1) 饰面砖的品种、规格、图案、颜色和性能应符合设计要求；

2) 饰面砖粘贴工程的找平、防水、粘结和勾缝材料及施工方法应符合设计要求和国家现行产品标准和工程技术标准的规定；

3) 饰面砖粘贴必须牢固；

4) 满粘法施工的饰面砖工程应无空鼓、裂缝。

(2) 一般项目

1) 饰面板表面应平整、洁净、色泽一致，无裂痕和缺损。

2) 阴阳角处搭接方式、非整砖使用部位应符合设计要求。

3) 墙面突出物周围的饰面砖应整砖套割吻合，边缘应整齐。墙裙、贴脸突出墙面厚度应一致。

4) 饰面砖接缝应平直、光滑，填嵌应连续、密实；宽度和深度应符合设计要求。

5) 有排水要求的部位应做滴水线（槽）。滴水线（槽）应顺直，流水坡向应正确，坡度应符合设计要求。

6) 饰面砖粘贴允许偏差应符合表5-9的规定。

饰面砖粘贴允许偏差　　　表5-9

序号	检查项目	允许偏差（mm）	
		外墙面砖	内墙面砖
1	立面垂直度	3	2
2	表面平整度	4	3
3	阴阳角方正	3	3
4	接缝直线度	3	2
5	接缝高低差	1	0.5
6	接缝宽度	1	1

5.5.1.4　形成质量文件

（1）饰面板工程的施工图、设计说明、及其他设计变更文件；

（2）面砖产品合格证书、性能检测报告、进场验收记录、复验报告；

(3) 面砖粘结强度检测报告；
(4) 饰面砖粘贴工程检验批质量验收记录表；
(5) 分项工程质量验收记录表。

5.6 幕墙工程

5.6.1 玻璃幕墙

5.6.1.1 工艺流程

挂阴阳角垂直线和设置标高控制线 → 安装各楼层紧固铁件 → 横梁、立柱配备 → 安装立柱 → 安装横梁 → 避雷装置 → 安装涂锌钢板 → 安装保温防火矿棉 → 安装玻璃 → 安盖板及装饰压条

5.6.1.2 质量检查要求

（1）主体结构已通过质量监督部门核验，工种间办理了交接手续。

（2）安装竖龙骨预先把埋件剔出，根据弹线核对各层预埋件中心与竖向龙骨中心是否一致，有超出允许偏差值，应及时办理设计洽商进行处理，对纠偏使用后置埋件，应做拉拔试验。

（3）立柱通过内套管竖向接长，接头处应留适当宽度的伸缩空隙。（具体尺寸根据设计要求）

（4）立柱安装到顶层经校正无误，与结构连接的螺栓、螺母、垫圈全部拧紧再焊牢，所有焊缝重新加焊至设计要求。敲掉焊药，清理检查达到合格要求，焊缝部位刷二度防锈漆。

（5）玻璃幕墙安装用的临时螺栓等，应在构件紧固后及时拆除。

（6）单片阳光控制 镀膜玻璃面应朝向室内，非镀膜玻璃面应朝向室外。

（7）安装单、双层玻璃均由上向下，并从一个方向连续安装。

（8）玻璃下框垫橡胶定位块，要求有一定的硬度和耐久性。

（9）安装矿棉保温层应铺设平整，拼缝处不留缝隙。

（10）隐框玻璃幕墙的玻璃不应小于6mm，全玻璃墙肋玻璃的厚度不应小于12mm。

（11）隐框玻璃幕墙每块玻璃下端应设置两个铝合金或不锈钢托条，其长度不应小于100mm，厚度不应小于12mm。

（12）隐框玻璃幕墙的中空玻璃，镀膜面应在中空玻璃的第2或第3面上。

（13）8mm以下的钢化玻璃应进行引爆处理。

(表面不得有损伤)所有隐框幕墙玻璃均应进行边缘打磨处理。

(14)玻璃幕墙的防雷装置必须与主体结构的防雷装置可靠连接。

(15)后置埋件应进行抗拔试验。

5.6.1.3 检查判定

(1)玻璃幕墙表面应平整、洁净;整幅玻璃的色泽应均匀一致;不得有污染和镀膜损坏。

(2)每平方米玻璃的表面质量:

1)不允许明显划伤和长度>100mm的轻微划伤;

2)长度≤100mm的轻微划伤≤8条;

3)擦伤总面积≤500mm^2。

(3)一个分格铝合金型材的表面质量:

1)不允许明显划伤和长度>100mm的轻微划伤;

2)长度≤100mm的轻微划伤≤2条;

3)擦伤总面积≤500mm^2。

(4)明框玻璃幕墙的外露框或压条应横平竖直,颜色、规格应符合设计要求,压条安装应牢固。单元玻璃幕墙的单元拼缝或隐框玻璃幕墙的分格玻璃拼缝应横平竖直、均匀一致。

(5)玻璃幕墙的密封胶缝应横平竖直、深浅一致、宽窄均匀、光滑顺直。

（6）防火、保温材料填充应饱满、均匀，表面应密实、平整。

（7）玻璃幕墙隐蔽节点的遮封装修应牢固、整齐、美观。

（8）明框玻璃幕墙安装允许偏差应符合表5-10的规定。

明框玻璃幕墙安装允许偏差　　表5-10

序号	检查项目		允许偏差（mm）
1	幕墙垂直度	幕墙高度≤30m	10
		30m＜幕墙高度≤60m	15
		60m＜幕墙高度≤90m	20
		幕墙高度＞90m	25
2	幕墙水平度	幕墙幅宽≤35m	5
		幕墙幅宽＞35m	7
3	构件直线度		2
4	构件水平度	构件长度≤2m	2
		构件长度＞2m	3

续表

序号	检查项目		允许偏差（mm）
5	相邻构件错位		1
6	分格框对角线长度差	对角线长度≤2m	3
		对角线长度>20m	4

(9) 隐框、半隐框玻璃幕墙安装允许偏差应符合表 5-11 的规定。

隐框、半隐框玻璃幕墙安装允许偏差　　表 5-11

序号	检查项目		允许偏差（mm）
1	幕墙垂直度	幕墙高度≤30m	10
		30m<幕墙高度≤60m	15
		60m<幕墙高度≤90m	20
		幕墙高度>90m	25
2	幕墙水平度	幕墙幅宽≤3m	3
		幕墙幅宽>3m	5
3	幕墙表面平整度		2

续表

序号	检查项目	允许偏差（mm）
4	板材立面垂直度	2
5	板材上沿水平度	2
6	相邻板材板角错位	1
7	阳角方正	2
8	接缝直线度	3
9	接缝高低差	1
10	接缝宽度	1

5.6.1.4 形成质量文件

（1）玻璃幕墙的设计、设计修改和材料代用文件；

（2）材料出厂证明书，型材试验报告，结构胶与接触材料相容性的粘结力试验报告，预制件的出厂质量证书；

（3）隐蔽工程验收记录（包括安装管线设备隐蔽及各检测资料）；

（4）玻璃幕墙的空气渗透性能、雨水渗透性能、风压及平面变形性能的检测报告及设计要求的

其他性能的检验报告;

(5)后置埋件抗拔强度检验报告、结构胶检验报告、防雷测试记录。

(6)幕墙安装(子分部)工程 A、B、C、D,四册竣工资料。

5.7 涂饰工程

5.7.1 水性涂料涂饰

5.7.1.1 工艺流程

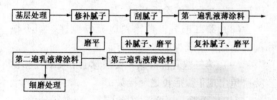

5.7.1.2 质量检查要求

(1)混凝土或抹灰层在涂料涂刷前基层必须干燥,含水率不得大于10%;

(2)涂料施工前抹灰施工应全部完成,穿墙孔洞应提前抹灰补齐;

(3)大面积施工前,应事先做好样板间,经有关责任主体检查鉴定合格后，方可组织班组进行大面积施工；

（4）冬期在室内涂料工程，室内环境温度不宜低于+10℃，相对湿度不宜大于60%；

（5）涂料施工前必须对基层检查，发现有裂缝、起壳、起皮等缺陷处理达到合格及灰尘、污垢清除干净；

（6）基层坑凹应首先分遍打平后，再进行满刮腻子，一般三遍，每遍腻子干燥后磨光；

（7）第一遍乳液薄涂料应搅拌均匀，适当加水稀释，防止涂料施涂不开；

（8）第二遍乳液薄涂料应充分搅拌，如不很稠，不宜加水或少加水，以防露底；

（9）第三遍乳液薄涂料要注意上下顺刷互相衔接避免出现干燥后再处理接头；

（10）顶棚与墙面涂料分色处，应弹线分色；

（11）室外要采用防水涂料，分块施工时，施工缝应留在阴阳角或水落管处；

（12）因涂刷污染的门窗、栏杆、水落管等构配件，要及时清除涂料，做好产品保护。

5.7.1.3 检查判定

（1）主控项目

1) 水性涂料涂饰工程所用涂料的品种、型号和性能应符合设计要求。

2) 水性涂料涂饰工程的颜色、图案应符合设计要求。

3) 水性涂料涂饰工程应涂刷均匀、粘结牢固,不得漏涂、透底、起皮和掉粉。

4) 水性涂料涂饰工程的基层处理:

①混凝土、抹灰基层上,应先涂刷抗碱封闭底漆。

②旧墙上应清理除去疏松的旧装饰层,并涂界面剂。

③混凝土、抹灰层涂刷溶剂型涂料时,含水率不大于8%;涂刷乳液型涂料时,含水率不大于10%;木材基层的含水率不大于12%。

④基层腻子应平整、坚实、牢固、无粉化、起皮及裂缝,内墙腻子的粘结强度应符合《建筑室内用腻子》(JG/T 3049)规定。

5) 厨房、卫生间必须用耐水腻子。

(2) 一般项目

1) 涂层与其他装饰材料和设备衔接处应吻合,界面应清晰;

2) 薄涂料的涂饰质量应符合表5-12的规定;

薄涂料的涂饰质量控制表　　表 5-12

序号	检查项目和要求		
1	颜色	普通涂饰	均匀一致
		高级涂饰	均匀一致
2	泛碱、咬色	普通涂饰	允许少量轻微
		高级涂饰	不允许
3	流淌、疙瘩	普通涂饰	允许少量轻微
		高级涂饰	不允许
4	砂眼、刷纹	普通涂饰	允许少量轻微砂眼、刷纹通顺
		高级涂饰	无砂眼、无刷纹
5	装饰线、分色线直线度	普通涂饰	允许 2mm
		高级涂饰	允许 1mm

3) 厚涂料的涂饰质量应符合表 5-13 的规定;

厚涂料的涂饰质量控制表　　表 5-13

序号	检查项目和要求		
1	颜色	普通涂饰	均匀一致
		高级涂饰	均匀一致

续表

序号	检查项目和要求		
2	泛碱、咬色	普通涂饰	允许少量轻微
		高级涂饰	不允许
3	点状分布	普通涂饰	—
		高级涂饰	疏密均匀

4）复层涂料的涂饰质量应符合表 5-14 的规定。

复层涂料的涂饰质量控制表　　表 5-14

序号	检查项目和要求	
1	颜色	均匀一致
2	泛碱、咬色	不允许
3	喷点疏密程度	均匀、不允许连片

5.7.1.4 形成质量文件

（1）施工图、设计说明及其他设计文件；

（2）各类乳液薄涂料的出厂合格证及环保检测报告；

(3) 水性涂料涂饰工程检验批质量验收记录表;

(4) 分项工程质量验收记录表。

5.7.2 溶剂型涂料涂饰

5.7.2.1 工艺流程

(适用一般建筑木门窗和木料表面的普通、中级涂溶剂型混色涂料施工)

基层处理 → 五金表面保护(防污染) → 刷底子清油 → (抹腻子、磨砂纸) → 刷第一遍铅油(抹腻子、磨砂纸) → 刷第二遍铅油(磨砂纸) → 刷最后一遍油漆

注:普通级涂溶剂型混色涂料少刷一遍油漆外,只补腻子,不满刮腻子。

5.7.2.2 质量检查要求

(1) 湿作业已完,环境比较干燥情况下,可进行溶剂型混色涂料施工。

(2) 大面积施工前应事先做样板间,经有关质量部门检查鉴定合格,再进行大面积施工。

(3) 施工前对木门窗外形和安装质量进行检查,有变形不合格现象应整改到合格再施工。木材

制品的含水率不大于12%。

(4) 有玻璃的木制品在刷末道油漆前,必须将玻璃全部装好。

(5) 油漆施工前应对门窗五金有遮盖防污染措施。

(6) 第一度铅油涂料,其稠度达到盖底,不流淌不显刷痕为准。

(7) 刷最后一度油漆,由于调和漆黏度较大,刷完油漆后要立即检查,发现缺陷应及时修正。

(8) 玻璃用钉和油灰固定,油灰应达到一定强度后再可刷油漆。

(9) 油漆工程严禁脱皮、漏刷(一般在门窗的上、下帽头和靠合页小面以及门窗框压缝条的上、下端)。

5.7.2.3 检查判定

(1) 主控项目

1) 溶剂型涂料涂饰工程所用涂料的品种、型号和性能应符合设计要求。

2) 溶剂型涂料涂饰工程的颜色、图案应符合设计要求。

3) 溶剂型涂料涂饰工程应涂刷均匀、粘结牢固,不得漏涂、透底、起皮和掉粉。

4) 溶剂型涂料涂饰工程的基层处理：

①混凝土、抹灰基层上，应先涂刷抗碱封闭底漆。

②旧墙上应清理除去疏松的旧装饰层，并涂界面剂。

③混凝土、抹灰层涂刷溶剂型涂料时，含水率不大于8%；涂刷乳液型涂料时，含水率不大于10%；木材基层的含水率不大于12%。

④基层腻子应平整、坚实、牢固、无粉化、起皮及裂缝，内墙腻子的粘结强度应符合《建筑室内用腻子》（JG/T 3049）规定。

5) 厨房、卫生间必须用耐水腻子。

（2）一般项目

1) 溶剂型涂料涂层与其他装饰质量应符合表5-15的规定；

溶剂型涂料涂层与其他装饰质量控制表

表5-15

序号	检查项目和要求		
1	颜色	普通涂饰	均匀一致
		高级涂饰	均匀一致

续表

序号	检查项目和要求		
2	光泽、光滑	普通涂饰	光泽基本均匀、光滑无挡手感
		高级涂饰	光泽均匀一致、光滑
3	刷纹	普通涂饰	刷纹通顺
		高级涂饰	无刷纹
4	裹棱、流淌、皱皮	普通涂饰	明显处不允许
		高级涂饰	不允许
5	装饰线、分色线直线度	普通涂饰	允许2mm
		高级涂饰	允许1mm

2) 清漆的涂饰质量应符合表5-16的规定。

清漆的涂饰质量控制表　　　表5-16

序号	检查项目和要求		
1	颜色	普通涂饰	基本一致
		高级涂饰	均匀一致

续表

序号	检查项目和要求		
2	木纹	普通涂饰	棕眼刮平、木纹清楚
		高级涂饰	棕眼刮平、木纹清楚
3	光泽、光滑	普通涂饰	光泽基本均匀、光滑无挡手感
		高级涂饰	光泽均匀一致、光滑
4	刷纹	普通涂饰	无刷纹
		高级涂饰	无刷纹
5	裹棱、流淌、皱皮	普通涂饰	明显处不允许
		高级涂饰	不允许

5.7.2.4 形成质量文件

(1) 施工图、设计说明及其他设计文件；

(2) 油漆料的出厂合格证及环保检测报告；

(3) 溶剂型涂料涂饰工程检验批质量验收记录表；

(4) 分项工程质量验收记录表。

5.8 细部工程

5.8.1 护栏与护手的制作与安装

5.8.1.1 工艺流程

复核楼梯踏步垂线做栏杆位置标记和标高线 → 偏差埋件补位 → 扶手立杆安装 → 划出直线段与弯头、折弯段起止高度,拉线割直 → 安装扶手或扶手扁铁 → 弯头配制、制作 → 连接预装 → 检查、固定 → 整修

5.8.1.2 质量检查要求

(1)护栏和护手施工应在墙面、踏步等抹灰全部完成后再进行。

(2)对扶手料割配弯头,采用割角对缝粘结,大于70mm断面的扶手接头配制,除粘结外,还应在下面作暗燕尾榫处理。

(3)对整体弯头制作(设置3块套板):

1)根据踏步的起步和开步尺寸设置踏步三角样板(做扶手的根本依据);

2)根据踏步三角设置扶手斜度与平度的角度样板;

3) 直角弯样板宽度一般比直料扶手的底面放大 10mm。

(4) 分段预装检查无误再可用木螺栓固定,固定的间距应控制在 400mm 以内,螺母达到平正不能翘角伤手(必须用电钻先钻 2/3 深度)。

(5) 木扶手在上平面折线处应有小弧度。

(6) 外加工直料扶手在安装前应刨光一下,确保漆面光洁。

5.8.1.3 检查判定

(1) 主控项目

1) 护栏和扶手的制作与安装所使用材料的材质、规格、数量和木材、塑料的燃烧性能等级应符合设计要求;

2) 护栏和扶手的造型、尺寸和安装位置应符合设计要求;

3) 护栏和扶手安装预埋件的数量、规格、位置以及护栏与预埋件的连接节点应符合设计要求;

4) 护栏高度、栏杆间距、安装位置必须符合设计要求。护栏安装必须牢固;

5) 护栏玻璃应使用公称厚度不小于 12mm 的钢化玻璃或钢化夹层玻璃,当护栏一侧距楼地面高度为 5000mm 及以上时,应使用钢化夹层玻璃。

(2) 一般项目

1) 护栏和护手转角弧应符合设计要求,接缝应严密,表面应光滑,色泽应一致,不得有裂缝、翘缺和损坏;

2) 护栏扶手安装的允许偏差应符合表 5-17 的规定。

护栏扶手安装允许偏差控制表　　表 5-17

序号	检 查 项 目	允许偏差 (mm)
1	护栏垂直度	3
2	栏杆的间距	3
3	扶手直线度	4
4	扶手高度	3

5.8.1.4　形成质量文件

(1) 施工图、设计说明及其他设计文件;

(2) 材料的产品合格证、性能检测报告、进场验收记录及复试报告;

(3) 护栏和扶手锚固隐蔽验收记录;

(4) 护栏和扶手制作与安装工程检验批质量验收记录表；

(5) 分项工程质量验收记录表。

6 建筑屋面工程质量检查评定

6.1 屋面工程分部（子分部）、分项工程的划分

屋面工程分部（子分部）工程、分项工程的划分见表6-1。

屋面工程分部（子分部）工程、分项工程的划分

表6-1

分部工程	子分部工程	分项工程
建筑屋面	卷材防水屋面	保温层、找平层、卷材防水层、细部构造
	涂膜防水屋面	保温层、找平层、涂膜防水层、细部构造
	刚性防水屋面	细石混凝土防水层、密封材料嵌缝、细部构造

续表

分部工程	子分部工程	分项工程
建筑屋面	瓦屋面	平瓦屋面、油毡瓦屋面、金属板屋面、细部构造
	隔热屋面	架空屋面、蓄水屋面、种植屋面

6.2 基本规定

6.2.1 屋面工程施工前应制订防水工程的施工方案或技术措施。施工作业前，应对施工操作人员进行技术交底。

6.2.2 屋面工程施工时，应根据施工顺序对各道工序进行检查验收，并做好记录。各道工序验收合格方可进行下道工序施工，分项工程未经检查验收，不得进行后续施工。

6.2.3 屋面工程的防水层应由具有相应资质的专业防水队伍进行施工，施工作业人员应持证上岗。

6.2.4 屋面工程所采用的防水、保温隔热材料应有产品合格证书和性能检测报告，材料的品种、规格、性能等应符合现行国家产品标准和设计要求。材料进场后,施工单位应按规定取样复试,并提出试验报告。

6.2.5 当下道工序或相邻工程施工时,对屋面已完成的部分应采取适当的保护措施。

6.2.6 屋面工程完工后,应对细部构造、泛水、接缝、出屋面管道口、保护层等进行外观检验,并应在雨后或持续淋水 2h 进行屋面渗漏、积水或排水系统畅通检查,屋面天沟和有可能作蓄水检查的屋面,其蓄水时间不应少于 24h。

6.2.7 屋面的保温层和防水层严禁在雨天、雪天和 5 级风及其以上时施工。

6.2.8 屋面工程各分项工程的施工质量检验批量应符合下列规定:

(1) 卷材防水屋面、涂膜防水屋面、刚性防水屋面、瓦屋面和隔热屋面工程,应按屋面面积每 100m^2 检查一处,每处 10 m^2,且不得少于 3 处。

(2) 接缝密封防水,每 50m 应检查一处,每处 5m,且整个屋面不得小于 3 处。

(3) 细部构造根据分项工程的内容,应全部进行检查。

6.3 屋面找平层

6.3.1 工艺流程

基层处理 → 分格缝留设 → 找平层施工

6.3.2 质量检查要求

(1) 找平层的厚度和技术要求应符合表6-2要求。

找平层的厚度和技术要求　　表6-2

类别	基层种类	厚度(mm)	技术要求
水泥砂浆找平层	整体混凝土	15~20	1:2.5~1:3（水泥:砂）体积比,水泥强度等级不低于32.5级
	整体或板状材料保温层	20~25	
	装配式混凝土板、松散材料保温层	20~30	
细石混凝土找平层	松散材料保温层	30~35	混凝土强度等级不低于C20

(2) 找平层的排水坡度应符合设计要求。平屋面采用结构找坡不应小于3%,采用材料找坡宜为2%;天沟、檐沟纵向找坡不应小于1%,沟底水落差不得超过200mm。

(3) 找平层的基层采用装配式钢筋混凝土板时,应符合下列规定:

1) 板端、侧缝应用细石混凝土灌缝,其强度等级不应低于C20;

2) 板缝宽度大于40mm或上窄下宽时,板缝内应设置构造钢筋;

3) 板端缝应进行密封处理。

(4) 基层与突出屋面结构(女儿墙、山墙、天窗壁、变形缝、烟囱等)的交接处和基层的转角处、找平层均应做成圆弧形,圆弧半径应符合表6-3要求。内部排水的水落口周围,找平层应做成略低的凹坑。

找平层圆弧半径要求　　表6-3

卷材种类	圆弧半径(mm)
高聚物改性沥青防水卷材	50
合成高分子防水卷材	20

(5) 水泥砂浆、细石混凝土找平层的基层，施工前必须先清理干净和浇水湿润。

(6) 找平层宜设分格缝，并填嵌密封材料。缝宽宜为 10~20mm，纵横缝的间距不宜大于 6m，分格缝内宜填嵌密封材料，分格缝宜留在屋面支承处。

(7) 找平层分格缝采用小木条或金属条等嵌缝或隔缝，条面应与找平层齐口，高度与找平层厚度一致。断面应上宽下窄，便于取出。

(8) 排汽屋面保温层上进行找平层施工时，找平层分格缝的位置应与排汽道位置一致，以便兼作排汽道。

(9) 水泥砂浆、细石混凝土找平层，在收水后应作二次压光，确保表面坚固密实和平整。终凝后应采取浇水、覆盖浇水、喷养护剂等养护措施，确保找平层质量。

特别应注意：在气温低于5℃或终凝前可能下雨的情况下，不宜进行施工。如必须施工时，应有技术措施保证找平层质量。

(10) 找平层养护宜为7d，养护期间严禁过早堆物、踩踏。

6.3.3 检查判定

(1) 主控项目质量检验方法见表 6-4;

屋面找平层主控项目质量检验方法 表 6-4

项目	合格质量标准	检验方法	检查数量
找平层材料质量及配合比	符合设计要求	检查出厂合格证、质量检验报告和计量措施	按屋面面积每 100m² 检查一处,每处 10 m²,且不得少于 3 处
找平层排水坡度	屋面(含天沟、檐沟)找平层的排水坡度,必须符合设计要求	用水平仪(水平尺)、拉线和尺量检查	

(2) 一般项目质量检验方法见表 6-5。

6.3.4 形成的质量文件

(1) 水泥砂浆、商品混凝土、钢筋等材料质量证明文件;

屋面找平层一般项目质量检验方法 表 6-5

项 目	合格质量标准	检验方法	检查数量
交接处和转角处的细部处理	基层与突出屋面结构的交接处和基层的转角处，均应做成圆弧形，且整齐平顺	观察和尺量检查	按屋面面积每100m²检查一处，每处10 m²，且不得少于3处
表面质量	水泥砂浆、细石混凝土找平层应平整、压光，不得有酥松、起砂、起皮现象	观察检查	
分格缝位置和间距	找平层分格缝的位置和间距应符合设计要求	观察和尺量检查	
表面平整度允许偏差	找平层表面平整度的允许偏差为5mm	用 2m 靠尺和楔形塞尺检查	

(2) 水泥砂浆、商品混凝土、钢筋等材料的现场抽样复试报告；

(3) 找平层基层隐蔽工程验收记录；

(4) 找平层检验批质量验收记录；

(5) 找平层分项工程质量验收记录。

6.4 屋面保温层

6.4.1 工艺流程

基层处理 → 保温层铺设 → 保护层施工

6.4.2 质量检查要求

(1) 保温层应在前道工序施工质量验收合格后方可进行施工。铺设保温层的基层应平整、干燥、洁净。

(2) 保温层应干燥，封闭式保温层的含水率应相当于该材料在当地自然风干状态下的平衡含水率。

(3) 保温层设置在防水层上部时，保温层的上面应做保护层。保温层设置在防水层下部时，保温层的上面应做找平层。

(4) 当屋面保温层和找平层干燥有困难时，找平层内设置的分格缝可兼作排汽道。

(5) 屋面设置排汽道时,排汽道纵横间距不应大于6m。排汽道应纵横贯通,不得堵塞。

(6) 一般在排汽道交叉处应设置排汽管位。排汽管应根据屋面坡度来确定长度。排汽管出屋面部位应做防水处理,其出口距屋面完成面高度不应小于250mm。

(7) 板状材料保温层施工可分为干铺和粘贴方法。

1) 干铺的板状保温材料,应紧靠基层表面,铺平垫稳。相邻板块应错缝拼接。分层铺设的板块上下层接缝应相互错开。板间缝隙应采用同类材料嵌填密实。

2) 粘贴的板状保温材料应符合下列规定:

① 胶粘剂应与保温材料材性相容,并应贴严、粘牢。

② 用有机胶粘剂粘贴的板状保温层,在气温低于-10℃时不宜施工。用水泥砂浆粘贴的板状保温层,在气温低于5℃时不宜施工。

③ 采用粘贴法铺贴的板状保温材料在铺设后,在胶粘剂凝固前不得上人踩踏。

(8) 整体现浇(喷)保温层施工应符合下列规定:

1) 硬质聚氨酯泡沫塑料保温屋面,应按配比准确计量,发泡厚度均匀一致。

2)施工环境气温宜为15~30℃,风力不宜大于3级,相对湿度不宜小于85%。

(9)正置式屋面的保温层必须做找平层,作为防水层铺贴的基层。

(10)倒置式屋面应采用吸水率小、长期浸水不腐烂的保温材料。保温层上应用混凝土等块材、水泥砂浆或卵石做保护层。卵石保护层与保温层之间,应干铺一层无纺聚酯纤维布做隔离层。

(11)倒置式屋面的保温层施工前,其下的防水层已通过淋(蓄)水试验,并确认无破损渗漏现象。保温层完全干固后,应及时进行保护层施工。

6.4.3 检查判定

(1)主控项目质量检验方法见表6-6;
(2)一般项目质量检验方法见表6-7。

6.4.4 形成的质量文件

(1)屋面保温材料的出厂合格证、质量检验报告和现场抽样复试报告;
(2)保温层基层隐蔽工程验收记录;
(3)保温层检验批质量验收记录;

屋面保温层主控项目质量检验方法

表 6-6

项目	合格质量标准	检验方法	检查数量
材料质量	保温材料的导热系数、密度、抗压强度或压缩强度、吸水率、燃烧性能应符合设计要求	检查出厂合格证、质量检验报告和现场抽样复试报告	按屋面面积每100m²检查一处，每处10 m²，且不得少于3处
保温层的含水率	保温层的含水率必须符合设计要求	检查现场抽样检验报告	

屋面保温层一般项目质量检验方法　　　表6-7

项目	合格质量标准	检验方法	检查数量
保温层铺设	板状保温材料：紧贴（靠）基层，铺平垫稳，拼缝严密，找坡正确 整体现浇保温层：拌合均匀，分层铺设，压实适当，表面平整，找坡正确	观察检查	按屋面面积每100m²检查一处，每处少于3处
倒置式屋面保护层	当倒置式屋面保护层采用卵石铺压时，卵石应分布均匀，其质（重）量应符合设计要求	观察检查和按堆积密度计算其质（重）量	
保温层厚度允许偏差	整体现浇保温层为+10%、-5%。板状保温材料为±5%，且不得大于4mm	用钢针插入和尺量检查	

279

(4)保温层分项工程质量验收记录。

6.5 卷材防水层

6.5.1 工艺流程

| 基层处理 |→| 特殊部位增补处理(附加层) |→| 卷材铺贴 |→| 保护层施工 |

6.5.2 质量检查要求

(1)卷材防水层应采用高聚物改性沥青防水卷材、合成高分子防水卷材所选用的基层处理剂、接缝胶粘剂、密封剂等配套材料应与铺贴的卷材性能相容。卷材厚度选用应符合表6-8要求。

屋面防水层卷材厚度要求　　　表6-8

屋面防水等级	设防道数	合成高分子防水卷材厚度	高聚物改性沥青防水卷材厚度
Ⅰ级	二道或三道以上设防	不应小于1.5mm	不应小于3mm
Ⅱ级	二道设防	不应小于1.2mm	不应小于3mm

续表

屋面防水等级	设防道数	合成高分子防水卷材厚度	高聚物改性沥青防水卷材厚度
Ⅲ级	一道设防	不应小于1.2mm	不应小于4mm
Ⅳ级	一道设防	—	—

（2）卷材防水层施工前，应对基层质量进行验收，基层面排水坡度应符合设计要求，基层必须平整、坚实、洁净、干燥，同时表面不得有酥松、起砂、起皮现象。

（3）卷材防水屋面基层与突出屋面结构的交接处，以及基层的转角处应同第6.3.2.4条要求。

（4）凡是水落口、女儿墙、变形缝、出屋面管道等部位，必须做好卷材加强层的铺贴处理。水落口周围卷材应翻入落水斗内口贴实。出屋面管道与屋面交接处除应用密封材料嵌填密实外，还应铺设卷材加强层，用金属箍将卷材与管道箍紧并用密封胶封口。

（5）卷材铺贴方向应符合下列规定：

1）高聚物改性沥青防水卷材和合成高分子防水卷材可平行或垂直屋脊铺贴；

2）上下层卷材不得相互垂直铺贴；

3）卷材屋面的坡度不宜超过25%，当坡度超过25%时应采取防止卷材下滑的固定措施，固定点应密封严密。

（6）采用搭接铺贴卷材法时，上下层及相邻二幅卷材的搭接缝应错开并不少于三分之一的幅宽。两幅卷材短边和长边的搭接宽度均不宜小于100mm。

（7）采用搭接法铺贴卷材，平行于屋脊的搭接缝，应顺流水方向搭接；垂直于屋脊的搭接缝，应顺年最大频率风向搭接。叠层铺贴的各层卷材，在天沟与屋面的交接处，搭接缝应错开，并宜留置在屋面或天沟侧面，不宜留在沟底。

（8）采用冷粘法铺贴卷材应符合下列规定：

1）基层胶粘剂涂刷应均匀，不露底，不堆积，弧度宜为0.5mm，涂后干燥4h以上方可进行下道工序施工；

2）根据胶粘剂性能，应控制胶粘剂涂刷与卷材铺贴的间隔时间；

3）铺贴的卷材下面的空气应排尽，并辊压粘结牢固，不得有空鼓；

4）铺贴卷材应平整顺直，搭接尺寸准确，不得扭曲、皱折；

5) 接缝口应用密封材料封严, 宽度不应小于10mm。

(9) 采用热熔法铺贴卷材应符合下列规定:

1) 火焰加热器加热卷材应均匀, 不得过分加热或烧穿卷材, 厚度小于3mm的高聚物改性沥青防水卷材不得采用热熔法施工;

2) 基层处理剂涂刷要求均匀, 厚薄一致, 待干燥后做好节点附加加强处理;

3) 卷材表面热熔后应立即滚铺卷材, 卷材下面的空气应排尽并辊压粘结牢固, 不得有空鼓;

4) 滚铺卷材时, 接缝部位必须溢出热熔的改性沥青胶, 使接缝牢固、封闭严密;

5) 铺贴的卷材应平整顺直, 搭接尺寸准确不得扭曲、皱折。

(10) 采用自粘法铺贴卷材应符合下列规定:

1) 铺贴前应进行基层处理 (同冷粘法和热熔法)。

2) 铺贴卷材时, 应将自粘胶底面的隔离纸全部撕净。

3) 卷材搭接部位宜用热风枪加热, 加热后随即粘贴牢固, 对溢出的自粘胶应及时刮平封口。

4) 铺贴立面、大坡面卷材时, 应采取加热后粘贴牢固。

5）铺贴的卷材应平整顺直，搭接尺寸准确，不得扭曲、皱折。卷材下面的空气应排尽，并辊压粘结牢固。

6）接缝口应用密封材料封严，宽度不应小于10mm。

（11）卷材防水层上有重物覆盖或基层变形较大时，应优先采用空铺法、点粘法、条粘法或机械固定法，但距屋面周边800mm内以及叠层铺贴的各卷材之间应满粘。当采用满粘法施工时，找平层的分格缝处宜空铺，空铺的宽度宜为100mm。

（12）屋面防水层施工时，应先做好节点、附加层和屋面排水比较集中等部位的处理，然后由屋面最低处向上进行。铺贴天沟、檐沟卷材时，宜顺天沟、檐沟方向，减少卷材的搭接。

（13）天沟、檐沟、檐口、泛水和立面卷材收头的端头应裁齐，当立面为砖墙时，应塞入预留凹槽内。当立面为混凝土墙时，用金属压条钉压固定，最大钉距不应大于900mm。用金属压条及钉固定，压条上口及钉眼处应用密封材料嵌填封严。

（14）防水卷材完工后，应做好成品保护。防水卷材屋面应设置保护层，保护层施工应符合下列

规定:

1) 块体材料保护层宜留设分格缝,其纵横间距不宜大于 10m,分格缝宽度不宜小于 20mm。

2) 细石混凝土保护层,混凝土应密实,表面应抹平压光,并留设分格缝,分格缝宽度不宜小于 20mm。

3) 浅色涂料保护层应与卷材粘结牢固,厚薄均匀,不得漏涂。

4) 块材或细石混凝土保护层与防水层之间应设置隔离层。

5) 刚性保护层与女儿墙、山墙之间应预留宽度为 30mm 的缝隙,并用密封材料嵌填严密。

6.5.3 检查判定

(1) 主控项目质量检验方法见表 6-9;

(2) 一般项目质量检验方法见表 6-10;

6.5.4 形成的质量文件

(1) 屋面防水材料的出厂合格证、质量检验报告和现场抽样复试报告;

(2) 胶结材料出厂合格证、使用配合比资料、粘结试验资料。

屋面防水施工主控项目质量检验方法　　　　表6-9

项目	合格质量标准	检验方法	检查数量
卷材及配套材料质量	符合设计要求	检查出厂合格证、质量检验报告和现场抽样复试报告	按屋面面积每100m² 检查一处，每处10 m²，且不得少于3处
卷材防水层防水效果	不得有渗漏或积水现象	雨后或淋水、蓄水检验	
防水细部要求	卷材防水层在天沟、檐沟、檐口、水落口、泛水、变形缝、和伸出屋面管道的防水构造，必须符合设计要求	观察检查和检查隐蔽工程验收记录	

屋面防水施工一般项目质量检验方法　　　　表 6-10

项目	合格质量标准	检验方法	检查数量
卷材搭接缝与收头质量	搭接缝应粘结牢固，密封严密，不得有皱折、翘边和鼓泡等缺陷。防水层收头应与基层粘结并固定牢固，缝口封严，不得翘边	观察检查	按屋面面积每 100m² 检查一处，每处 10 m²，且不得少于 3 处
卷材保护层	刚性保护层应留设分格缝，浅色涂料保护层应与卷材粘结牢固，厚薄均匀，块材或细石混凝土保护层与防水层之间应设置隔离层	观察检查	
卷材铺贴方向和搭接宽度允许偏差	卷材铺贴方向应正确，搭接宽度允许偏差为 −10mm	观察和尺量检查	

(3) 卷材防水层基层隐蔽工程验收记录；
(4) 卷材防水层检验批质量验收记录；
(5) 卷材防水层分项工程质量验收记录。

6.6 涂膜防水层

6.6.1 工艺流程

| 基层处理 | → | 特殊部位加强处理 | → | 涂膜防水层施工 | → | 保护层施工 |

6.6.2 质量检查要求

(1) 施工前应对基层表面质量进行验收，结构基层应平整、不起砂、不开裂、无裂缝和尖锐凸出颗粒。对水落口、天沟、泛水、檐口以及伸出屋面管道根部进行加强处理，铺设胎体加强材料。

(2) 基层的干燥程度根据涂料的特性决定，使用溶剂型涂料时，基层必须干燥。部分水乳型涂料允许在潮湿基层上施工，但基层必须无明水。

(3) 涂膜应根据防水涂料的品种分层分遍涂布，不得一次涂成。应待先涂的涂层干燥成膜后，方可进行后一遍涂料。

(4) 需铺设胎体增强材料时，屋面坡度小于15%时，可平行或垂直屋脊铺设，铺设应由最低标高处向上操作,使胎体加强材料顺流水方向。当屋面坡度大于15%时,应垂直于屋脊铺设。胎体增强材料搭接宽度宜大于100mm,管道根部应十字交叉铺贴。采用两层胎体增强材料时,上下层不得相互垂直铺设,接缝应错开不小于幅宽的1/3。

(5) 多组分涂料应按配合比准确计量,搅拌均匀,搅拌时间宜为 3~5min,配制好的涂料宜在 2h 内用完,切忌长时间暴露在空气中,以防自聚固化。

(6) 涂膜防水层表面应平整、均匀、无裂纹、脱皮、流淌、鼓泡、露胎体、皱皮等现象。涂膜厚度控制应符合表6-11要求。

屋面涂膜防水层涂膜厚度控制要求 表6-11

屋面防水等级	设防道数	高聚物改性沥青防水涂料厚度	合成高分子防水涂料和聚合物水泥防水涂料厚度
Ⅰ级	二道或三道以上设防	—	不应小于 1.5mm
Ⅱ级	二道设防	不应小于 3mm	不应小于 1.5mm
Ⅲ级	一道设防	不应小于 3mm	不应小于 1.2mm
Ⅳ级	一道设防	不应小于 2mm	—

(7) 天沟、檐沟、檐口、泛水和立面等涂膜防水层的收头，应防止收头部位出现翘边现象，胎体加强材料应裁剪整齐，所有收头均宜用密封材料压边，压边宽度不得小于10mm。防水涂料收头可先以叠加法进行涂刷，叠加涂刷后再多遍涂刷进行防水涂料收头。

(8) 涂膜防水层完工后，应做好成品保护。涂膜防水屋面应设置保护层，保护层施工应符合 6.5.2 (14) 要求。

6.6.3 检查判定

(1) 主控项目质量检验方法见表 6-12；

屋面涂膜防水层主控项目质量检验方法

表 6-12

项目	合格质量标准	检验方法	检查数量
涂料及胎体增强材料质量	符合设计要求	检查出厂合格证、质量检验报告和现场抽样复试报告	按屋面面积每 100m² 检查一处，每处 10 m²，且不得少于 3 处
涂膜防水层防水效果	不得有渗漏或积水现象	雨后或淋水、蓄水检验	

续表

项目	合格质量标准	检验方法	检查数量
防水细部要求	卷材防水层在天沟、檐沟、檐口、水落口、泛水、变形缝、和伸出屋面管道的防水构造,必须符合设计要求	观察检查和检查隐蔽工程验收记录	按屋面面积每100m²检查一处,每处10 m²,且不得少于3处

(2) 一般项目质量检验方法见表6-13。

屋面涂膜防水层一般项目质量检验方法

表6-13

项目	合格质量标准	检验方法	检查数量
涂膜厚度要求	涂膜防水层的平均厚度应符合设计要求,最小厚度不应小于设计厚度的80%	针测法或取样量测	按屋面面积每100m²检查一处,每处10 m²,且不得少于3处

续表

项目	合格质量标准	检验方法	检查数量
涂膜防水层施工要求	涂膜防水层与基层应粘结牢固，表面平整、涂刷均匀、无流淌、皱折、鼓泡、露胎体和翘边等缺陷	观察检查	按屋面面积每 100m² 检查一处，每处 10 m²，且不得少于 3 处
涂膜保护层	刚性保护层应留设分格缝，浅色涂料保护层应与卷材粘结牢固，厚薄均匀、块材或细石混凝土保护层与防水层之间应设置隔离层	观察检查	

6.6.4 形成的质量文件

（1）屋面防水涂料的出厂合格证、质量检验报告和现场抽样复试报告；

（2）胎体材料出厂合格证；

（3）涂膜防水层基层隐蔽工程验收记录；

（4）涂膜防水层检验批质量验收记录；

（5）涂膜防水层分项工程质量验收记录。

6.7 细石混凝土防水层

6.7.1 工艺流程

基层处理 → 分格缝留设、与立墙及突出屋面交接处等部位的处理 → 细石混凝土防水层施工

6.7.2 质量检查要求

（1）细石混凝土防水层一般与下层的柔性防水层共同组成二道或二道以上防水设防，其结构层宜为整体现浇钢筋混凝土。

（2）细石混凝土防水层不得使用火山灰质水泥或矿渣硅酸盐水泥，宜采用普通硅酸盐水泥或硅酸盐水泥。粗骨料应采用具有良好级配的 5～15mm 石子，含泥量不应大于 1%。细骨料应采用中粗砂，粒径在 0.3～0.5mm，含泥量不应大于 2%。

（3）细石混凝土中掺加外加剂时，应按配合比准确计量，投料顺序得当，并应用机械搅拌，机械振捣，搅拌时间不应小于 3min。

（4）细石混凝土防水层与基层间宜设置隔离层。当设计无规定时，隔离层可采用 0.5mm 以上塑料薄膜、低强度等级砂浆、干铺卷材等。

(5) 细石混凝土的分格缝,应设在屋面板的支承端、屋面转折处、防水层与突出屋面结构的交接处,缝宽宜为 20~30mm,纵横间距不宜大于 6m,分格缝内必须嵌填密封材料,上部应设置保护层。

(6) 细石混凝土防水层与立墙以及突出屋面结构等交接处,均应留缝,缝宽为 30mm,并做柔性密封处理。泛水处应铺设卷材或涂膜附加层。

(7) 细石混凝土防水层与变形缝两侧墙体交接处应留宽度为 30mm 的缝隙,并用密封材料嵌填。泛水处应铺设卷材或涂膜附加层。

(8) 细石混凝土防水层的厚度不应小于 40mm,并应配置直径为 4~6mm、间距为 100~200mm 的双向钢筋网片。钢筋网片在分格缝处应断开,其保护层厚度不应小于 10mm。

(9) 细石混凝土防水层厚度应均匀一致。混凝土以分格缝分块,每块一次浇捣,不留施工缝。浇捣混凝土时应振捣密实平整,压实抹光,无起砂、起皮等现象。

(10) 天沟、檐沟应用水泥砂浆找坡,找坡厚度大于 20mm 时,宜采用细石混凝土。

(11) 细石混凝土施工完后 12~24h 即应进行养护,养护时间不应少于 14d。养护期满,起出分格条，及时嵌填密封胶，上部用宽度不小于200mm的卷材满贴覆盖。

6.7.3 检查判定

（1）主控项目质量检验方法见表6-14；

屋面细石混凝土防水层主控项目质量检验方法

表6-14

项目	合格质量标准	检验方法	检查数量
材料质量及配合比	符合设计要求	检查出厂合格证、质量检验报告、计量措施和现场抽样复试报告	按屋面面积每100m²检查一处，每处10 m²，且不得少于3处
细石混凝土防水层防水效果	不得有渗漏或积水现象	雨后或淋水、蓄水检验	
防水细部要求	卷材防水层在天沟、檐沟、檐口、水落口、泛水、变形缝、和伸出屋面管道的防水构造，必须符合设计要求	观察和检查隐蔽工程验收记录	

(2) 一般项目质量检验方法见表6-15。

屋面细石混凝土防水层一般项目质量检验方法

表6-15

项目	合格质量标准	检验方法	检查数量
细石混凝土防水层施工质量	表面平整，压实抹光，不得有裂缝、起壳、起砂等现象	观察检查	按屋面面积每100m²检查一处，每处10m²，且不得少于3处
厚度要求	符合设计要求	观察和尺量检查	
分格缝位置和间距设置	符合设计要求	观察和尺量检查	
表面平整度允许偏差	允许偏差为5mm	用2m靠尺和楔形塞尺检查	

6.7.4 形成的质量文件

(1) 钢筋的出厂合格证和现场抽样复试报告；
(2) 混凝土配合比报告、质量证明书以及复试报告；

(3) 细石混凝土防水层基层隐蔽工程验收记录;

(4) 细石混凝土防水层检验批质量验收记录;

(5) 细石混凝土防水层分项工程质量验收记录。

6.8 密封材料嵌缝

6.8.1 工艺流程

基层处理 → 背衬材料填放 → 密封材料嵌缝 → 保护层的设置

6.8.2 质量检查要求

(1) 本节主要适用于刚性防水层屋面分格缝以及天沟、檐沟、泛水、变形缝等细部构造的密封处理。

(2) 密封防水部位的基层应干净、干燥、牢固,表面应平整、密实、不得有蜂窝、麻面、起皮和起砂现象。

(3) 密封防水处理连接部位,应涂刷与密封材料相配套的处理剂。基层处理剂应达到表干状态后才能嵌填密封材料,干燥时间宜为 20min 左右,低温时可延长时间。

（4）接缝处的底部应填放背衬材料。嵌缝的宽度宜为 2:1（宽:深），且缝宽不小于 10mm。可采用泡沫棒或油毡条等背衬材料。

（5）外露的密封材料上应设置保护层，其宽度不应小于 200mm。

6.8.3 检查判定

（1）主控项目质量检验方法见表 6-16；

屋面密封材料嵌缝主控项目质量检验方法

表 6-16

项目	合格质量标准	检验方法	检查数量
密封材料质量	符合设计要求	检查出厂合格证、质量检验报告、计量措施和现场抽样复试报告	每 50m 应抽查一处，每处 5m，且不得少于 3 处
嵌缝施工质量	密封材料嵌填必须密实、连续、饱满，粘结牢固，无气泡、开裂、脱落等缺陷	观察检查	

(2) 一般项目质量检验方法见表6-17。

屋面密封材料嵌缝一般项目质量检验方法

表 6-17

项目	合格质量标准	检验方法	检查数量
嵌缝基层处理	表面平整,压实抹光,不得有裂缝、起壳、起砂等现象	观察检查	每50m应抽查一处,每处5m,且不得少于3处
接缝宽度允许偏差	接缝宽度允许偏差为±10%,接缝深度为宽度的0.5~0.7倍	尺量检查	
外观质量	嵌填的密封材料表面应平滑,缝边应顺直,无凹凸不平现象	观察检查	

6.8.4 形成的质量文件

(1) 密封材料的出厂合格证、配合比和现场抽样复试报告;
(2) 嵌缝基层隐蔽工程验收记录;
(3) 密封材料嵌缝检验批质量验收记录;
(4) 密封材料嵌缝分项工程质量验收记录。

6.9 蓄水、种植屋面

6.9.1 质量检查要求

(1) 蓄水屋面、种植屋面的防水层应选择耐腐蚀、耐霉烂、耐水性、耐穿刺性能好的材料。

(2) 蓄水屋面所设排水管、溢水口和给水管等，应在防水层施工前安装完毕。同时，防水层施工前应对屋面后浇带及部分女儿墙穿墙孔洞进行加强处理。

(3) 蓄水屋面应划分为若干个蓄水区，每区的边长不宜大于10m，在变形缝的两侧应划分为两个互不相通的蓄水区。长度超过40m的蓄水屋面应做横向伸缩缝一道。蓄水屋面应设置人行通道。

(4) 浇筑防水混凝土时，每个蓄水区应一次浇筑完毕，不得留置施工缝，其立面与平面的防水层应同时进行施工。

(5) 蓄水屋面的溢水口应距分仓墙顶面100mm。过水孔应设置在分仓墙底部，排水管应与落水管连通。分仓缝内应嵌填聚苯乙烯泡沫塑料，上部用卷材封盖，然后加扣混凝土盖板。

(6) 蓄水屋面的蓄水深度宜为150~200mm。蓄水屋面泛水的防水高度，应高出溢水口100mm。

(7) 种植屋面应有 1%~3% 的坡度。种植屋面四周应设挡墙,挡墙下部应设泄水孔,孔内侧放置疏水粗细骨料。

(8) 种植屋面采用卷材防水层时,上部应设置细石混凝土保护层。

(9) 种植屋面挡墙墙身高度宜高于种植界面 100mm,距挡墙底部高 100mm 处应按设计或标准图集留设泄水孔。

6.9.2 检查判定

主控项目质量检验方法见表 6-18。

蓄水、种植屋面主控项目质量检验方法 表 6-18

项目	合格质量标准	检验方法	检查数量
蓄水屋面溢水口、过水孔等设置	大小、位置、标高的留设必须符合设计要求	观察和尺量检查	按屋面面积每 100m² 检查一处,每处 10m²,且不得少于 3 处
蓄水屋面防水层	蓄水屋面防水层不得渗漏	蓄水至规定高度观察检查	
种植屋面泄水孔设置	种植屋面挡墙泄水孔的留设符合设计要求	观察和尺量检查	
种植屋面防水层	种植屋面防水层不得渗漏	蓄水至规定高度观察检查	

6.9.3 形成的质量文件

(1) 蓄水、种植屋面检验批质量验收记录;
(2) 蓄水、种植屋面分项工程质量验收记录。

6.10 细部构造

6.10.1 质量检查要求

(1) 卷材或涂膜防水层在天沟、檐沟与屋面交接处、泛水、阴阳角等部位,应增加卷材或涂膜附加层。

(2) 天沟、檐沟的细部构造施工应符合下列规定:

1) 天沟、檐沟处应根据设计要求采用防水砂浆或细石混凝土找平。天沟、檐沟纵向找坡不应小于1%,沟底水落差不得超过200mm。

2) 找平层施工时,先安装好落水口,根据设计坡度确定沟底最高及最低点。

3) 沟内附加层在天沟、檐沟与屋面交接处宜空铺,空铺的宽度不应小于200mm。

4) 卷材防水层应由沟底翻上至沟外檐顶部,卷材收头的端部应裁齐,并用水泥钉固定,最大钉距不应大于900mm，并用密封材料封严。

5）涂膜收头应用防水涂料多遍涂刷或用密封材料封严。

6）在天沟、檐沟与细石混凝土防水层的交接处，应留凹槽并用密封材料嵌填严密。

7）高低跨内排水天沟与立墙交接处应采取能适应变形的密封处理。

（3）檐口的防水细部构造施工应符合下列规定：

1）檐口800mm范围内的卷材应采取满贴法铺贴，在距檐口边缘50mm处预留凹槽，将防水层压入槽内，用金属压条钉牢，密封材料封口。檐口下端应抹出鹰嘴和滴水槽。

2）砖墙的卷材收头应压入凹槽，混凝土墙应采用金属压条钉压，并用密封材料封口。

3）涂膜收头应用防水涂料多遍涂刷或用密封材料封严。

（4）女儿墙的防水细部构造施工应符合下列规定：

1）女儿墙泛水处的卷材应采取满贴法。卷材或涂膜防水层高度距屋面完成面不得小于250mm。

2）砖墙上的卷材收头可直接铺压在女儿墙压顶下，压顶应做防水处理。也可压入砖墙凹槽内固定密封，凹槽距屋面完成面不宜小于250mm，凹槽上部的墙体应做防水处理。

3）涂膜防水层应直接涂刷至女儿墙的压顶下，收头处理应用防水涂料多遍涂刷封严，压顶应做防水处理。

4）混凝土墙上的卷材收头应采用金属压条钉压，并用密封材料封严。

5）泛水宜采取隔热防晒等保护措施，可在泛水卷材面砌砖后抹水泥砂浆或浇筑细石混凝土保护，也可采用涂刷浅色涂料或粘贴铝箔保护。

（5）水落口的防水细部构造施工应符合下列规定：

1）水落口杯上口的标高应设置在沟底最低处；

2）防水层贴入水落口杯内不应小于50mm；

3）水落口周围直径500mm范围内的坡度不应小于5%，并采用防水涂料或密封材料涂封，其厚度不应小于2mm；

4）水落口杯与基层接触处应留宽20mm、深20mm凹槽，并嵌填密封材料。

（6）变形缝的防水细部构造施工应符合下列规

定：

1）变形缝的泛水高度不应小于250mm；

2）防水层应铺贴到变形缝两侧砌体的上部；

3）变形缝内应填充聚苯乙烯泡沫塑料，上部填放衬垫材料，并用卷材封盖。

4）变形缝顶部应加扣混凝土或金属盖板，混凝土盖板的接缝应用密封材料嵌填。

(7) 伸出屋面管道的防水细部构造施工应符合下列规定：

1）管道根部直径500mm范围内，找平层应抹出高度不小于30mm的圆台；

2）管道周围与找平层或细石混凝土防水层之间，应预留20mm×20mm的凹槽，并用密封材料嵌填严密；

3）管道根部四周应增设附加层，宽度和高度均不应小于300mm；

4）管道上的防水层收头高度离屋面完成面不宜小于250mm，收头处应用金属箍紧固，并用密封材料封严。

6.10.2 检查判定

主控项目质量检验方法见表6-19。

屋面细部构造主控项目质量检验方法　　表6-19

项目	合格质量标准	检验方法	检查数量
天沟、檐沟的防水坡度	必须符合设计要求	用水平仪（水平尺）、拉线和尺量检查	全数检查
天沟、檐沟等各细部防水构造	必须符合设计要求	观察检查和检查隐蔽工程验收记录	

6.10.3 形成的质量文件

(1) 细部构造检验批质量验收记录；
(2) 细部构造分项工程质量验收记录。

7 建筑给水、排水及采暖工程质量检查评定

7.1 建筑给水、排水及采暖工程分部（子分部）、分项工程的划分

建筑给水、排水及采暖工程（子分部）、分项工程的划分见表7-1。

建筑给水、排水及采暖工程分部（子分部）、分项工程的划分　　　　表7-1

分部工程	序号	子分部工程	分项工程
建筑给水、排水及采暖	1	室内给水系统	给水管道及配件安装，室内消火栓系统安装，给水设备安装，管道防腐，绝热
	2	室内热水系统	排水管道及配件安装，雨水管道及配件安装
	3	室内热水供应系统	管道及配件安装，辅助设备安装，防腐，绝热
	4	卫生器具安装	卫生器具安装，卫生器具给水配件安装，器具排水管道安装

续表

分部工程	序号	子分部工程	分项工程
建筑给水、排水及采暖	5	室内采暖系统	管道及配件安装，辅助设备及散热器安装，金属辐射板安装，低温热水地板辐射采暖系统安装，系统水压试验及调试，防腐，绝热
	6	室外给水管网	给水管道安装，消防水泵接合器及室外消火栓安装，管沟及井室
	7	室外排水管网	排水管道安装，排水管沟与井池
	8	室外供热管网	管道及配件安装，系统水压试验及调试、防腐，绝热
	9	建筑中水系统及游泳池系统	建筑中水系统管道及辅助设备安装，游泳池水系统安装
	10	供热锅炉及辅助设备安装	锅炉安装，辅助设备及管道安装，安全附件安装，烘炉、煮炉和试运行，换热站安装，防腐，绝热

7.2 给水、消防管道工程

7.2.1 给水、消防管道工程工艺流程

施工准备 → 管道预制 → 卡架安装 → 管道安装 → 水压试验 → 防腐处理 → 冲洗、消毒

7.2.2 给水、消防管道工程质量检查要求

7.2.2.1 塑料管、复合管

（1）硬聚氯乙烯（PVC-U）给水管：适用于给水温度不大于45℃，工作压力不大于0.6MPa的给水系统，且不得与消防管道相连。

（2）PVC-U管道的材质必须符合输送饮用水的卫生等级，连接形式为承插粘结连接。管件为注塑成型的承插口管件，相配套的内螺纹管件必须带金属螺纹的嵌件，外螺纹必须为注塑成型的管螺纹，不得在管端套制管螺纹。所选用的管材、管件应符合国家现行的产品标准要求，用于建筑物内的管材、管件采用1.6MPa等级，胶粘剂应满足粘结强度和供水卫生要求。管道的粘结施工不宜在湿度较大的环境下进行，粘结表面不得沾有尘埃、水迹和油污。螺纹的填料宜采用聚四氟乙烯生料带，不

应使用厚白漆、油麻。管卡一般采用专用塑料管卡，如采用金属管卡时与管道接触面应垫以塑料膜。管道在穿越地坪、楼板或变形缝处应采取保护措施。

（3）管道水压试验应在粘结完成 24h 后进行，管道的试验压力为工作压力的 1.5 倍，且不小于 0.6MPa，系统试压后应稳定 1h，压力降不超过 0.05MPa；然后在工作压力的 1.15 倍状态下稳压 2h，压力降不超过 0.03MPa，并观察所有接口有无渗漏。

7.2.2.2 交联聚乙烯（PEX）给水管道

（1）适用于工作温度不大于 75°C，工作压力不大于 0.6MPa 的给水管道，且不得用于消防合用的供水系统。

（2）PEX 管道系统管材应采用生产企业配套的铜质管件，连接形式一般小于 DN25 时宜采用卡箍式连接，不小于 DN32 时宜采用卡套式连接。紧固环及紧固工具应采用配套专用工具施工。卡箍式或卡套式连接橡胶密封圈材质应符合卫生要求，且应采用耐热的氟橡胶或硅橡胶材料。

（3）卡箍式连接应按下例顺序进行：按设计要求的管径和确定的长度，用专用剪刀或细齿锯断料，管口应平整，端面应垂直于管轴线；选择与管道相应口径的紫铜紧箍环套入管道，将管口用力压入管件的插口，直至管件插口根部；将紧箍环推向已插入管件的管口方向，使环的端口距管件承口根部2.5~3mm为止，用相应管径的专用夹紧钳夹紧铜环直至钳的头部两翼合拢为止；用专用定径卡扳检查紧箍环周边，以不受阻为合格。

（4）卡套式管件连接应按下列顺序：断料方式同卡箍式接头；管内口宜用专用刮刀进行坡口，坡度为20°~30°，深度为1~1.5mm，坡口后用清洁布擦净；将卡套螺母和C型锁环套入管口；将管口一次用力推入管件插口根部（注意橡胶圈位置，不得变形、移位）；将C型锁环推到管口位置，旋紧锁紧螺母。

（5）管道在穿越墙、楼板等处应设置套管，在变形缝处应设置补偿管道伸缩和剪切变形的装置。

（6）PEX管道的试压要求：暗装或嵌装管道应进行二次水压试验，试验压力为工作压力的1.5倍，但不得小于0.6MPa，管道注水试压前应排除管内的全部空气。升压宜用手揿泵缓慢升压，升压时间不应小于10min，升压至规定试验压力后，稳定1h，检查有无渗漏现象，稳压1h后再补压至规定值，15min 内压力降不超过 0.05 MPa 为合格。第一次试压合格后，系统加压至试验压力进行第 2 次试压，持续 3h 以压力不低于 0.6MPa，且系统无渗漏为合格。

7.2.2.3 三型聚丙烯（PP-R）给水管

（1）适用于工作温度小于 95℃，工作压力小于 2.0 MPa 的给水管道。

（2）PP-R 给水管的连接形式为热熔型承口连接；承、插口经专用加热工具加热后即刻插入，但不得作轴向扭曲或旋转，插入深度应做预先标记；采用带内外管螺纹的管件，应为专门有金属螺纹嵌件的管件。

（3）管道的系统水压为工作压力的 1.5 倍，且不小于 1.0 MPa，用于热水管道的系统水压为工作压力的 2.0 倍，且不小于 1.5 MPa，系统试压后应稳定 1h，并观察所有接口有无渗漏，并再将压力补至试验压力值，15min 压力降不超过 0.05 MPa 为合格。

7.2.2.4 金属管道

（1）用于生活给水管道的镀锌钢管内壁必须衬塑，卫生性能应符合国家现行有关标准要求。

（2）室外埋地安装：埋地敷设的金属管道排管

的槽底部要平整，在螺纹连接处应有良好的防腐措施。如遇埋入酸碱度较高的土层中时，管道及配件亦应采取相应的防腐措施。埋地金属管道在穿越人防地下建筑时，应有刚性或柔性套管保护，并作防渗水处理，在穿越建筑基础墙时应留孔，以防建筑沉降对管道的损坏，管顶上部净空不得小于建筑物的沉降量，一般不小于100mm。金属管道的埋地敷设深度应符合设计规定并在当地的冻土线以下。

（3）室内明敷安装：室内明敷安装的金属管道应先测量走向，然后按规定间距设置支架（墙卡）再安装管道，管道在穿越建筑沉降缝、伸缩缝等处应设置补偿装置，在穿越墙、楼板等处应设置套管。

（4）室内埋墙安装：金属管道在埋墙暗敷时，应埋入建筑砖结构层内，但须不损坏建筑结构强度，在混凝土结构内暗敷的应在浇捣前预埋，且不破坏结构钢筋为原则，暗敷的管道应有可靠的固定措施，但不得采用焊接形式，暗敷管道在粉刷前必须进行压力试验，合格后方可进行粉刷。

（5）室内外架空安装：金属管道在室内外架空安装时，按室内明敷管道要求施工，其支架设置必须安全、牢固、合理。较大口径的金属管道支架不得设置于轻质墙体上。

（6）敷设在室外露天及室内公共场所易结冻的部位，管道应有保温措施。

7.2.2.5 紫铜管安装

（1）室内明敷安装：室内明敷安装时穿墙、楼板等处应设置套管，紫铜管与支架间应垫有石棉橡胶板或橡胶板以防对紫铜管的损坏。在用于热水输送时，立管直线距离大于30m或水平管直线距离大于50m时，应设有补偿器或增加自然弯曲，供其伸缩补偿。

（2）室内埋墙安装：应埋入建筑砖结构层内，且不破坏结构强度，修补沟槽必须用1:2的水泥砂浆，埋墙安装的管道应有良好的固定措施。

（3）管道连接：厚壁紫铜管的连接一般为管螺纹连接，管件为浇铸型或压铸型螺纹管件，螺纹填料宜用聚四氟乙烯生料带。薄壁铜管的连接一般采用承插口焊接，配件宜采用拉制型或浇铸型配件，承口间隙应合适，不宜过松，与配水点或阀门等处的连接应采用带有管螺纹的配件或套接式法兰。采用焊接连接的填充焊条宜采用流动性较好的磷铜焊条以保证承口的焊接质量。经焊接后的焊口应进行防腐处理。

7.2.2.6 消防管道

(1) 消火栓系统：安装于消火栓箱内的栓口应朝外并不应安装在门轴处，栓口中心离地为1.1m，允许偏差为±20mm，消火栓阀门中心距箱侧面为140mm，距箱后内表面为100mm，允许偏差±5mm。为确保使用功能，箱体、门框等不应妨碍栓口的使用。

(2) 当管道公称直径小于或等于100mm时，应采用内、外壁热镀锌钢管螺纹连接；当管道公称直径大于100mm时，可采用焊接或法兰连接，连接后，均不得减小管道的通水横断面面积。

(3) 采用镀锌钢管螺纹连接时，管螺纹与配件连接后应留有尾牙，且外露尾牙应作防腐处理。镀锌钢管安装时对镀锌层的损坏处亦应作防腐处理。

(4) 安装压力表时应加设缓冲装置；压力表和缓冲装置之间应安装旋塞。

(5) 消防水池、消防水箱的溢流管，泄水管不得与生产或生活用水的排水管系统直接连接。

(6) 消防水泵结合器的组装应按接口、本体、联接管、止回阀、安全阀、放空管、控制阀的次序进行。止回阀的安装方向应使消防用水能从消防水泵接合器进入系统。

(7) 消防水泵接合器安装的位置应符合下列规定：

1) 便于消防车接近的人行道或非机动车行驶地段。

2) 地下式结合器应采用铸有"消防水泵结合器"标志的铸铁井盖，并在其附近设置指示其位置的固定标志。

3) 地上式结合器应设置与消火栓有区别的固定标志。

4) 墙壁式结合器安装应符合设计要求，设计无要求时，其安装高度宜为 1.1m，与墙上的门、窗、孔、洞的净距离不应小于 2m，且不应安装于玻璃幕墙下方。

(8) 喷淋管道支架设置：

1) 喷淋管道支架间距应符合表 7-2 的规定。

喷淋管道支架间距 表7-2

公称直径(mm)	25	32	40	50	70	80	100	125	150	200
距离(m)	3.5	4.0	4.5	5.0	6.0	8	8.5	7.0	8.0	9.5

2) 管道支架吊架的安装位置不应妨碍喷头的喷水效果，管道支架吊架与喷头之间的距离不宜小于300mm，与末端喷头之间的距离不宜大于750mm。

3) 配水支管上每一直管段，相邻两喷头之间的管段设置的吊架均不宜少于1个，当喷头之间距离小于1.8m时，可隔段设置吊架，但吊架间距不宜大于3.6m。

4) 当管道的公称直径等于或大于50mm，每段配水干管或配水管设置防晃支架不应少于1个；当管道改变方向时，应增设防晃支架。

5) 竖直安装的配水干管应在其始端和终端设防晃支架或采用管卡固定，其安装位置距地面或楼面的距离宜为1.5~1.8m。

(9) 管道穿越建筑物的变形缝时，应设置柔性短管。穿越墙体、楼板等处应加设套管，套管长度不得小于墙体厚度，两端应与粉刷层平齐，套管应高出装饰面20mm，底部应与楼板齐平；管道的焊接环缝不得位于套管内。套管与管道间隙应采用不燃材料填塞密实。

(10) 当采用沟槽式连接管道时，横管吊(托)架应设置在接头两侧和三通、四通、弯头、异径管等管件上下游连接接头的两侧。吊架与接头的净间距不宜小于150mm和大于300mm。

(11) 配水干管,配水管应做红色或红色环圈标志。

(12) 喷头安装

1) 喷头安装前应做现场水压试验,尤其要做密封性试验。

2) 喷头安装应在系统试压、冲洗合格后进行。

3) 喷头安装时,不得对喷头进行拆装改动,并严禁给喷头附加任何装饰性涂层。

4) 当通风管道、桥架等宽度大于1.2m时,喷头应安装在其腹面以下部位。

(13) 水压试验

1) 当系统设计工作压力等于或小于1.0MPa时,水压强度试验压力应为工作压力的1.5倍,并应不低于1.4MPa,当系统工作压力大于1.0MPa时,水压强度试验压力应为工作压力加0.4MPa。

2) 水压强度试验的测试点应设在系统管网的最低点,对管网注水时,应将管网内空气排尽,并应缓慢升压,达到试验压力后稳压30min,只测管网无泄漏无变形,且压力降不大于0.05MPa。

3) 水压严密性试验应在水压强度试验和管网

冲洗合格后进行。试验压力应为设计工作压力，稳压24h，应无泄漏。

7.2.3 给水、消防管道工程质量判定

7.2.3.1 暗敷管的质量判定

（1）材质：所有管材管件均应有合格证书，管材表面不得有起皮、折皱、裂缝等缺陷，管件不得有砂眼，管螺纹应完整，热镀锌管的内、外锌层应完好。

（2）排管沟：管沟底应为坚实土，深度应符合设计规定，不得在冻土和黏土层上排管。

（3）回填土：排管后回填土管顶上100mm应为软土，不得有石块等坚硬物，回填土应经夯实。

（4）连接、防腐检查：螺纹连接的管道，其管螺纹应完好，烂丝不得大于10%，配件安装后留有尾丝，尾丝的防腐处理应良好。焊接连接管道坡口应符合要求，无焊瘤、夹渣等缺陷，焊缝应饱满，法兰连接应平整，管道的防腐应符合设计规定。

（5）压力试验：室内给水消防管道的压力试验应按设计要求进行，一般不应小于0.6MPa，试压试验时生活饮用水和生产、消防合用的管道试验压

力应为工作压力的 1.5 倍，但不得超过 1.0MPa。10min 内压力降不大于 0.05 MPa，然后将试验压力降至工作压力作外观检查，各接口处无渗漏为合格。

7.2.3.2 墙壁暗敷质量判定

（1）嵌墙管沟：给水支管嵌墙暗敷墙槽应平直，不得斜走，且不应破坏墙体结构的整体性及完整性。一般管径不大于 25mm，墙槽宽×深为 60mm×60mm，管径为 32~40mm，墙槽宽×深为 150mm×100mm。

（2）坐标标高：暗配管接至各配水点设备的坐标位置应正确，标高应按设计要求及所选设备、洁具型号样本确定，在施工前应先完成定位工作。如初装饰工程，应在粉刷完成后在墙体上标出管线走向，以免装饰时破坏管道。

（3）试压及防腐：暗敷管在隐蔽前应按要求进行压力试验，试压标准同室外埋地管压力试验检查标准，镀锌管的防腐处理是外露尾牙及锌层破坏处应涂防锈漆。

7.2.3.3 明敷管道的质量判定

（1）支吊架：支吊架间距应符合规范要求，墙卡设置应用水泥砂浆填嵌，严禁使用木榫。多孔砖墙不得使用膨胀螺栓固定支架，垂直立管支架应设置在承重结构上，高度应在1.5~1.8m，且一个单位工程高度应一致。沟槽式连接管道的两端应用吊支架固定，且间距统一。

（2）焊接：碳素钢管的焊接管壁厚度不大于4mm，可作坡口处理，如作V形坡口应留有1~1.5mm左右的钝边，焊接时应留有间隙，不得直接对口焊接。焊口应饱满，焊渣及飞溅物要清除，无焊瘤、夹渣、气孔等缺陷。管子对口的错口偏差，应不超过壁厚的20%，且最大不超过2mm。管道的对口焊缝或弯曲部位不得焊接支管，弯曲部位不得有焊缝，接口焊缝距弯点应不小于一个管径，接口焊缝距支架边不应小于50mm。法兰应采用双面焊，内侧的焊缝不得凸出密封面。

（3）金属管防腐：金属管螺纹尾牙处应涂防锈漆，管道安装时，对镀锌层的破坏处也应涂有防锈漆。

（4）紫铜管焊口：焊口应饱满，不得有缺损，焊口焊接后应作清洗，并作防腐处理。

（5）管道、支（吊）架防腐处理后，应涂刷面漆，不得交叉污染，油漆应涂刷均匀，无流淌。

（6）管道保温：管道保温材料的选用要按设

计要求，保温层与管道应紧贴、密实，不得有空隙及间断，且不得将固定支架包入，成半明半暗状。室外防冻保温要选用防水保温材料或采取防水措施。

（7）室内公共区域易结露部位，应有保温措施。

7.2.3.4 消防管道质量判定

（1）系统组件及其他设备应符合国家现行有关标准，并应具有出厂合格证。喷头的动作温度及色标应符合设计规定。

（2）系统管网支架设置应牢固合理，防晃支架设置位置正确。

（3）系统管网防腐处理良好，色标齐全明显，无污染。

（4）所有组件动作灵活，反映正确，信号及时。

（5）首层、顶层应做试射试验，达到设计要求为合格。

7.2.4 工程质量验收记录与文件

（1）材料、设备合格证及进场验收记录；

（2）检验批质量验收记录；

(3) 分项工程质量验收记录;
(4) 隐蔽工程验收记录;
(5) 管道水压试验记录;
(6) 阀门水压试验记录;
(7) 给水管道通水试验及冲水、消毒检测报告;
(8) 室内消火栓系统测试记录。

7.3 排水管道

7.3.1 排水管道工艺流程

施工准备 → 管道预制 → 卡架安装 → 管道安装 → 通水试验

7.3.2 排水管道质量检查要求

7.3.2.1 雨水管道

(1) 雨水管道应独立设置,不得与生活废、污水管道相连接。

(2) 雨水斗管的连接应固定在承重结构上,雨水斗边缘四周应严密不漏。

(3) 安装在室内的雨水管道安装后应做灌水试验,灌水高度必须到每根立管上部的雨水斗。

(4) 雨水管道采用塑料管的,材质应符合要求,其伸缩节安装应符合设计规定。

(5) 悬吊式雨水管道的敷设坡度不得小于5‰;埋地管道的最小坡度应符合设计及规范规定。

7.3.2.2 废、污水管道

(1) 暗敷管道安装

1) 排水管道的埋地敷设应保证其排水坡度,敷设埋地管道的管沟底部应经夯实,并在管道立管部位设置支墩,应避免因回填土的沉降而造成埋地管道的倒坡现象产生。

2) 埋地管道穿越建筑墙基时管顶上部应留有一定的空隙,净空一般不小于150mm,以免建筑沉降时损坏排水管道,在穿越人防或半地下室时应采用严格的防水措施。埋地排水横管与立管连接时应采用两个45°的弯头或弯曲半径不小于4倍管径的90°弯头,使排水顺畅和减少水力冲击。

3) 埋地排水管在隐蔽前应作灌水试验,灌水高度应不低于底层楼地面高度。PVC-U排水管埋地敷设时,管沟底应平整,无突出的坚硬物。宜设厚度为100~150mm的砂垫层,垫层宽度不应小于管外径的2.5倍,其坡度与金属管道坡度相同。管沟回填土应用细土回填至管顶上至少200mm处,压实后再回填至设计标高。

4）埋墙敷设的排水管道一般为与设备及卫生器具连接的短管，其埋墙时应不损坏建筑砖体结构，且埋入砖结构层内，埋墙管道应固定。较长距离的埋墙管或单根管弯头较多的埋墙管应设置通塞口，有利于疏通。

5）排水管道在管窿及管井内敷设应按明管要求，在施工完毕，封闭管窿或管井前应作通球冲水试验，并作隐蔽工程验收。立管的检查口，清扫口应设有检修门。PVC-U 排水管用于高层建筑时，管径应不小于 $DN100$，在管窿或管井内可不设防火套管或阻火圈，但横支管接出管窿或管井处应设置防火套管或阻火圈。

(2) 明敷管道安装

1）立管安装：明敷排水立管应安装在靠墙壁或靠近主要排水设备位置，金属排水立管上应每隔一层设置一个检查口，但在最底层和有卫生器具的最高层必须设置检查口，如为两层建筑的可仅在底层设置，立管管卡间距不得大于 3m，层高小于或等于 4m 的可设置 1 个管卡。PVC-U 排水立管在底层和楼层转弯处应设置检查口，立管宜每 6 层设一个检查口，PVC-U 排水立管应按设计要求设置伸缩节，当层高小于等于4m时，污水立管应每层设置一个伸缩节，当层高大于4m时，应按立管伸缩量及伸缩节允许伸缩量经计算设置。

2）排水横管与横管，横管与立管的连接应采用45°、三通、四通或90°斜三通，四通连接，排水横管坡度应符合设计及规范要求。

3）排水横管在连接2个及2个以上大便器或3个及3个以上卫生器具的污水横管应设置清扫口。PVC-U排水横管在水流转角小于135°的干管上应设清扫口。

4）金属排水管横管的吊卡间距应不大于2m，且固定于承重结构上，PVC-U排水横管、器具通气管、环形通气管和汇合通气管上无汇合管件的直线管段大于2m时应设伸缩节，但伸缩节之间的最大间距不得大于4m，且横管吊架间距应不大于管外径的10倍。

5）排水管道不得敷设在食堂、饮食业的主副食品操作烹调或电气设备的上方，如不能避免时应采取防护措施。排水管道不得穿过沉降缝、伸缩缝、烟道的风道。当条件限制必须穿过时，应采取相应的技术措施。

6）管道连接：碳素钢管，镀锌钢管作排水管时应采用管螺纹连接，PVC-U 排水管可采用承口粘结连接或螺线挤压橡胶密封圈连接形式。

7) UPVC 管粘接：UPVC 管道胶粘剂应标有生产厂名称、生产日期和有效期，并应有出厂合格证和说明书。管材及管件在粘结前应将粘接口表面擦拭干净，如有油污，应用清洁剂擦净，胶粘剂应先涂管件承口内侧，后涂管材插口外侧，胶粘剂的涂刷应迅速均匀，适量但不漏涂，承插口粘结后应将挤出的胶粘剂擦净，粘接后的管段应静置至接口固化为止。胶粘剂及清洁剂的使用应遵守安全防火规定。

8) 立管与排出横管连接要求：立管与排出横管底端部宜采用 2 个 45°弯头或弯曲半径不小于管径 4 倍的 90°弯头，高层建筑采用 PVC-U 排水管时，立管与排出管连接处端部应设支座。

9) 通气管安装：通气管应严格按设计要求设置，当 2 根以上污水立管共用 1 根通气管时，管径应不小于其中 1 根最大排水管管径，专用通气立管下端应在主排水横管下端接出，上端可在最高层卫生器具上边缘以上不小于 150mm 处与排水立管成斜通连接，废、污水合用 1 个通气立管时可采用 H 管形式，可隔层分别与污废水管连接，其连接点应在同层卫生器具上边缘以上不小于150mm处。通气立管不得接纳器具污水、废水、雨水，通气管不得与风道或烟道连接。

10）伸顶通气管安装：伸顶通气管径不宜小于排水立管管径，通气管高出屋面不得小于300mm，且必须大于最大积雪厚度，且顶端应设风帽。经常有人停留的平屋顶上通气管应高出屋面2m，通气管周围4m以内有门窗时，通气管应高出门窗顶600mm或引向无门窗侧。

11）检查口及清扫口安装：检查口及清扫口的设置应按"立管安装"、"横管安装"要求设置，立管如有乙字弯管时则在该层乙字弯管上设检查口，检查口高度应为地面上1m，并应高于该层卫生器具上边缘150mm。检查口的朝向应便于检修。安装立管在检查口处应安装检修门。当污水管在楼板下悬吊敷设时可将清扫口设在上一层楼地面上，且与墙面距离不得小于200mm。若污水横管上设置堵头代替清扫口时，与墙面距离不得小于400mm。

7.3.2.3　支架吊架安装

（1）PVC-U排水管的支吊架设置：非固定支承件的内壁应光滑，与管壁之间应留有微隙，固定支承件应能确保达到固定效果。

（2）PVC-U排水管道支、吊架间距应符合表7-3要求。

支、吊架最大间距（单位：m）　　表7-3

管径（mm）	50	75	110	125	160
立管	1.2	1.5	2.0	2.0	2.0
横管	0.5	0.75	1.10	1.30	1.60

（3）金属排水管道上的支、吊架应固定在承重结构上。支、吊架间距：横管不应大于2m，立管不应大于3m。楼层高度小于或等于4m可设置1个支架。

（4）高层排水立管在地下室排至室外时应有承重固定支架。立管在地面排出时弯管处应设支墩或采取固定措施。

7.3.3　排水管道的质量判定

7.3.3.1　雨水管道

（1）材质：室外雨水管道使用PVC-U塑料管，必须是防紫外线的专用管材，并应有出厂合格证等技术文件，并经出厂试压验收合格。管件上应标有生产厂家的商标和产品规格，包装上应有批号、数量、生产日期、检验代号和合格证。

（2）室内雨水管道的灌水试验应持续 1h，不渗不漏为合格。

7.3.3.2 排水管道

（1）材质：铸铁排水管、碳素钢管、PVC-U排水管均应为合格产品，并应有出厂合格证等技术文件，并经出厂试压验收合格。PVC-U排水管的管件上应标有生产厂家的商标和产品规格，包装上应有批号、数量、生产日期、检验代号和合格证。

（2）埋地排管：埋地管应在原状土或地坪回填土夯实后重新开挖的沟槽内敷设。严禁在松土或冻土层上敷设管道，PVC-U管道埋地敷设时，要求管底无突出的尖硬物，宜设厚度为 100~150mm 砂垫层，管沟回填土应采用细土回填，至管顶上至少 200mm 处，压实后再回填至设计标高。

（3）埋设深度、位置、坡度：埋地排水管的深度，排出管管顶标高不得低于室外排水管的管顶标高，并不得布置在可能受重物压坏处或穿越其他设置基础，埋地排水管道的坡度应不小于生活污水管道的标准坡度（表7-4）。

埋地排水管道的坡度标准　　　表 7-4

管径 (mm)	铸铁排水管		PVC-U	
	标准坡度 (‰)	最小坡度 (‰)	标准坡度 (‰)	最小坡度 (‰)
50	35	25	25	12
75	25	25	15	8
100	20	12	12	6
125	15	10	10	5
150	10	7	7	4
200	8	5		

（4）排出横管与立管弯头连接：立管与排出横管端部的连接，宜采用两个 45°弯头或采用弯曲半径不小于 4 倍管径的 90°弯头。

（5）混凝土墙预留套管：排水管穿越承重墙或基础时应预留洞口且管顶上部净空不得小于建筑物的沉降量，一般不小于 150mm。排水管穿越地下室外墙或地下构筑物的墙壁处应采用刚性（柔性）套管，并应采取防水措施。

（6）隐蔽前灌水试验：埋地排水管在隐蔽前应作灌水试验，灌水高度应不低于底层地坪面，灌水后15min，若水面下降，再灌满，5min以液面不下降为合格，试验结束后应将存水排除。管内可能结冻处应将存水弯内水封水导出，并封堵各受水管管口。

（7）管道防腐：埋地管道的防腐，碳素钢管可采用冷底子油加沥青涂层，外包保护层，铸铁排水管出厂未涂油的安装前应涂二道石油沥青。

（8）回填土夯实要求：回填土应采用细土回填至管顶上至少200mm处，经压密后再填至设计标高。

7.3.3.3 明敷管道

（1）支吊架设置：排水管道的支吊架设置应在承重体上，且稳定牢固，墙卡设置严禁使用木楔，轻质墙体上严禁设置支架。PVC-U排水管应用配套管卡固定，不应采用U字螺栓形式固定。

（2）横管坡度：排水横管的坡度应符合表7-4规定，但不得小于最小坡度值。

（3）透气管与排水管连接H管高度：H管与通气管的连接点设在卫生器具上边缘以上不小于150mm处。

（4）伸出屋顶通气管及管径：通气管高出屋顶不得小于0.3m，且必须大于最大积雪厚度，通气管顶端应装设风帽或网罩，污水立管上部的伸顶通气管管径可与污水管相同，但在最冷月平均气温低于-13℃的地区应在室内平顶或吊顶下0.3m处将管径放大一档。

（5）接到各受水口的标高坐标：室内排水管道接至各受水口的标高坐标应经复检各器具的安装尺寸；标高允许偏差为±15mm，坐标允许偏差为15mm。

（6）防火套管、阻火圈设置：高层建筑内PVC-U明敷管径大于或等于110mm时，在楼板贯穿部位应设置长度不小于500mm的防火套管，并在防火套管周围筑阻火圈。管径大于或等于110mm的横支管与暗设立管相连接，墙体贯穿部位应设置阻火圈或长度不小于300mm的防火套管，且防火套管明露部分长度不小于200mm，横干管穿越防火分区隔墙时，管道贯穿墙壁体的两侧应设置阻火圈或长度不小于500mm的防火套管。

（7）PVC-U排水立管的支架设置：PVC-U排水立管穿越楼板处为固定支承点时，其伸缩节下（上）的支架应为非固定支承点，管卡与管壁间应留有微隙。PVC-U排水立管穿越楼板处为非固定支承点时，其伸缩节下（上）的支架应为固定支承点。固定支承点可在管卡上下两侧粘贴与管材同质的环圈，使管道在管卡处不能上下移动。

（8）PVC-U排水管伸缩节设置位置：PVC-U

排水管伸缩节设置的位置应靠近水流汇合管件处。当立管穿越楼层处为固定支承且排水支管在楼板下接入时,伸缩节应设置于水流汇合管件之下,立管穿越楼层处为固定支承,且排水支管在楼板之上接入时,伸缩节应设置于水流汇合管件之上。立管穿越楼层处为非固定支承时,伸缩节应设置于水流汇合管件之上或之下,立管无排水支管接入时,伸缩节设于楼层任何部位。横管上设置伸缩节应设于水流汇合管件上游。伸缩节插口应顺水流方向。

(9) 排水主立管及水平干管管道均应做通球试验,通球球径不小于排水管径的2/3,通球率为100%。

(10) 高层建筑排水立管经地下室排出室外时,立管在90°弯处应增设承重支架。

7.3.4 工程质量验收记录与文件

(1) 材料合格证及进场验收记录;
(2) 检验批质量验收记录;
(3) 分项工程质量验收记录;
(4) 隐蔽工程验收记录;
(5) 排水管道灌水\通球及通水试验记录;
(6) 雨水管道灌水及通水试验记录。

7.4 卫生器具

7.4.1 卫生器具安装工艺流程

安装准备 → 卫生器具及配件检查 → 卫生器具配件安装 → 卫生器具安装 → 卫生器具安装后四周缝隙处理 → 盛水试验 → 通水试验

7.4.2 卫生器具质量检查要求

7.4.2.1 坐式大便器

(1) 坐式大便器污水口预埋尺寸应严格按产品样本要求埋设。

(2) 固定大便器的螺栓应用不小于 6mm 的金属膨胀螺栓，不得使用木螺栓。

(3) 排水口填料应采用油灰或石灰膏水泥等易拆填料，严禁用水泥砂浆。

(4) 带水箱连体式坐便器，后侧应紧贴墙面，但距墙距离不大于 10mm。分体水箱安装间距要求也应相同。

(5) 水箱内零件应灵活，镀铬件无损坏，溢水口高度合理。

(6) 连接进水管的角阀高度应为 150mm，无渗漏水。

(7) 坐式大便器中心至两边的距离各不宜小于450mm。

7.4.2.2 蹲式大便器安装

(1) 蹲式大便器污水口预埋尺寸应严格按产品样本要求埋设，高水箱底离踏步面上1800mm，冲水箱固定应用膨胀螺栓，不得在多孔砖或轻质墙内固定。

(2) 蹲便器与污水口连接应严密，填嵌密实，便器四周应以砂子填实。

(3) 蹲便器与冲水管用皮碗连接时应用不小于14号铜丝绑扎，冲水管如为踏步面下连接时，接口处应用砂子填实，面层用水泥砂浆找平，便于检修。

(4) 蹲便器安装应平整无歪斜，器具面宜与地面相平齐，便于使用安全与清洗。

(5) 蹲便器中心至两边的距离各不宜小于450mm。

7.4.2.3 大小便槽安装

(1) 大便槽污水口端部应留有缓冲带。

(2) 冲水箱托架埋设应牢固，小便槽冲水箱应位于便槽中心，高度位置应正确。

(3) 小便槽排水口应尽量设于便槽长度的

中心。

(4) 大便槽冲水管下端与槽底应成45°夹角且距槽底50mm为宜。

(5) 小便槽冲洗管孔与墙面应成45°夹角。镀锌钢管钻孔后应二次镀锌。冲洗管高度距地面为1100mm。

7.4.2.4 小便器安装

(1) 器具与墙壁面应平直且紧贴墙面,成排安装中心应一致;

(2) 挂式便器高度自地面至便斗沿口边为600mm;

(3) 相邻两小便器间距不小于700m。

7.4.2.5 淋浴器安装

(1) 淋浴器安装阀门离地高度为1150mm;淋浴喷头下沿离地高度为2100mm。阀门安装位置应为右冷左热。

(2) 成排淋浴器安装垂直误差应不大于5mm。

7.4.2.6 洗脸盆安装

(1) 各类洗脸盆器具安装应平整牢固,与支托架接触应紧密,平整。

(2) 器具面离地高度为800mm。冷、热水角阀离地高度为450mm,安装P式排水时,预埋排水口离地高度为400mm，且应位于面盆中心。安装S式排水时，应位于面盆中心，与地面接口处加不锈钢罩盖。

（3）安装冷热水龙头时，热水在左，冷水在右，角阀与龙头连接应采用软管连接。

7.4.2.7 洗涤盆、化验盆、盥洗槽、洗涤池、污水池安装

（1）器具排水栓安装应低于盘（盆、槽）底部不得凸出；

（2）器具有溢水孔的应与排水栓溢流孔畅通，不得堵封；

（3）洗涤盆、化验盆、盥洗槽、洗涤池器具面离地标高为0.8m，龙头高度为1m，盥洗槽如采用冷热水时，热水龙头标高可为1.1m。

7.4.2.8 浴盆安装

（1）无裙板浴缸安装浴缸面标高为离地480mm，排水管距墙150mm，给水管道应热水管在左侧冷水管在右侧，龙头间距为150mm，应居中。

（2）固定式淋浴器离地高度为2350mm，浴盆软管移动式淋浴器挂钩安装高度离地为1800mm，淋浴器挂钩应与龙头在居中一直线上。

（3）浴盆裙墙为砌筑时，应在排水处设置检修孔。

(4) 浴盆安装的找平，应用水平尺找平浴盆上平面。浴盆上平面不得设坡度。

(5) 浴盆安装镀铬件不得损坏。

7.4.2.9 地漏安装

(1) 地漏安装应平整、牢固，低于排水表面，周边无渗漏。地漏水封高度不得小于50mm；

(2) 手术室等非经常性排水场所应设置密闭型地漏；

(3) 食堂、厨房和公共浴室等排水处应设置网格式地漏。

7.4.3 卫生器具安装质量判定

(1) 卫生器具的排水排出口与排水管承口的连接处不得有渗漏。

(2) 卫生器具的连接铜管拗弯应一致，不得有弯扁、凹凸等缺陷。

(3) 卫生器具安装应采用预埋螺栓或金属膨胀螺栓固定，安装应平整、牢固。如采用木螺丝固定，应预埋木砖，预埋木砖应作防腐处理，并应凹进墙面10mm。

(4) 单件或成排卫生器具的标高和坐标应在允

许误差范围内。

(5) 卫生器具的支托架的安装必须牢固,并不得固定于轻质墙体上,托架与器具接触应紧密。

(6) 卫生器具的五金零件镀铬层不得有损伤,连接应紧密,无渗水,排水须畅通。

(7) 卫生器具安装完毕,应作盛水试验,盛水一般至溢流孔,24h 内以不渗不漏为合格。

7.4.4 工程质量验收记录与文件

(1) 材料、设备合格证及进场验收记录;
(2) 检验批质量验收记录;
(3) 分项工程质量验收记录;
(4) 地漏及地面清扫口试验记录;
(5) 卫生器具满水试验记录。

7.5 采暖管道工程

7.5.1 采暖管道工程工艺流程

安装准备 → 管道预制 → 卡架安装 → 管道安装 → 水压试验 → 保温护壳处理 → 调试

7.5.2 采暖管道质量检查要求

本节适用于饱和蒸汽压力小于 0.7MPa，热水温度不超过 130°C 的采暖系统。

（1）用于采暖管道的焊接钢管：管径小于或等于 32mm 采用钢管螺纹连接，管径大于 32mm 采用焊接或法兰连接。

（2）采暖管道的安装应有坡度，坡度值应按设计要求敷设。如设计无规定时，气、水同向流动热水采暖管和气、水同向流动的蒸汽采暖管以及凝结水管道坡一般为 3‰，但不得小于 2‰。气水逆向流动的蒸汽管道坡度不得小于 5‰。散热器支管的坡度应为 1‰。

（3）采暖管道穿越楼层和墙体时，应设置套管，墙体内套管两侧应与粉刷面平齐，楼层内套管顶部应高出地面 20mm，下端与楼层平齐。在厨房、卫生间等易积水处应高出 50mm，底部应与楼板底面平齐，套管应比穿越管道大二档，并应确保保温层通过。

（4）采暖立管与采暖支管相交时，应使立管煨弯绕过支管。

（5）安装于不采暖房间的采暖干管、膨胀水箱、集气罐、膨胀管均要保温。

(6) 膨胀水箱的膨胀管和循环管上，不得安装阀门；膨胀管上不得有水封现象产生。

(7) 方形补偿器应水平安装，并与管道坡度一致。

(8) 散热器支、托架安装位置应正确、牢固，埋设平整，散热器支管长度超过1.5m时，支管上应设置支架。

(9) 上供下回式系统的热水干管变径顶平偏心连接，蒸汽管道应底平偏心连接。

(10) 当采暖热媒无110～130℃高温时，管道可拆卸件应使用法兰，不得使用长丝和活接头。法兰垫片应采用耐热橡胶板。

(11) 散热器组对后，以及整组出厂的散热器在安装之前应水压试验，试验压力如无设计要求时应为工作压力的1.5倍。

(12) 散热器背面与装饰后的墙内面安装距离，应为30mm。散热器垫片应采用耐热橡胶板。

(13) 系统水压：蒸汽、热水采暖系统，试验压力应以系统顶点工作压力加0.1MPa作水压试验，但系统顶点不得小于0.3MPa。高温热水采暖系统的水压试验为：试验压力应以系统顶点工作压力加0.4MPa。采暖系统作压力试验时，如其系统低点压力大于散热器所能承受的最大试验压力时，应作分层水压试验。

（14）埋设或敷设于不通行地沟内的供热管道，除安装阀类处采用法兰连接外，其他接口均应焊接，在分支管路有阀类处应设检查井。

7.5.3 采暖管道质量判定

（1）采暖水平管道的坡度设置应符合要求：当连接散热器的支管长度大于0.5m，时，坡度为10mm，小于0.5m时其坡度为5mm，当一根立管两侧接支管时，任一支管长度超过0.5m时，两侧支管坡度均为10mm。

（2）采暖立、支管的支架管卡以及散热器的支、托架安装应牢固，位置正确，埋设平整、数量符合要求。敷设于管井的采暖立管及水平干管，距离较长时且自然补偿不能满足膨胀要求时，应设置补偿装置，且应布置固定支架及导向支架。

（3）采暖支管连接散热器时，宜设置活接头。

（4）系统按要求设置的排气、泄水装置位置应正确，操作应方便。

（5）保温管道的保温材料应符合要求，保温应密实，保温管道穿越墙体或楼层套管时，保温材料应同步穿越。

(6) 检查系统膨胀管和循环管上有否阀件。

(7) 按要求检查试压情况应符合标准。

7.5.4 工程质量验收记录与文件

(1) 材料、设备合格证及进场验收记录；

(2) 检验批质量验收记录；

(3) 分项工程质量验收记录；

(4) 管道、散热器压力试验记录；

(5) 地下管线隐蔽验收记录；

(6) 采暖系统冲洗及调试记录。

7.6 水泵安装

7.6.1 水泵安装工艺流程

安装准备 → 基础验收 → 水泵开箱检查 → 水泵就位 → 水泵安装 → 水泵配管安装 → 调试

7.6.2 水泵及配管安装质量检查要求

7.6.2.1 基础复核

水泵安装前应先根据施工图及水泵样本检查水泵安装的基础尺寸、位置和标高，并符合设计要求。

7.6.2.2 水泵就位、找平、找正

（1）根据施工图在设置就位前，依照建筑轴线、标高线放出设置安装基准线。

（2）平面位置安装基准线对基础轴线、距离的允许偏差为±20mm。

（3）水泵就位前应清除底面的油污。

（4）整体安装水泵设置找平找正面一般应在设备的主要工作面，如对进、出口处法兰平面等进行测量。纵向安装水平偏差不应大于0.10/1000，横向安装水平偏差不应大于0.20/1000。

（5）卧式或立式泵找正的纵横向不水平度不应超过0.1‰，测量时应以加工面为基准。

7.6.2.3 水泵橡胶避震块及隔震器安装

（1）应在基础粉刷平整后进行设备就位安装。不应将避振块或隔振器粉入基础中。

（2）水泵底面与橡胶避振块或隔振器应接触良好，受力均匀，不应有变形或偏心现象。

（3）采用多层橡胶块避振，橡胶块间与设备基座间宜垫以5mm厚钢板，钢板应比橡胶块大出每边5mm。

（4）阻尼弹簧隔振器应平直、受力良好，不得扭曲且应与设备基座固定。

（5）立式泵的隔振装置不应采用弹簧隔振器。

7.6.2.4　泵房管道安装

（1）泵房管道连接时，管道及阀门的重量应由独立支架承重，不得将重量受力于水泵上。

（2）管道内和管端应清除杂物，保持干净，所有连接密封面和螺纹不应有损坏现象。

（3）相互连接的法兰端面或螺纹轴心线应平行对中，法兰与管轴线应垂直，两法兰平面应平行，且高低一致，不得强行对口连接。

（4）水泵与管路连接后，应复核找正情况，如由于管路连接面造成水泵找正变异时，应调整管路，恢复水泵平整度。

（5）管路与泵连接后，不应再在其上进行焊割。如需焊割时，应拆下管路或采取有效措施，防止焊割渣进入泵体内损坏水泵零件。

（6）当水泵安装避振装置时管路与水泵的接管间应加设橡胶软接头连接，以达到隔振目的。

（7）水泵与管路间采用避振橡胶软接头连接时，不应使软接头产生变形或扭曲现象，且应保证软接头两侧法兰呈自然平行状态。

（8）消防水泵吸水管上的控制阀，应在水泵固定于基础上之后再行安装,其直径不应小于消防水泵吸水口直径,且不应采用蝶阀。

(9) 当水泵与蓄水池位于两个独立基础上且相互为刚性连接时,吸水管上应加设柔性连接管。

(10) 水泵吸水管上水平管段不应有气囊现象产生。变径连接时,应采用偏心异径管件并采用管顶平接。

7.6.2.5 泵试运转

(1) 电动机的转向应符合水泵旋转方向的要求;

(2) 各紧固件连接部位不应有松动现象;

(3) 润滑油脂的规格、质量、灌入量应符合设备技术文件的规定,如有预润滑要求的部位应按设备技术文件规定进行预润;

(4) 安全保护装置应灵敏、可靠;

(5) 水泵盘车应灵活,无阻滞卡住现象,且无异常声响;

(6) 泵启动停止应按设备技术文件规定进行;

(7) 泵在设计负荷下连接运转不应小于 2h,并应注意运转中不应有异常,各密封部位不应有泄漏,各连接部位不应有松动;

(8) 轴承的温升应符合设备技术文件规定。

7.6.3 泵及配管安装质量判定

(1) 基础复检验收应与设计图相符,水泵就位前的基础混凝土强度、坐标、标高、尺寸和螺栓孔位置必须符合设计要求和施工规范规定;

(2) 水泵开箱检查验收并检查记录与实物情况应相符;

(3) 检查水泵避振块、隔振器的安装应合格;

(4) 管道系统安装的承重支架设置应合理、牢固,泵体无异常受力;

(5) 管路的软接头有无变形、弯曲、错位,法兰螺栓应齐全,且螺栓应与螺母平齐;

(6) 管道与泵连接处有无强行连接,有无在安装管路完成后重新焊割情况;

(7) 开车前的盘车情况应符合要求,电气点动时有无异常声响;

(8) 泵试运转的轴承温升必须符合要求。

7.6.4 工程质量验收记录与文件

(1) 材料、设备合格证及进场验收记录;

(2) 检验批质量验收记录;

(3) 分项工程质量验收记录;

(4) 管道压力试验记录；
(5) 设备开箱检查记录；
(6) 设备基础复核记录；
(7) 设备找平、找正记录；
(8) 设备试运转记录。

8 建筑电气工程质量检查评定

8.1 建筑电气工程分部（子分部）、分项工程的划分

建筑电气工程分部（子分部）、分项工程的划分见表8-1。

建筑电气工程分部（子分部）、分项工程的划分

表8-1

分部工程	子分部工程	分 项 工 程
建筑电气	室外电气	架空线路及杆上电气设备安装，变压器、箱式变电所安装，成套配电柜、控制柜（屏、台）和动力、照明配电箱（盘）及控制柜安装，电线、电缆导管和线槽敷设，电线、电缆穿管和线槽敷设，电缆头制作、导线连接和线路电气试验，建筑物外部装饰灯具、航空障碍标志灯和庭院路灯安装，建筑照明通电试运行，接地装置安装

续表

分部工程	子分部工程	分项工程
建筑电气	变配电室	变压器、箱式变电所安装，成套配电柜、控制柜（屏、台）和动力、照明配电箱（盘）安装，裸母线、封闭母线、插接式母线安装，电缆沟内和电缆竖井内电缆敷设，电缆头制作、导线连接和线路电气试验，接地装置安装，避雷引下线和变配电室接地干线敷设
	供电干线	裸母线、封闭母线、插接式母线安装，桥架安装和桥架内电缆敷设，电缆沟内和电缆竖井内电缆敷设，电线、电缆导管和线槽敷设，电线、电缆穿管和线槽敷线，电缆头制作、导线连接和线路电气试验
	电气动力	成套配电柜、控制柜（屏、台）和动力、照明配电箱（盘）及控制柜安装，低压电动机、电加热器及电动执行机构检查、接线，低压电气动力设备检测、试验和空载试运行，桥架安装和桥架内电缆敷设，电线、电缆导管和线槽敷设，电线、电缆穿管和线槽敷线，电缆头制作、导线连接和线路电气试验，插座、开关、风扇安装

续表

分部工程	子分部工程	分项工程
建筑电气	电气照明安装	成套配电柜、控制柜（屏、台）和动力、照明配电箱（盘）安装，电线、电缆导管和线槽敷设，电线、电缆导管和线槽敷设，槽板配线，钢索配线，电缆头制作、导线连接和线路电气试验，普通灯具安装，专用灯具安装，插座、开关、风扇安装，建筑照明通电试运行
	备用和不间断电源安装	成套配电柜、控制柜（屏、台）和动力、照明配电箱（盘）安装，柴油发电机组安装，不间断电源的其他功能单元安装，裸母线、封闭母线、插接式母线安装，电线、电缆导管和线槽敷设，电线、电缆导管和线槽敷设，电缆头制作、导线连接和线路电气试验，接地装置安装
	防雷及接地安装	接地装置安装，避雷引下线和变配电室接地干线敷设，建筑物等电位连接，接闪器安装

8.2 导管线槽工程

8.2.1 导管、线槽安装工程工艺流程

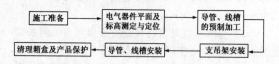

8.2.2 导管、线槽安装工程质量检查要求

8.2.2.1 暗配电气导管的质量检查

(1) 埋地敷设质量检查的主要要求

1) 埋地敷设的电气导管应是厚壁钢导管或刚性绝缘导管,严禁使用薄壁钢导管。

2) 埋地敷设的刚性绝缘导管在露出地面处应有防机械损伤的保护措施。质量检查应在埋地导管工程隐蔽前核对设计图纸并进行现场抽查或检查隐蔽验收记录。

(2) 埋入混凝土敷设质量检查的主要要求

1) 电气导管的弯曲半径应不小于管外径的10倍,弯曲处无明显褶皱或弯扁现象;管线的绑扎固定应牢固无松动。刚性绝缘导管应用胶粘剂连

接牢固。

2）电气导管不得敷设在底层钢筋下面；敷设在混凝土毛地面上的管线应固定，管线上面整浇层厚度不应小于20mm；成排电气导管管与管之间的间距不应小于25mm。

3）金属电气导管连接处与金属箱盒的跨接接地保护应可靠、牢固，无遗漏现象，焊接倍数应符合规范规定。质量检查应在电气导管敷设完毕，混凝土尚未浇捣前，对实物按设计图纸核对并进行现场抽查或核查隐蔽验收记录。

(3) 埋入墙体内质量检查的主要要求

1）埋入墙体内的电气导管走向应合理，不应有明显破坏墙体结构现象，导管应固定，且应采用强度等级不小于M10的水泥砂浆抹面保护，管线表面至墙体平面的保护层不应小于15mm。

2）电气导管弯曲半径不应小于管外径的6倍，弯曲处应无明显褶皱或弯扁现象。

3）箱盒位置高度正确，箱盒四周应用M10水泥砂浆粉刷固定，并凸出墙体不大于10mm。

4）金属电气导管连接处及与金属箱盒跨接接地应可靠、牢固，防腐油漆无遗漏。并应对实物进行抽查或尺量检查，核查隐蔽验收记录。

8.2.2.2 明配电气导管的质量检查的主要要求

(1) 管卡或支吊架固定牢固,间距符合规范规定;在转角、进箱盒等处对称、统一。支吊架应有防锈漆和面漆,且无污染。

(2) 电气导管弯曲半径不宜小于管外径的6倍,当只有一个弯曲时,不宜小于管外径4倍,圆弧均匀光滑,无褶皱或弯扁现象;成排弯曲弧度应成比例,间距一致,整齐美观。

(3) 金属电气导管连接及与箱盒跨接接地:采用圆钢焊接的跨接圆钢弯曲加工应整齐,统一,焊接处应平整、饱满、无夹渣、气孔、焊瘤等现象,不得采用点焊,严禁直接对口焊接或有钢导管焊穿现象;采用专用接地线卡的,跨接导线当采用绝缘导线时必须为黄绿双色导线,截面不得小于$4mm^2$,导线跨接接地应牢固、紧密、无松动现象,固定螺栓防松件应齐全。

(4) 明配电气导管为刚性绝缘导管的,连接处应涂有专用胶粘剂,严禁有不涂胶粘剂现象,进箱盒处应有专用配件。质量检查中应核对设计图,并对实物进行观察检查或采用吊线、尺等工具测量检查。

8.2.2.3 吊平顶内质量检查的主要要求

(1) 电气导管敷设宜"横平竖直"、走向合理、整齐，无交叉混乱现象；弯曲半径同明管要求。

(2) 管卡吊支架固定牢固，严禁使用木榫，固定点间距及转弯处和箱盒处基本均匀、对称、统一。黑铁管管卡或吊支架应有防锈漆和面漆。

(3) 绝缘导管管材、配件必须符合阻燃规定，连接处必须涂有胶粘剂。

(4) 金属电气导管和金属柔性导管应可靠接地，但不得作为接地干线使用。

8.2.3 导管、线槽安装质量判定

8.2.3.1 主控项目

(1) 金属导管的连接：金属导管严禁对口熔焊连接；镀锌和壁厚不大于 2mm 的钢导管不得套管熔焊连接。

(2) 绝缘导管在砌体上剔槽埋设：当绝缘导管在砌体上剔槽埋设时，应采用强度等级不小于 M10 的水泥砂浆抹面保护，保护层厚度大于 15mm。

(3) 金属的导管和线槽必须接地（PE）或接零（PEN）可靠，并符合下列规定：

1) 镀锌的钢导管、可挠性导管和金属线槽不

得熔焊跨接接地线，以专用接地卡跨接的两卡间连线为铜芯软导线，截面积不小于4mm²。

2）当非镀锌钢导管采用螺纹连接时，连接处的两端焊跨接接地线；当镀锌钢导管采用螺纹连接时，连接处的两端用专用接地卡固定跨接接地线。

3）金属线槽不作设备的接地导体，当设计无要求时，金属线槽全长不少于2处与接地（PE）或接零（PEN）干线连接。

4）非镀锌金属线槽间连接板的两端应跨接铜芯接地线，镀锌线槽间连接板的两端可不跨接接地线，但连接板两端应不少于2个有防松螺母或防松垫圈的连接固定螺栓。

8.2.3.2 一般项目

(1) 电缆导管的弯曲半径：电缆导管的弯曲半径应不小于电缆最小允许弯曲半径。

(2) 金属导管的防腐：非镀锌金属导管内外壁应作防腐处理；埋设于混凝土内的导管内壁应作防腐处理。

(3) 柜、台、箱、盘内导管管口高度：室内进入落地式柜、台、箱、盘内的导管管口，应高出柜、台、箱、盘的基础面50~80mm。

(4) 暗配管的埋设深度、明配管的固定：暗配的导管，埋设深度与建筑物、构筑物表面的距离应不小于15mm；明配的导管应排列整齐，固定点间距均匀、安装牢固；在终端、弯头中点或柜、台、箱、盘等边缘的距离 150～500mm 范围内设有管卡。

（5）线槽固定及外观检查：线槽应安装牢固，无扭曲变形，紧固件的螺母应在线槽外侧。

（6）绝缘导管敷设应符合下列规定：

1）管口平整光滑；管与管、管与盒（箱）等器件采用插入法连接时，连接处结合面涂专用胶合剂，接口牢固密封。

2）植埋于地下或楼板内的刚性绝缘导管，在穿出地面或楼板易受机械损伤的一段，采取保护措施。

3）当设计无要求时，埋设在墙内或混凝土内的绝缘导管，采用中型以上的导管。

4）沿建筑物、构筑物表面和在支架上敷设的刚性绝缘导管，按设计要求装设温度补偿装置。

（7）金属、非金属柔性导管敷设应符合下列规定：

1）刚性导管经柔性导管与电气设备、器具连接，柔性导管的长度在动力工程中不大于0.8m，在照明工程中不大于1.2m。

2）可挠金属管或其他柔性导管与刚性导管或电气设备、器具间的连接应采用专用接头；复合型可挠金属管或其他柔性导管的连接处密封良好，防液覆盖层完整无损。

3）可挠性金属导管和金属柔性导管不能做接地（PE）或接零（PEN）的接续导体。

（8）导管和线槽在建筑物变形缝处的处理：导管和线槽，在建筑物变形缝处，应设补偿装置。

8.2.4 导管、线槽安装工程质量验收记录与文件

（1）材料合格证及进场验收记录；
（2）检验批质量验收记录；
（3）分项工程质量验收记录；
（4）隐蔽工程验收记录。

8.3 配线及电缆敷设工程

8.3.1 配线及电缆敷设安装工程工艺流程图

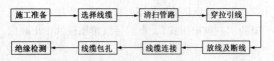

8.3.2 配线及电缆敷设安装工程质量检查要求

8.3.2.1 导线的质量检查

（1）导线的型号、规格、电压等级、截面必须符合设计要求。核查设计图纸、产品质保书和合格证。

（2）导线间和导线对地间的绝缘电阻值应符合规范规定。核查测试记录，其绝缘电阻应大于0.5MΩ，测试摇表的电压等级应为500V，低压用电严禁使用1000V及以上的高压摇表进行测试。记录表上的测试摇表应有经计量检测合格的编号和有效期限。当有疑问时，应在现场进行抽查。

（3）导线的分色应符合要求，PE线必须为黄绿双色，严禁用其他导线颜色替代。

（4）导线的接头、包扎和安全型塑料接线帽的压接质量应符合要求。对实物进行打开抽查，重点应为：接头铰接搪锡的，搪锡部位应均匀、饱满、光滑，不损伤绝缘层；采用塑料接线帽的，材质应为阻燃型，一般可对实物进行燃烧试验，即将接线帽用火点燃，在燃烧后离开火种，接线帽应立即熄灭。而继续燃烧的即为不合格产品。压接钳应是配套的"三点抱压式"，查看接线帽压接处，正面应为一坑面，背后应为两点。

（5）采用铜接头连接导线的，铜接头应用机械方法压接，严禁用锤敲扁连接，并不得采用多根导线塞入同一铜接头内压接。

（6）导线在箱、柜内的排列应整齐，绑扎固定间距应统一、清晰、端子号齐全。

（7）在吊平顶中导线和导线接头必须在接线盒或器具内，不得裸露。

8.3.2.2 管内穿线的质量检查

（1）管内穿线导线的额定电压不应低于450V。核查产品合格证。

（2）导线包括绝缘层在内的总截面积不应超过管子内径截面积的40%。

（3）管内穿线导线严禁有接头。核查施工记录，分项评定表及监理检查记录。

（4）照明花灯几个回路同穿一根管内的，导线总数不能超过8根。

（5）导线穿管前，管口应有护圈，护圈不应有松落或劈开补放现象。

（6）对垂直穿管敷设的导线，接线盒或拉线盒设置应符合规定，导线在箱盒内应绑扎固定。

8.3.2.3 线槽配线的质量检查

（1）线槽固定应牢固，固定点间距不应大于

2m；固定支架设置应间距一致，在转角处、分支处应对称。

（2）线槽的安装应平直整齐，其水平或垂直偏差应符合规定，盖板应平整，无翘曲。

（3）线槽的转角处，内角应成双45°，严禁为90°。

（4）金属线槽的跨接接地应齐全、可靠，不得有遗漏，两端头应与箱、柜内PE线可靠连接。

（5）线槽经过变形缝处应有补偿装置。

（6）线槽内敷设的导线包括绝缘层在内不应大于线槽截面积的60%。

（7）线槽内敷设的导线应按回路编号每隔2m进行绑扎，并不得有接头。

（8）当强电、弱电导线敷设在同一线槽时，应有隔板分开。

8.3.2.4 电缆敷设的质量检查

（1）敷设电缆用的吊、支、托架或桥架（托盘）安装应平整牢固，设置间距应符合规定，吊、支、托架间距应一致，在转角处、分支处应对称、统一。

（2）金属桥架（托盘）的连接处应跨接接地可靠。金属桥架（托盘）及支、吊架的接地保护应可靠,全长不少于2处,与接地干线连接。

(3) 抽查已敷设电缆的型号、规格、截面、绝缘电阻等要求,核对设计图纸、测试记录、产品质保书、合格证。

(4) 电缆敷设的弯曲半径应符合规定,电缆排列和绑扎固定应整齐、一致;电缆严禁有绞拧、压扁和护层断裂等现象;电缆头制作美观,固定位置正确;电缆标志牌、标志桩位置正确、清晰。

(5) 埋地敷设电缆的深度应不小于0.7m,回填土质量符合要求,电缆盖板齐全。

(6) 电缆沟内支架上敷设的电缆,控制电缆应在下层,电力电缆在上层,排列绑扎应整齐,电缆沟内严禁有积水现象,支架应可靠接地。

(7) 电缆桥架(托盘)水平和垂直安装应平直,固定位置正确、牢固,托架和支、吊架的偏差不得大于规范规定。桥架(托盘)的连接处应牢固,固定螺栓位置正确。桥架(托盘)跨越变形缝(沉降缝、伸缩缝)处有补偿装置。

8.3.3 配线及电缆敷设安装质量判定

8.3.3.1 主控项目

(1) 三相或单相的交流单芯电缆,不得单独穿于钢导管内。

（2）电线穿管要求：不同回路、不同电压等级和交流与直流的电线，不应穿于同一导管内；同一交流回路的电线可穿于同一金属导管内，且管内电线不得有接头。

（3）爆炸危险环境照明线路的电线、电缆选用和穿管：爆炸危险环境照明线路的电线和电缆额定电压不得低于750V，且电线必须穿于钢导管内。

8.3.3.2 一般项目

（1）电线、电缆管内清扫和管口清理：电线、电缆穿管前，应清除管内杂物和积水。管口应有保护措施，不进入接线盒（箱）的垂直管口穿入电线、电缆后，管口应密封。

（2）同一建筑物、构筑物内电线绝缘层颜色的选择：当采用多相供电时，同一建筑物、构筑物的电线绝缘层颜色选择应一致，即保护地线（PE线）应是黄绿相间色，零线用淡蓝色；相线用：A相——黄色、B相——绿色、C相——红色。

（3）线槽敷线应符合下列规定：

1）电线在线槽内有一定余量，不得有接头。电线按回路编号分段绑扎，绑扎点间距应不大于2m。

2）同一回路的相线和零线，敷设于同一金属线槽内。

3）同一电源的不同回路无抗干扰要求的线路可敷设于同一线槽内；敷设于同一线槽内有抗干扰要求的线路用隔板隔离，或采用屏蔽电线且屏蔽护套一端接地。

8.3.4 配线及电缆敷设安装工程质量验收记录与文件

(1) 材料合格证及进场验收记录；
(2) 检验批质量验收记录；
(3) 分项工程质量验收记录；
(4) 隐蔽工程验收记录；
(5) 绝缘电阻测试记录。

8.4 电气照明及器具安装工程

8.4.1 电气照明及器具安装工程工艺流程图

8.4.2 电气照明及器具安装工程质量检查要求

8.4.2.1 照明器具的质量检查

(1) 灯具一般由玻璃、塑料、搪瓷、铝合金等原材料制成,且零件较多,运输保管中易破损或丢失,安装前应认真检查,防止安装破损灯具,影响美观和质量。

(2) 为了保证导线能承受一定的机械应力和可靠的安全运行,根据灯具的用途和不同的安装场所,对导线线芯最小截面按规定进行核查。

(3) 灯具安装要求:

1) 为防止灯具超重发生坠落,应在混凝土顶板内先预埋吊钩,或用膨胀螺栓固定,其固定件的承载能力应与灯具重量相匹配。

2) 吸顶灯安装应牢固,位置正确,有台的应装在台中央,且不得有漏光现象。链吊日光灯灯线应不受力,灯线应与吊链编织在一起,双链平行;管吊灯钢管内径不应小于 10mm,壁厚不应小于 1.5mm,吊杆垂直,弯管壁There应装吊攀,吊攀统一加工制作,不得用导线缠绕吊在灯杆上;安装在吊顶上的灯具应有单独的吊链,不得直接安装在平顶的龙骨上。

3)成排灯具在安装过程中应拉线,使灯具在纵向、横向、斜向及高低水平上都成一直线。按规范要求,偏差不大于5mm。如为成排日光灯,则应认真调整灯脚,使灯管都在一直线上。

(4)按国家验收规范的规定,对大型花灯的固定及悬吊装置应作2倍的过载试验,大型花灯的预埋吊钩必须有隐蔽验收记录。

(5)当灯具距地面高度小于2.4m时,灯具的可接近裸露导体必须接地(PE)或接零(PEN)可靠,并应有专用接地螺栓,且有标识。

(6)白炽灯泡离绝缘台间距小于5mm时,绝缘台易受热而烤焦、起火,故应在灯泡与绝缘台间设置隔热阻燃制品,如石棉布等。

(7)室外壁灯因为积水时常引起用电事故,故应在安装前先打好泄水孔,并与墙面之间不得有缝隙,可用硅胶等材料密封。

8.4.2.2 开关、插座、吊扇和壁扇的质量检查

(1)开关安装

1)开关的面板在一个单位工程中应统一,不得出现2种以上的不同面板。开关的面板固定螺钉不得使用平机螺钉和木螺钉,面板螺孔盖帽应齐全。

2) 开关安装高度：由地面至开关下沿为 1.3m，且距门框边为 150~200mm。开关不得装于门后。

3) 为确保使用安全、可靠，开关中的导线在接线孔上都只允许接一根线，并线应在安全型压接帽内进行。开关线的颜色应选用与相线、零线、接地线的色标有所区别的颜色。

4) 为确保安全，电器设备、灯具的相线应该由开关控制。

5) 埋设于混凝土内的箱盒应紧靠模板，固定牢靠，并应主动与土建配合，避免歪斜或凹入混凝土墙内，模板拆除后，箱盒四周应用水泥砂浆修补平整，箱盒内杂物应清除干净，金属箱盒应及时刷红丹防锈漆。

(2) 插座安装

1) 插座安装高度应符合设计规定，当设计无规定时，从地面至插座一般宜为 300mm。安装在厨房、卫生间等潮湿场所的插座高度宜为 1.5m，且应采用防溅安全型插座。同一场所的插座高度应一致。

2) 为了确保安全，插座接线应统一，插座中的相线、零线、PE 保护线在接线孔上都只允许接入一根线，并线应在阻燃性的压接帽内进行。导线的颜色应区分：零线应用浅蓝色导线，接地线

(PE)应用黄绿双色线,相线应用黄色、绿色、红色三种颜色。

3)当预埋接线盒凹入混凝土内与饰面的距离大于25mm时,应及时调整增加套箱至饰面平,套箱与接线盒应用螺钉固定。

(3)风扇安装

1)吊风扇吊钩的直径不应小于悬挂销钉的直径,且不得小于8mm。吊钩加工成型应一致,安装的吊钩应埋设在箱盒内。吊钩离平顶高低应一致,使吊扇的钟罩能够吸顶将吊钩遮住。成排的吊扇其偏差不大于5mm。

2)壁扇底座可采用尼龙胀管或膨胀螺栓固定,数量不少于2个,直径不应小于8mm。

3)壁扇下沿距地面安装高度不应小于1.8m,当壁扇高度低于2.4m及以下时,其金属外壳应可靠接地。

4)吊扇与壁扇安装完毕应进行试运转,应不出现明显的颤动和异常声响。

8.4.3 电气照明及器具安装工程质量判定

8.4.3.1 主控项目

(1)灯具的固定应符合下列规定:

1) 灯具重量大于 3kg 时，固定在螺栓或预埋吊钩上。

2) 软线吊灯，灯具重量在 0.5kg 及以下时，采用软电线自身吊装；大于 0.5kg 的灯具采用吊链，且软电线编叉在吊链内，使电线不受力。

3) 灯具固定牢固可靠，不使用木楔。每个灯具固定用螺钉或螺栓不少于 2 个；当绝缘台直径在 75mm 及以下时，采用 1 个螺钉或螺栓固定。

(2) 花灯吊钩选用、固定及悬吊装置的过载试验：花灯吊钩圆钢直径应不小于灯具挂销直径，且应不小于 6mm。大型花灯的固定及悬吊装置，应按灯具重量的 2 倍做过载试验。

(3) 钢管吊灯灯杆检查：当钢管做灯杆时，钢管内径应不小于 10mm，钢管厚度应不小于 1.5mm。

(4) 灯具的绝缘材料耐火检查：固定灯具带电部件的绝缘材料以及提供防触电保护的绝缘材料，应耐燃烧和防明火。

(5) 当设计无要求时，灯具的安装高度和使用电压等级应符合下列规定：

1) 一般敞开式灯具，灯头对地面距离不小于下列数值（采用安全电压时除外）：

室外：2.5m（室外墙上安装）

厂房：2.5m

室内：2m

软吊线带升降器的灯具在吊线展开后：0.8m

2）危险性较大及特殊危险场所，当灯具距地面高度小于2.4m时，使用额定电压为36V及以下的照明灯具，或有专用保护措施。

（6）灯具金属外壳的接地或接零：当灯具安装距地面高度小于2.4m时，灯具的可接近裸露导体必须接地（PE）或接零（PEN）可靠，并应有专用接地螺栓，且有标识。

（7）插座及其插头的区别使用：当交流、直流或不同电压等级的插座安装在同一场所时，应有明显的区别，且必须选择不同结构、不同规格和不能互换的插座；配套的插头应按交流、直流或不同电压等级区别使用。

（8）插座接线应符合下列规定：

1）单相两孔插座，面对插座的右孔或上孔与相线连接，左孔或下孔与零线连接；单相三孔插座，面对插座的右孔与相线连接，左孔与零线连接。

2）单相三孔、三相四孔及三相五孔插座的接地（PE）或接零（PEN）线接在上孔。插座的接地端子不与零线端子连接。同一场所的三相插座,接线的相序一致。

3)接地(PE)或接零(PEN)线在插座间不串联连接。

(9) 特殊情况下插座安装应符合下列规定:

1)当接插有触电危险家用电器的电源时,采用能断开电源的带开关插座,开关断开相线;

2)潮湿场所应采用密封型并带保护地线触头的保护型插座,安装高度不低于1.5m。

(10) 照明开关安装应符合下列规定:

1)同一建筑物、构筑物的开关采用同一系列的产品,开关的通断位置一致,操作灵活、接触可靠。

2)相线经开关控制。民用住宅无软线引至床边的床头开关。

(11) 吊扇安装应符合下列规定:

1)吊扇挂钩安装牢固,吊扇挂钩的直径不小于吊扇挂销直径,且不小于8mm;有防振橡胶垫;挂销的防松零件齐全、可靠。

2)吊扇扇叶距地高度不得小于2.5m。

3)吊扇组装不改变扇叶角度,扇叶固定螺栓防松零件齐全。

4）吊扇接线正确，当运转时扇叶无明显颤动和异常声响。

（12）壁扇安装应符合下列规定：

1）壁扇底座采用尼龙塞或膨胀螺栓固定；尼龙塞或膨胀螺栓的数量不少于2个，且直径不小于8mm。固定牢固可靠。

2）壁扇防护罩扣紧，固定可靠，当运转时扇叶和防护罩无明显颤动和异常声响。

8.4.3.2 一般项目

（1）灯具的外形、灯头及其接线应符合下列规定：

1）灯具及其配件齐全，无机械损伤、变形、涂层剥落和灯罩破裂等缺陷。

2）软线吊灯的软线两端做保护扣，两端芯线搪锡；当装升降器时，套塑料软管，采用安全灯头。

3）除敞开式灯具外，其他各类灯具灯泡容量在100W及以上者采用瓷质灯头。

4）当采用螺口灯头时，相线接于螺口灯头中间的端子上。

（2）变电所内灯具的安装位置要求：变电所内，高低压配电设备及螺母线的正上方不应安装灯具。

（3）装有白炽灯泡的吸顶灯具隔热检查：装有白炽灯泡的吸顶灯具，灯泡不应紧贴灯罩；当灯泡与绝缘台间距离小于5mm时，灯泡与绝缘台间应采取隔热措施。

（4）大型灯具的玻璃罩安全措施：安装在重要场所大型灯具的玻璃罩，应采取防止玻璃罩碎裂后向下溅落的措施。

（5）投光灯的固定检查：投光灯的底座及支架应固定牢固，枢轴应沿需要的光轴方向拧紧固定。

（6）室外壁灯的防水检查：安装在室外的壁灯应有泄水孔，绝缘台与墙面之间应有防水措施。

（7）吊扇安装应符合下列规定：

1）涂层完整，表面无划痕、无污染，吊杆上下扣碗安装牢固到位；

2）同一室内并列安装的吊扇开关高度一致，且控制有序不错位。

（8）壁扇安装应符合下列规定：

1）壁扇下侧边缘距地面高度不小于1.8m；

2）涂层完整，表面无划痕、无污染，防护罩无变形。

（9）插座安装应符合下列规定：

1）当不采用安全型插座时，托儿所、幼儿园及小学等儿童活动场所安装高度不小于1.8m。

2）暗装的插座面板紧贴墙面，无歪斜，四周无缝隙，安装牢固，表面光滑整洁、无碎裂、划伤，装饰帽齐全。

3）当设计无要求时，插座安装高度距地面不小于0.3m；特殊场所安装的插座不小于0.15m；同一室内插座安装高度一致，偏差不大于5mm。

4）地插座面板与地面齐平或紧贴地面，盖板固定牢固，密封良好。

（10）照明开关安装应符合下列规定：

1）开关安装位置便于操作，开关边缘距门框边缘的距离0.15~0.2m，开关距地面高度1.3m；

2）相同型号并列安装及同一室内开关安装高度一致，且控制有序不错位；

3）暗装的开关面板应紧贴墙面，无歪斜，四周无缝隙、安装牢固，表面光滑整洁、无碎裂、划伤，装饰帽齐全。

8.4.4 电气照明及器具安装工程质量验收记录与文件

（1）材料合格证及进场验收记录；

（2）检验批质量验收记录；

(3) 分项工程质量验收记录;
(4) 隐蔽工程验收记录;
(5) 照明灯具通电试灯运行记录;
(6) 大型灯具试吊试验记录;
(7) 灯具、开关、插座、导线绝缘电阻检验记录。

8.5 避雷针（带）及接地装置安装工程

8.5.1 避雷针（带）及接地装置安装工程工艺流程图

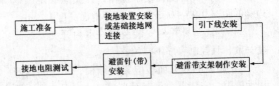

8.5.2 避雷针（带）及接地装置安装工程质量检查要求

8.5.2.1 接地装置安装质量检查

（1）接地装置由接地线和接地极组成。接地线一般采用25mm×4mm热镀锌扁钢，当地下土壤腐蚀性较强时，应适当加大其截面（一般采用40mm×4mm）。接地极应采用热镀锌角钢或钢管（一般采用∟50mm×50mm×5mm角钢）。

（2）接地线与接地极或避雷带的连接应采用焊接。当扁钢与钢管、扁钢与角钢焊接时，为确保连接可靠，除应在其接触部位两侧进行焊接外，并应以由钢带弯成的弧形（或直角形）卡子或直接由钢带本身弯成弧形（或直角形）与钢管（或角钢）焊接。焊缝应平整饱满，不应有夹渣、咬边现象。焊接后应及时清除焊渣，并应刷红丹防锈漆（埋地应刷沥青漆）两道。

（3）接地装置埋设的深度，当设计无要求时，从接地极的顶端至地面的深度不应小于0.6m。

8.5.2.2 避雷针（带）安装质量检查

（1）避雷带（热镀锌扁钢或圆钢）在女儿墙敷设时，一般应敷设在女儿墙中间，当女儿墙宽度大于500mm时则应将避雷带移向女儿墙的外侧200mm处为宜。

（2）利用金属钢管作避雷带的，应在钢管直线段对接处、转角以及三通引下线等部位用镀锌扁钢或者圆钢进行搭接焊接，搭接长度每边为扁钢宽度2倍。

（3）避雷带的搭接焊焊缝应饱满，无气孔、夹渣、未焊透等缺陷，焊缝处严禁用砂轮机将焊缝磨平整。

（4）避雷带在经过变形缝（沉降缝或伸缩缝）时，应加设补偿装置，补偿装置可用同样材质弯成弧状做成。

（5）引下线的根数以及测试点（断接卡）的位置、数量由设计决定，建设单位或施工单位不得任意取消和修改。引下线必须与接地装置可靠连接，并根据设计和规范要求设置测试点或断接卡。

（6）高层建筑物的金属门窗，金属阳台栏杆以及玻璃幕墙的金属构架都必须与均压环或接地干线连接可靠。当玻璃幕墙主金属构架采用型钢材料时，应用镀锌扁钢或圆钢与金属主构架进行焊接，并引出与屋面或女儿墙上的避雷带进行搭接焊接；当玻璃幕墙主金属框架采用铝合金材料时，应在主金属构架和避雷带上钻一个直径13mm小孔，用软导线、螺栓将两端进行连接，导线截面不应小于100mm^2。

8.5.3 避雷针（带）及接地装置安装工程质量判定

8.5.3.1 主控项目

（1）接地装置测试点的设置：人工接地装置或

利用建筑物基础钢筋的接地装置必须在地面以上按设计要求位置设测试点,同一建筑物、构筑物的测试点数不得少于2处。

(2) 接地电阻测试:测试接地装置的接地电阻值必须符合设计要求,共用接地体的电阻值应小于1Ω。

(3) 防雷接地的人工接地装置的接地干线埋设:防雷接地的人工接地装置的接地干线埋设,经人行通道处埋地深度应不少于1m,且应采取均压措施或在其上方铺设卵石或沥青地面。

(4) 接地模块的埋设深度、间距和基坑尺寸:接地模块顶面埋深应不小于0.6m,接地模块间距应不小于模块长度的3~5倍。接地模块埋设基坑,一般为模块外形尺寸的1.2~1.4倍,且在开挖深度内详细记录地层情况。

(5) 接地模块应垂直或水平就位:接地模块应垂直或水平就位,不应倾斜设置,保持与原土层接触良好。

(6) 引下线的敷设、明敷引下线外观质量及防腐:暗敷在建筑物抹灰层内的引下线应有卡钉分段固定;明敷的引下线应平直、无急弯,与支架焊接处,油漆防腐,且无遗漏。

(7) 金属跨接线：当利用金属构件、金属管道做接地线时，应在构件或管道与接地干线间焊接金属跨接线。

(8) 避雷针、带与顶部外露的其他金属物体的连接：建筑物顶部的避雷针、避雷带等必须与顶部外露的其他金属物体连成一个整体的电气通路，且与避雷引下线连接可靠。

(9) 建筑物等电位联结干线的连接及局部等电位箱间的连接：建筑物等电位联结干线应从与接地装置有不少于2处直接连接的接地干线或总等电位箱引出，等电位联结干线或局部等电位箱间的连接线形成环形网路，环形网路应就近与等电位联结干线或局部等电位箱连接。支线间不应串联连接。

(10) 等电位联结的线路最小允许截面积应符合要求。

8.5.3.2 一般项目

(1) 当设计无要求时，接地装置顶面埋设深度应不小于0.6m。圆钢、角钢及钢管接地极应垂直埋入地下，间距应不小于5m。接地装置的焊接应采用搭接焊，搭接长度应符合下列规定：

1) 扁钢与扁钢搭接为扁钢宽度的2倍，不小

于三面施焊(多雨、潮湿地区和埋地的应四面施焊);

2)圆钢与圆钢搭接为圆钢直径的6倍,双面施焊;

3)圆钢与扁钢搭接为圆钢直径的6倍,双面施焊;

4)扁钢与钢管,扁钢与角钢焊接,紧贴角钢外侧两面,或紧贴3/4钢管表面,上下两侧施焊;

5)除埋设在混凝土中的焊接部位外,均应有防腐措施。

(2)当设计无要求时,接地装置的材料采用为钢材,热浸镀锌处理,最小允许规格、截面应符合规范要求。

(3)接地模块应集中引线,用干线把接地模块并联焊接成一个环路,干线的材质与接地模块焊接点的材质应相同,钢制的采用热浸镀锌扁钢,引出线不少于2处。

(4)明敷接地引下线及室内接地干线的支持件间距应均匀,水平直线部分 0.5~1.5m;垂直直线部分 1.5~3m;弯曲部分 0.3~0.5m。

(5)接地线在穿越墙壁、楼板和地坪处应加套钢管或其他坚固的保护套管,钢套管应与接地线做电气连通。

(6) 设计要求接地的幕墙金属框架和建筑物的金属门窗，应就近与接地干线连接可靠，连接处不同金属间应有防电化腐蚀措施。

(7) 避雷针、避雷带应位置正确，焊接固定的焊缝饱满无遗漏，螺栓固定的应备帽等防松零件齐全，焊接部分补刷的防腐油漆完整。

(8) 避雷带应平正顺直，无高低起伏现象，固定点支持件间距均匀、固定可靠，每个支持件应能承受大于 49N（5kg）的垂直拉力。当设计无要求时，支持件间距符合以下规定：明敷接地引下线及室内接地干线的支持件间距应均匀，水平直线部分 0.5~1.5m；垂直直线部分 1.5~3m；弯曲部分 0.3~0.5m。

(9) 屋面采用金属钢管作避雷带时，在钢管对口焊接处应另作搭接并与引下线可靠连接。

(10) 等电位联结的可接近裸露导体或其他金属部件、构件与支线连接应可靠，熔焊、钎焊或机械紧固应导通正常。

(11) 需等电位联结的高级装修金属部件或零件，应有专用接线螺栓与等电位联结支线连接，且有标识；连接处螺母紧固、防松零件齐全。

8.5.4 避雷针(带)及接地装置安装工程质量验收记录与文件

(1) 材料、设备合格证及进场验收记录;
(2) 检验批质量验收记录;
(3) 分项工程质量验收记录;
(4) 隐蔽工程验收记录;
(5) 接地电阻测试记录;
(6) 防雷接地系统布置简图。

9 智能建筑工程质量检查评定

9.1 智能建筑工程分部（子分部）、分项工程的划分

智能建筑工程分部（子分部）、分项工程的划分见表9-1。

智能建筑工程分部（子分部）、分项工程的划分

表9-1

分部工程	子分部工程	分项工程
智能建筑	通信网络系统	通信系统，卫星及有线电视系统，公共广播系统
	办公自动化系统	计算机网络系统，信息平台及办公自动化应用软件，网络安全系统
	建筑设备监控系统	空调与通风系统，变配电系统，照明系统，给水排水系统，热源和热交换系统，冷冻和冷却系统，电梯和自动扶梯系统，中央管理工作站与操作分站，子系统通信接口

续表

分部工程	子分部工程	分项工程
智能建筑	火灾报警及消防联动系统	火灾和可燃气体探测系统，火灾报警控制系统，消防联动系统
	安全防范系统	电视监控系统，入侵报警系统，巡更系统，出入口控制（门禁）系统，停车管理系统
	综合布线系统	缆线敷设和终接，机柜、机架、配线架的安装，信息插座和光缆芯线终端的安装
	智能化集成系统	集成系统网络，实时数据库，信息安全，功能接口
	电源与接地	智能建筑电源，防雷及接地
	环境	空间环境，室内空调环境，视觉照明环境，电磁环境
	住宅（小区）智能化系统	火灾自动报警及消防联动系统，安全防范系统（含电视监控系统、入侵报警系统、巡更系统、门禁系统、楼宇对讲系统、住户对讲呼救系统、停车管理系统），物业管理系统（多表现场计量及远程传输系统、建筑设备监控系统、公共广播系统、小区网络及信息服务系统、物业办公自动化系统），智能家庭信息平台

9.2 通信系统

9.2.1 通信系统安装工程工艺流程图

9.2.2 通信系统安装工程质量检查要求

9.2.2.1 材料质量要求

(1) 施工前对运到施工现场的器材,应进行开箱清点及外观检查,检查各种器材的规格、型号及质量是否符合设计要求,并有书面记录。

(2) 缆线的检验应符合下列要求:

1) 工程中使用的对绞电缆和光缆规格、程式、形式应符合设计的规定和合同要求。

2) 电缆所附的标志、标签内容应齐全(电缆型号、生产厂名、制造日期和电缆盘长)且应附有出厂检验合格证。如用户在合同中有要求,还应附有本批量电缆的电气性能检验报告。

3) 电缆的电气性能应从本批量电缆的任意盘

中抽样测试。

4）线料和电缆的塑料外皮应无老化变质现象,并应进行通电、断电和绝缘检查。

5）局内电缆、接线端子板等主要器材的电气应抽样测试。当相对湿度在75%以下,用250V兆欧表测试时,电缆芯线绝缘电阻应不小于200MΩ,接线端子板相邻端子的绝缘电阻应不低于500MΩ。

6）剥开电缆头,有A、B端要求的要识别端别,在缆线外端应标出类别和序号。

7）光缆开盘后应先检查光缆外表面有无损伤,光缆端封装是否良好。并应有光缆出厂产品质量检验合格证和测试记录。

(3) 光纤调度软纤（光跳线）检验应符合下列规定:

1) 光纤调度软纤应具有经过防火处理的光纤保护包皮,两端的活性连接器（活接头）端面应配有合适的保护盖帽；

2) 每根光纤调度软纤中光纤的类型应有明显的标记,选用应符合设计要求。

9.2.2.2 配线施工质量要求

(1) 电缆布放的路线、位置和截面应符合施工图纸要求。

(2) 捆绑电缆要牢固，松紧适度、平直、端正，捆扎线扣要整齐一致，槽道内电缆要求顺直，转弯要均匀、圆滑、曲率半径应大于电缆直径的10倍，同一类型的电缆弯度要一致。

(3) 电源电缆和通信电缆宜分开走道敷设，合用走道时应分别在电缆走道的两边敷设。

(4) 软光纤应采用独用塑料线槽敷设，与其他缆线交叉时应采用塑料管保护。敷设光纤时不得产生小圈，有激光光速的光纤，其端面不得正对眼睛，以免灼伤。

(5) 电缆或光纤两端成端后应按设计做好标记。

9.2.2.3 电源线敷设质量要求

(1) 交换机系统使用的交流电源线（110V或220V）必须有接地保护线。

(2) 直流电源线成端时应连接牢固、接触良好。保证电压降指标及对地电位符合设计要求。

(3) 机房的每路直流馈电线包括所接的列内电源线和机架引入线，两端腾空时，用500V兆欧表测试正负线间和负线对地间绝缘电阻均不得小于$1M\Omega$。

(4) 交换系统使用的交流电源线两端腾空时，用500V的兆欧表测试芯线间和芯线对地间绝缘电阻均不得小于1MΩ。

(5) 电源布线应平直、整齐，导线的固定方法和要求，应符合施工图的要求和有关标准、规范的规定。

(6) 电源线色标要清晰、正确（正线上涂红色标识，负线上涂蓝色标识）。

(7) 采用电力电缆作为直流馈电线时，每对馈电线应保持平行，正负线两端应有统一的红蓝标志。安装电源线末端必须用胶带等绝缘物封头，电缆剖头处必须用胶带和护套封扎。

(8) 汇流条接头处应平整、整洁，铜排镀锡，铝排镀锌锡焊料。汇流条转弯和电源线转弯时的曲率半径应符合相关要求。

(9) 汇流条鸭脖弯连接的搭接长度铜排等于其宽度，铝排等于其宽度的1.3倍，鸭脖长度为汇流条厚度的2.3倍。

(10) 电力电缆和电源线不得有中间接头。

9.2.2.4 总配线架安装质量要求

总配线架的位置符合设计规定，位置误差应小于10mm，垂直度应小于3mm，底座水平度误差不超过水平尺（24in）准线。铁架应接地良好。走道边铁、滑梯槽钢、直列面保安器和横面试验弹簧排等在安装完成后应成一条直线。加固吊架和滑梯牢固可靠，滑梯滑行自如，制动装置可靠。告警装置完整、可靠。

9.2.2.5 数字程控交换机测试质量要求

通电测试前要求：机房温度18～28℃；相对湿度30%～75%；直流电压45～53V。硬件检查应符合如下要求：设备标志齐全正确；印制电路板数量、规格、安装位置与施工文件相符；设备的各种选择开关应置于指定的位置上；设备的各种熔丝规格符合要求；列架、机架接地良好；设备内部的电源布线无接地现象，并确认主电源正常。

硬件测试，按厂商提供的设备技术资料测试。

系统调试：系统建立功能（包括系统初始化；系统自动/人工再装入；系统自动/人工再启动）；系统的交换功能（包括本局及出入局呼叫；市话汇接呼叫；各种用户交换机的来去呼叫；长途及国际来去呼叫；计费；非电话业务；特种业务呼叫；新业务性能）；系统的维护管理功能（包括入机命令核实、告警系统测试；话务观察和统计；例行测试；中继和用户线的人工测试；用户数据和局数的管理；故障诊断；冗余设备的人工/自动倒换输入、输出设备的性能测试）；系统的信号方式及配合

[包括用户的信号方式（脉冲，多频）；局间信号方式（随路、共路）］；系统的网同步功能。

9.2.2.6　程控用户交换机测试质量要求

（1）程控用户交换机或其他通信设备（如远端模块等）除检查出厂检验记录外，还需参考生产厂家提供的资料和有关的技术规范、标准。

（2）可靠性测试。一个月内次要再起动不大于3次，严重再起动0次，再装载启动0次，软件测试故障不大于8个，更换印刷电路板次数不大于0.13次/100户。

（3）接通率测试。

（4）接续功能测试（系统交换功能）。

（5）处理能力和过负荷测试。

（6）维护管理和故障诊断功能测试（系统测试中的维护管理）。

（7）系统信号测试（包括用户信号方式，局间信号方式，组网能力，网同步功能等）。

（8）系统建立包括初始化，系统自动/人工再装入，系统自动/人工再启动等。

9.2.3　程控电话交换系统安装工程质量判定

（1）通电测试前检查：标称工作电压为-48V。

(2) 硬件检查测试：可见可闻报警信号工作正常。装入测试程序，通过自检，确认硬件系统无故障。

(3) 系统检查测试：系统各类呼叫、维护管理、信号方式及网络支持功能。

(4) 初验测试

1) 可靠性测试

①不得导致 50% 以上的用户线、中继线不能进行呼叫处理。

②每一用户群通话中断或停止接续，每群每月不大于 0.1 次。

③中继群通话中断或停止接续：0.5 次/月（≤64 话路）；0.1 次/月（64～480 话路）。

④个别用户不正常呼入、呼出接续：每千门用户，不大于 0.5 户次/月；每百条中继，不大于 0.5 线次/月。

⑤一个月内，处理机再启动指标为 1～5 次（包括三类再启动）。

⑥软件测试故障不大于 8 个/月，硬件更换印刷电路板次数每月不大于 0.05 次/100 户及 0.005 次/30 路 PCM 系统。

⑦长时间通话：12 对话机保持 48h。

⑧障碍率测试:局内障碍率不大于 3.4×10^{-4}。同时 40 个用户模拟呼叫 10 万次。

2) 中继测试

中继电路呼叫测试,抽测 2~3 条电路(包括各种呼叫状态)。

主要测试信令和接口。

3) 接通率测试:

①局间接通率应达 99.96% 以上(60 对用户,10 万次);

②局间接通率应达 98% 以上(呼叫 200 次)。

4) 故障诊断测试:采用人机命令进行故障诊断测试。

9.2.4 通信系统安装工程质量验收记录与文件

(1) 材料、设备合格证及进场验收记录;
(2) 检验批质量验收记录;
(3) 分项工程质量验收记录;
(4) 隐蔽工程验收;
(5) 工程实施及质量控制检验报告及记录;
(6) 系统检测报告及记录;
(7) 系统的技术、操作和维护手册。

9.3 卫星及有线电视系统

9.3.1 卫星及有线电视系统安装工程工艺流程图

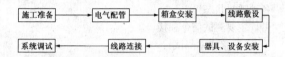

9.3.2 卫星及有线电视系统安装工程质量检查要求

9.3.2.1 材料（设备）质量要求

(1) 产品性能应符合相应的国家标准或行业标准的规定，并经国家规定的质检单位测试认定合格，产品的生产厂必须持有生产许可证。还须按施工材料表对系统进行清点、分类。

(2) 产品附有铭牌（或商标）、检验合格证和产品使用说明书，各种部件的规格、型号、数量应符合设计要求。产品外观应无变形、破损和明显脱漆现象。

(3) 有源部件均应通电检查。

9.3.2.2 天线安装质量控制要点

(1) 预埋管线、支撑件、预留孔洞、沟、槽、基础、地坪等应符合设计要求。尤其天线安装间距满足设计要求。

(2) 卫星电视接收天线安装应十分牢固、可靠，以防大风将天线吹离已调好的方向而影响收看效果。天线立柱的垂直度用倾角仪测量，保证垂直。用卫星信号测试仪调整高频头的位置。

(3) 为了减少拉绳对天线接收信号的影响，每隔1/4中心波长的距离应串接一个绝缘子，通常一根拉绳内串接有2~3个磁绝缘子。

(4) 若天线系统需用一个以上的天线装置时，则装置之间的水平距离要在5m以上。

(5) 分段式天线竖杆连接时，直径小的钢管必须插入直径大的钢管内300mm以上，并有东西和南北向的对穿螺栓加固，两螺栓相距宜为150mm，距插入两端分别为75mm，螺栓规格不应小于M12，然后进行焊接，以保证天线竖杆的强度。

(6) 保安器和天线放大器应尽量安装在靠近该接收天线的竖杆上，并注意防水，馈线与天线的输出端应连接可靠并将馈线固定住，以免随风摇摆造成接触不良。

（7）卫星设备底座及天线应与避雷装置可靠连接，并按国家标准《建筑电气工程施工质量验收规范》（GB 50303—2002）执行。

9.3.2.3 系统前端及机房设备安装质量控制要点

（1）在确定各部件的安装位置时，电缆连接的走向要合理，不应将电缆拐成死弯，以防信号质量的下降。

（2）机房内电缆的布放，必须横平竖直无扭绞，不得使电缆盘结，电缆引入机架拐弯处等重要出入地方，均需绑扎固定。

（3）电缆敷设在两端连接处应留有适度余量，并应在两端标识明显永久性标记。

（4）引入引出房屋的电缆，在屋外应加装防水罩，向上引的电缆在入门处还应做成滴水弯。

（5）机房中如有光端机（发送机、接收机），光端机上的光缆应留约1m的余量。

9.3.3 卫星及有线电视系统安装工程质量判定

（1）系统各项指标符合设计或生产厂家说明书要求；

（2）系统效果质量检测：图像上有稍可觉察的损伤或干扰，但不令人讨厌，主观评定画面质量良好、声音清晰。

9.3.4 卫星及有线电视系统安装工程质量验收记录与文件

（1）材料、设备合格证及进场验收记录；
（2）检验批质量验收记录；
（3）分项工程质量验收记录；
（4）隐蔽工程验收；
（5）工程实施及质量控制检验报告及记录；
（6）系统检测报告及记录；
（7）系统的技术、操作和维护手册。

9.4 建筑设备监控系统

9.4.1 建筑设备监控系统安装工程工艺流程图

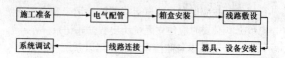

9.4.2 建筑设备监控系统安装工程质量检查要求

（1）主要设备、材料、成品和半成品的铭牌、附件齐全，电气接线端应完好，设备表面无缺损，涂层完整，合格证和随带技术文件齐全，实行产品许可证和安全认证的产品应有产品许可证和安全认证标志。

（2）工程调试完成后，工程实施单位要对传感器、执行器、控制器及系统功能（含系统联动功能）进行现场测试，传感器可用比对法测试，对监控点传感器和执行器要逐点测试，监测点传感器可按50%比例测试，系统功能要逐项测试，测试时要填写设备测试记录，并如实填写测试数据，设备测试时应有工程建设方或工程监理方人员参加。

（3）工程调试完成经与工程建设方协商后可投入系统试运行，应由建设单位或物业管理单位派出管理人员和操作人员进行试运行，认真做好值班运行记录；并应保存系统试运行的原始记录和全部历史数据。必要时应建立系统历史数据库记录。

（4）建筑设备监控系统的检测以系统功能检测为主，同时进行现场安装质量检查、设备性能检测及工程实施过程中相关技术文件资料的完整性和规范性检查，检测前应编制系统检测大纲。

9.4.3 建筑设备监控系统安装工程质量判定

9.4.3.1 空调与通风系统

(1) 检测项目：建筑设备监控系统应对空调系统进行温湿度及新风量自动控制、预定时间表自动启停、节能优化控制等控制功能进行检测。应着重检测系统测控点（温度、相对湿度、压差和压力等）与被控设备（风机、风阀、加湿器及电动阀门等）的控制稳定性、响应时间和控制效果，并检测设备连锁控制和故障报警的正确性。

(2) 检测数量与质量判定：每类机组按总数的20%抽检，且不得少于5台，每类机组不足5台时全部检测，被检测机组全部符合设计要求为检测合格。

9.4.3.2 变配电系统

(1) 检测项目：建筑设备监控系统应对变配电系统的电气参数和电气设备工作状态进行监测，检测时应利用工作站数据读取和现场测量的方法对电压、电流、有功（无功）功率、功率因数、用电量等各项参数的测量和记录进行准确性和真实性检查，显示的电力负荷及上述各参数的动态图形要能比较准确地反映参数变化情况，并对报警信号进行验证。

(2) 检测数量与质量判定：按每类参数抽检

20%，且数量不得少于20点，数量少于20点时全部检测，被检参数合格率100%时为检测合格。对高低压配电柜的运行状态、电力变压器的温度、应急发电机组的工作状态、储油罐的液位、蓄电池组及充电设备的工作状态、不间断电源的工作状态等参数进行检测时，应全部检测，合格率100%时为检测合格。

9.4.3.3 公共照明系统

（1）检测项目：建筑设备监控系统应对公共照明设备（公共区域、过道、园区和景观）进行监控，应以光照度、时间表等为控制依据，设置程序控制灯组的开关。检测时应检查控制动作的正确性；并检查其手动开关功能。

（2）检测数量与质量判定：按照明回路总数的20%抽检，且数量不得少于10路；总数少于10路时应全部检测。抽检数量合格率100%时为检测合格。

9.4.3.4 给水排水系统

（1）检测项目：建筑设备监控系统应对给水系统、排水系统和中水系统进行液位、压力等参数检测及水泵运行状态的监控和报警进行验证。检测时应通过工作站参数设置或人为改变现场测控点状态，监视设备的运行状态，包括自动调节水泵转速、投运水泵切换及故障状态报警和保护等项是否满足设计要求。

（2）检测数量与质量判定：按每类系统抽检50%，且不得少于5套；总数少于5套时全部检测。被检系统合格率100%时为检测合格。

9.4.3.5 电梯和自动扶梯系统

（1）检测项目：建筑设备监控系统应对建筑物内电梯和自动扶梯系统进行监测。检测时应通过工作站对系统的运行状态与故障进行监视，并与电梯和自动扶梯系统的实际工作情况进行核实。

（2）检测数量与质量判定：全部检测，合格率100%时为检测合格。

9.4.4 建筑设备监控系统安装工程质量验收记录与文件

（1）材料、设备合格证及进场验收记录；
（2）检验批质量验收记录；
（3）分项工程质量验收记录；
（4）隐蔽工程验收；
（5）工程实施及质量控制检验报告及记录；
（6）系统检测报告及记录；
（7）系统的技术、操作和维护手册。

9.5 火灾自动报警及消防联动系统

9.5.1 火灾自动报警及消防联动系统安装工程工艺流程图

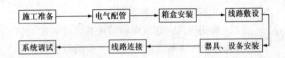

9.5.2 火灾自动报警及消防联动系统安装工程质量检查要求

(1) 阻燃型电线穿金属管并敷设在非燃体内或采用电缆桥架架空敷设。

(2) 耐火电缆宜配以耐火型电缆桥架或选用铜皮防火型电缆。

(3) 当变电所与水泵房贴邻或距离较近并属于同一防火分区时,供电电源干线可采用耐火电缆或耐火母线沿防火型电缆架明敷。

(4) 当变电所与水泵房距离较远并穿越不同防火分区时,应尽可能采用铜皮防火型电缆。

(5) 火灾自动报警系统的传输线路,应采用铜芯绝缘导线或铜芯电缆。

（6）火灾自动报警系统传输线路采用绝缘导线时，应采取穿金属管、硬质塑料管、半硬质塑料管或封闭式线槽保护方式布线。

（7）消防控制、通讯和警报线路，应采取穿金属管保护，宜暗敷设在非燃烧体结构内，其保护层厚度不应小于3cm。当必须明敷设时，应在金属管上采取防火保护措施。当采用绝缘和护套为阻燃性材料的电缆时，可不穿金属管保护，但应敷设在电缆井内。

（8）不同系统、不同电压、不同电流类别的线路，不应穿于同一根管内或线槽的同一槽孔内。但电压为50V及以下回路、同一台设备的电力线路和无防干扰要求的控制回路可除外。此时电压不同的回路的导线，可以包含在一根多芯电缆内或其他的组合导线内，但安全超低压回路的导线必须单独或集中地按其中存在的最高电压绝缘起来。

（9）防排烟装置包括送风机、排烟机、各类阀门、防火阀等，一般布置较分散，其配电线路防火既要考虑供电主回路线路，也要考虑联动控制线路。

（10）防排烟装置配电线路明敷时，应采用耐火型交联低电压电缆或铜皮防火型电缆，暗敷时，可采用一般耐火电缆。

（11）联动和控制线路应采用耐火电缆。

（12）配电线路和控制线路在敷设时应尽量缩短线路长度，避免穿越不同的防火分区。

（13）配电线（或接线）箱内采用端子板汇接各种导线并应按不同用途、不同电压、电流类别等需要分别设置不同端子板，并将交直流不同电压的端子板加以保护罩进行隔离，以保护人身和设备安全。

（14）箱内端子板接线时，应使用对线耳机，两人分别在线路两端逐根核对导线编号。将箱内留有余量的导线绑扎成束，分别设置在端子板两侧，左侧为控制中心引来的干线，右侧为火灾探测器及其他设备的控制线路，在连接前应再次摇测绝缘电阻值。每一回路线间的绝缘电阻值应不小于 $10M\Omega$。

（15）单芯铜导线剥去绝缘层后，可以直接接入接线端子板，剥去绝缘层的长度一般比端子插入孔深度长 1mm 为宜。对于多芯铜线，剥去绝缘层后应挂锡再按入接线端子。

（16）消防控制室专设工作接地装置时，接地电阻值不应大于4Ω。采用共同接地时，接地电阻值不应大于1Ω。

（17）当采用共同接地时，应用专用接地干线由消防控制室接地板引至接地体。专用接地干线应选用截面积不小于25mm²的塑料绝缘铜芯电线或电缆两根。

（18）由消防控制室接地板引至各消防设备的接地线，应选用铜芯绝缘软线，其线芯截面积不应小于4mm²。

（19）各种火灾报警控制器、防盗报警控制器和消防控制设备等电子设备的接地及外露可导电部分的接地，均应符合接地及安全的有关规定。

（20）接地装置施工完毕后，应及时做隐蔽工程验收。

9.5.3 火灾自动报警及消防联动系统安装工程质量判定

9.5.3.1 火灾报警控制器

（1）检查方法：实际安装5台以下者，全部抽验；实际安装6~10台者，抽验5台；实际安装超过10台者，按实际安装数量30%~50%的比例抽验，但不得少于5台。

(2) 质量判定：每项功能应重复 1~2 次，被抽验者的基本功能符合国家标准的要求。

9.5.3.2　火灾探测器

(1) 检查方法：实际安装在 100 只以下者，抽验 10 只；实际安装超过 100 只，按实际安装数量 5%~10% 的比例抽验，但不得少于 10 只。

(2) 质量判定：被抽验探测器的各项试验均应正常。

9.5.3.3　室内消火栓

(1) 检查方法：室内消火栓的功能应在出水压力符合现行国家有关建筑设计防火规范的条件下进行，并应符合下列要求：

1) 工作泵、备用泵转换运行 1~3 次；
2) 消防控制室内操作启、停泵 1~3 次；
3) 在消火栓处操作启动泵按钮按 5%~10% 比例抽验。

(2) 质量判定：所试控制功能应正常，信号正确。

9.5.3.4　自动喷水灭火系统

(1) 检查方法：自动喷水灭火系统应在符合《自动喷水灭火系统设计规范》的条件下，抽验下列控制功能：

1）工作泵与备用泵转换运行 1~3 次；

2）消防控制室内操作启、停泵 1~3 次；

3）水流指示器、闸阀关闭器及电动阀等，按实际安装数量的 10%~30% 比例进行末端放水试验。

（2）质量判定：所试控制功能应正常，信号正确。

9.5.3.5 卤代烷泡沫、二氧化碳、干粉灭火系统

（1）检查方法：卤代烷、泡沫、二氧化碳、干粉等灭火系统，应在符合现行各有关系统设计规范的条件下，按实际安装数量的 20%~30% 抽验下列控制功能：

1）人工启动和紧急切断试验 1~3 次；

2）与固定灭火设备联动控制的其他设备试验（包括关闭防火门窗、停止空调风机、关闭防火阀、落下防火幕等）1~3 次；

3）抽一个防护区进行喷放试验（卤代烷系统应用氮气等介质代替）。

（2）质量判定：所有试验控制功能、信号均应正常。

9.5.3.6 电动防火门

（1）检查方法：电动防火门、防火卷帘应按实

际安装数量的10%~20%抽验联动控制功能;

(2) 质量判定:联动控制功能、信号均应正常。

9.5.3.7 通风空调

(1) 检查方法:通风空调和防排烟设备(包括风机和阀门)应按实际安装数的10%~20%抽验联动控制功能;

(2) 质量判定:联动控制功能、信号均应正常。

9.5.3.8 消防电梯

(1) 检查方法:消防电梯应进行1~2次人工控制和自动控制功能检验;

(2) 质量判定:联动控制功能、信号均应正常。

9.5.3.9 消防通信设备

(1) 检查方法:消防控制室与设备间所设的对讲电话进行1~3次通话试验;电话插孔按实际安装数的5%~10%进行通话试验;消防控制室的外线电话与"119"进行1~3次通话试验。

(2) 质量判定:检验功能应正常,语音应清楚。

9.5.3.10 火灾事故广播设备

(1) 检查方法:火灾事故广播设备应按实际安装数的10%~20%进行下列功能检验:

1) 消防控制室选层广播;
2) 共用的扬声器强行切换试验;

3）备用扩音机控制功能试验。
（2）质量判定：检验功能应正常，语音应清楚。

9.5.4 火灾自动报警及消防联动系统安装工程质量验收记录与文件

（1）材料、设备合格证及进场验收记录；
（2）检验批质量验收记录；
（3）分项工程质量验收记录；
（4）隐蔽工程验收；
（5）工程实施及质量控制检验报告及记录；
（6）系统检测报告及记录；
（7）系统的技术、操作和维护手册。

9.6 住宅（小区）智能化

9.6.1 住宅（小区）智能化系统安装工程工艺流程图

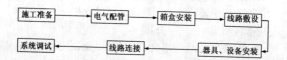

9.6.2 住宅（小区）智能化系统安装工程质量检查要求

9.6.2.1 系统调试

（1）线缆测试。设备、管线安装完毕，应按施工图对实际施工管线、设备安装位置、接线情况等进行检查，同时对线缆的导通、绝缘、传输性能指标进行测试，结果应做好测试记录。

（2）单体设备测试调试。线缆测试完毕，可进行单体设备（如监视器、摄像机、传感器等）通电、编码、性能调试等，小区机电监控设备可对DDC进行地址定义、通信速率及端口等的定义以及该DDC数据库的编写等。同时做好记录，作为验收交付的依据。

（3）单项系统调试。单项系统调试就是各子系统的独立调试，如CCTV系统、建筑设备监控系统、综合布线系统等。各子系统需进行点对点逐一调试，把每个子系统所有的点都调试运行一下，看是否达到原设计效果，并认真记录好每一个点的调试运行结果。

（4）系统联动调试。系统联动调试应在完成各单项系统调试的基础上进行，包括智能化系统各子系统间的联动，如 CCTV 系统和出入口控制系统、建筑设备监控系统和空调系统联动等。

（5）系统集成调试。智能化系统的系统集成，是利用计算机网络技术、现代化通信技术等对智能化系统进行控制和管理的综合。系统集成调试应在各子系统和相关系统联动调试完成的基础上实施。系统集成阶段，各子系统均开通运行，故必须明确各子系统的功能和相应的接口界面（包括技术数据接口、设备材料供应界面、操作使用界面等），明确系统集成商、设备供应商的职责，工程接口界面尽可能标准化、模块化、规范化。同时，做好测试记录，会同业主、监理在记录上签字，作为系统可以投入试运行的依据。

9.6.2.2 系统检测

（1）住宅（小区）智能化的系统检测应在工程安装调试完成、经过不少于 1 个月的系统试运行、具备正常投运条件后进行。

（2）住宅（小区）智能化的系统检测应以系统功能检测为主，结合设备安装质量检查、设备功能和性能检测及相关内容进行。

（3）住宅（小区）智能化的系统检测应依据工程合同技术文件、施工图设计文件、设计变更审核文件、设备及相关产品技术文件进行。

9.6.3 住宅(小区)智能化系统安装工程质量判定

9.6.3.1 访客对讲系统

(1) 室内机门铃提示、访客通话及与管理员通话应清晰,通话保密功能与室内开启单元门的开锁功能应符合设计要求。

(2) 门口机呼叫住户和管理员机的功能、CCD红外夜视(可视对讲)功能、电控锁密码开锁功能、在火警等紧急情况下电控锁的自动释放功能应符合设计要求。

(3) 管理员机与门口机的通信及联网管理功能,管理员机与门口机、室内机互相呼叫和通话的功能应符合设计要求。

(4) 市电断电后,备用电源应能保证系统正常工作 8h 以上,不安装家庭控制器的住宅可将家庭紧急求助报警装置纳入访客对讲子系统。

9.6.3.2 抄表系统

(1) 水、电、气、热(冷)能等表具应采用现场计量、数据远传,选用的表具应符合国家产品标准,表具应具有产品合格证书和计量检定证书。

（2）水、电、气、热（冷）能等表具远程传输的各种数据，通过系统可进行查询、统计、打印、费用计算等。

（3）电源断电时，系统不应出现误读数，并有数据保存措施，数据保存至少4个月以上；电源恢复后，保存数据不应丢失。

（4）系统应具有时钟、故障报警、防破坏报警功能。

9.6.3.3 广播系统

（1）系统的输入输出不平衡度、音频线的敷设、接地形式及安装质量应符合设计要求，设备之间阻抗匹配合理。

（2）放声系统应分布合理，符合设计要求。

（3）最高输出电平、输出信噪比、声压级和频宽的技术指标应符合设计要求。

（4）通过对响度、音色和音质的主观评价，评定系统的音响效果。

（5）功能检测应包括：

1）业务宣传、背景音乐和公共寻呼插播。

2）紧急广播与公共广播共用设备时，其紧急广播由消防分机控制，具有最高优先权，在火灾和突发事故发生时，应能强制切换为紧急广播并以最大音量播出；紧急广播功能检测按有关规定执行。

3）功率放大器应冗余配置，并在主机故障时，按设计要求备用机自动投入运行。

4）公共广播系统应分区控制，分区的划分不得与消防分区的划分产生矛盾。

9.6.3.4 物业管理系统

（1）住宅（小区）物业管理系统应包括住户人员管理、住户房产维修、住户物业费等各项费用的查询及收取、住宅（小区）公共设施管理、住宅（小区）工程图纸管理等；

（2）信息服务项目可包括家政服务、电子商务、远程教育、远程医疗、电子银行、娱乐等；应按设计要求的内容进行检测；

（3）物业管理公司人事管理、企业管理和财务管理等内容的检测应根据设计要求进行；

（4）住宅（小区）物业管理系统的信息安全应符合设计要求。

9.6.3.5 家庭报警器

（1）感烟探测器、感温探测器、燃气探测器的检测应符合国家现行产品标准的要求。

（2）入侵报警探测器的检测应执行以下的规定：

1）探测器的盲区检测，防动物功能检测；

2）探测器的防破坏功能检测应包括报警器的防拆报警功能，信号线开路、短路报警功能，电源线被剪的报警功能；

3）探测器灵敏度检测；

4）系统控制功能检测应包括系统的撤防、布防功能，关机报警功能，系统后备电源自动切换功能等；

5）系统通信功能检测应包括报警信息传输、报警响应功能；

6）现场设备的接入率及完好率测试；

7）系统的联动功能检测应包括报警信号对相关报警现场照明系统的自动触发、对监控摄像机的自动起动、视频安防监视画面的自动调入，相关出入口的自动启闭，录像设备的自动起动等；

8）报警系统管理软件（含电子地图）功能检测；

9）报警信号联网上传功能的检测；

10）报警系统报警事件存储记录的保存时间应满足管理要求。

（3）探测器抽检的数量应不低于20%且不少于3台，探测器数量少于3台时应全部检测；被抽检设备的合格率100%时为合格；系统功能和联动功能全部检测，功能符合设计要求时为合格，合格率100%时为系统功能检测合格。

9.6.3.6 室外设备箱

安装在室外的设备箱应有防水、防潮、防晒、防锈等措施。设备浪涌过电压防护器设置、接地应符合国家现行标准及设计要求。

9.6.4 住宅（小区）智能化系统安装工程质量验收记录与文件

(1) 材料、设备合格证及进场验收记录；
(2) 检验批质量验收记录；
(3) 分项工程质量验收记录；
(4) 隐蔽工程验收；
(5) 工程实施及质量控制检验报告及记录；
(6) 系统试运行记录；
(7) 设备及系统自检记录。

9.7 公共广播系统

9.7.1 公共广播系统安装工程工艺流程图

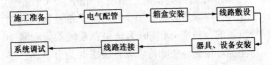

9.7.2 公共广播系统安装工程质量检查要求

(1) 材料(设备)质量要求:器材、线缆各项技术参数应符合设计要求并具有出厂合格证等质保资料。

(2) 扬声器布置安装按设计要求进行:

1) 扩声系统宜采用明装,若采用暗装,装饰面的进声开口应足够大,透声材料或蒙面的格条尺寸相对于主要扩声频段的波长应足够小;

2) 无论明装或暗装均应牢固,不得因振动面产生机械噪声;

3) 扩声系统声特性测量方法按有关标准规定进行。

(3) 扩声系统音频输入馈电线应用屏蔽软线具体要求如下:

1) 话筒输出必须使用专用屏蔽软线。长度在 10~50m 之间应使用双芯屏蔽软线作低阻抗平衡输入连接,中间若有话筒转接插座的必须要求接触特性良好。

2) 长距离连接的话筒线(50m 以上)必须采用低阻抗(200Ω)平衡传送连接方法,最好采用四芯屏蔽线,穿钢管敷设。

3) 调音台及全部周边设备之间的连接均需采用单芯(不平衡)或双芯(平衡)屏蔽软线连接。

(4) 功率输出的馈电线是指功放输出至扬声器箱之间的连接电缆,截面及阻抗高低的选择具体要求如下:

1) 短距离宜用低阻抗输出,用截面积为 $2\sim6mm^2$ 的软发烧线穿管敷设。其双向长度的直流电阻应小于扬声器阻抗的 $1/100\sim1/50$。

2) 长距离宜用高阻抗电压传输(70V 或 100V)音频输出,馈线宜采用穿管的双芯聚氯乙烯多股软线。

3) 每套节目敷设一对馈线,不能共用一根公共地线,以免节目信号间干扰。

(5) 供电线路选择:供电线路选择(单相、三相、自动稳压器),宜用隔离变压器(1:1)。小于 10kVA 时,用单相 220V,大于等于 10kVA 时,用三相电源再分三路输出 220V。电压波动超出 $-10\%\sim5\%$ 范围时,应采用自动稳压器,以保证各系统设备正常工作。

(6) 接地与防雷应按标准规范要求进行安装敷设,并符合下列要求:

1) 应设有专门的接地地线,不与防雷接地或供电接地共用地线；

2）所有馈电线均应穿金属钢管敷设。

9.7.3 公共广播系统安装工程质量判定

9.7.3.1 广播系统检测

（1）系统的输入输出不平衡度、音频线的敷设、接地形式及安装质量应符合设计要求，设备之间阻抗匹配合理。

（2）放声系统应分布合理，符合设计要求。

（3）最高输出电压、输出信噪比、声压级和频宽的技术指标应符合设计要求。

（4）通过对响度、音色和音质的主观评价，评定系统的音响效果。

（5）功能检测应包括：

1）业务宣传、背景音乐和公共寻呼插播；

2）紧急广播与公共广播共用设备时，其紧急广播由消防分机控制，具有最高优先权，在火灾和突发事故发生时，应能强制切换为紧急广播并以最大音量播出；

3）功率放大器应冗余配置，并在主机故障时，按设计要求备用机自动投入运行；

4）公共广播系统应分区控制，分区的划分不得与消防分区的划分产生矛盾。

9.7.3.2　广播系统音响效果的评测

广播系统音响效果的评测主要强调其输出电平声压级、灵敏度和听众席满座和50%座位坐满情况下的交混回响时间。应通过主观评测手段对音响效果进行综合评价。

1）灵敏度：给扬声器1W功率的电信号，扬声器1m处的声压级，如A比B大6dB。相同声压时，A用1只扬声器，B用4只扬声器。

2）混响时间：当一个稳定的声音信号突然中断后，室内某处声压级降60dB所需时间：200以下：0.8s；200~400：1.0~1.2s。

9.7.3.3　广播系统的检测验收

安装质量检查，包括系统的输入输出不平衡度、音频线的敷设、电源与接地、设备之间的阻抗匹配，符合设计要求为合格。

9.7.4　公共广播系统安装工程质量验收记录与文件

（1）材料、设备合格证及进场验收记录；

（2）检验批质量验收记录；

（3）分项工程质量验收记录；

(4) 隐蔽工程验收；
(5) 工程实施及质量控制检验报告及记录；
(6) 系统检测报告及记录；
(7) 系统的技术、操作和维护手册。

9.8 综合布线系统工程

9.8.1 综合布线系统安装工程工艺流程图

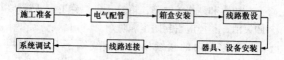

9.8.2 综合布线系统安装工程质量检查要求

9.8.2.1 配线设备质量检查要求

(1) 电缆分线盒或交接箱以及各种配件（如背装架，管理线盘，空面板，标志块，防尘罩，缆线固定架，托板，支架和托架散热装置等）的型号、规格、数量、性能及质量（包括材质）必须符合设计要求，且是有关技术标准的定型设备和器材。国外产品也应按标准进行检测和鉴定，未经国家或有关部门的产品质量监督检验机构鉴定合格的设备和主要器材,不得在工程中使用。不符合规定的,未经设计单位同意,不应采用其他产品代用。

(2)光、电缆交接设备的编排及标志名称应与设计相符,标志名称应统一,位置应正确、清晰,并做好记录。

(3)箱体(柜架)外壳表面应平整,互相垂直,不变形,无裂损、发翘、潮、锈蚀现象。箱体(柜架)表面涂层应完整无损,无挂流、裂纹、起泡、脱落和划伤等缺陷,箱门开启、关闭或外罩装卸灵活,整体应密封防尘和防潮。

(4)箱内的接续模块或接线端子及零部件(配件)应装配齐全(或符合设计、合同要求),牢固有效,所有配件应无漏装、松动、脱落、移位或损坏等现象发生。

9.8.2.2 连接部件质量检查要求

综合布线系统中所有连接硬件(如接线模块等)和信息插座[又称通信(或电信)引出端]都是重要的零部件,具有量大、面广、体积小、密集、技术要求高等特点。对其电气性能、机械特性、光纤的传输特性等具体技术指标和要求应符合通信行业标准和设计标准规定。它们的塑料材质应具有阻燃性能,数量、规格、型号满足设计和施工图纸的要求。

9.8.3 综合布线系统安装工程质量判定

9.8.3.1 缆线的弯曲半径应符合下列规定

（1）非屏蔽4对对绞电缆的弯曲半径应至少为电缆外径的4倍；

（2）屏蔽4对对绞电缆的弯曲半径应至少为电缆外径的6~10倍；

（3）主干对绞电缆的弯曲半径应至少为电缆外径的10倍；

（4）光缆的弯曲半径应至少为光缆外径的15倍。

9.8.3.2 预埋线槽和暗管敷设缆线应符合下列规定

（1）敷设线槽的两端宜用标志表示出编号和长度等内容。

（2）敷设暗管宜采用钢管或阻燃硬质PVC管。布放多层屏蔽电缆、扁平缆线和大对数主干电缆或主干光缆时，直线管道的管径利用率应为50%~60%，弯管道应为40%~50%。暗管布放4对对绞电缆或4芯以下光缆时，管道的截面利用率应为25%~30%。

（3）预埋线槽宜采用金属线槽，线槽的截面利用率不应超过50%。

9.8.3.3 机柜、机架、配线架安装的检测,应符合下列规定

(1) 机柜、机架安装要求如下:

1) 机柜、机架安装完毕后,垂直偏差度应不大于1.5‰。机柜、机架安装位置应符合设计要求。

2) 机柜、机架上的各种零件不得脱落或碰坏,漆面如有脱落应予以补漆,各种标志应完整、清晰。

3) 机柜、机架的安装应牢固,如有抗震要求时,应按施工图的抗震设计进行加固。

(2) 各类配线部件安装要求如下:

1) 各部件应完整,安装就位,标志齐全;

2) 安装螺钉必须拧紧,面板应保持在一个平面上;

(3) 8位模块式通用插座安装要求如下:

1) 安装在活动地板或地面上的插座,应固定在接线盒内,插座面板采用直立和水平等形式;接线盒盖可开启,并应具有防水、防尘、抗压功能。接线盒盖面应与地面齐平。

2) 各种插座面板应有标识,以颜色、图形、文字表示所接终端设备类型。

(4) 电缆桥架及线槽安装要求如下:

1）桥架及线槽的安装位置应符合施工图规定，总长度偏差不应超过50mm；

2）桥架及线槽水平度每米偏差不应超过2mm；

3）垂直桥架及线槽应与地面保持垂直，无倾斜现象，垂直度偏差不应超过1.5‰；

4）线槽截断处及两线槽拼接处应平滑、无毛刺；

5）吊架和支架安装应保持垂直，整齐牢固，无歪斜现象；

6）金属桥架及线槽节与节间应接触良好，安装牢固。

（5）安装机柜、机架、配线设备屏蔽层及金属钢管、线槽的接地体应符合设计要求，并应保持良好的电气连接：

1）卡入配线架连接模块内的单根线缆色标应和线缆的色标相一致，大对数电缆按标准色谱的组合规定进行排序；

2）端接于RJ45口的配线架的线序及排列方式按有关国际标准规定的两种端接标准（T568A或T568B）之一进行端接，但必须与信息插座模块的线序排列使用同一种标准。

9.8.4 综合布线系统安装工程质量验收记录与文件

(1) 材料、设备合格证及进场验收记录；
(2) 检验批质量验收记录；
(3) 分项工程质量验收记录；
(4) 隐蔽工程验收；
(5) 工程实施及质量控制检验报告及记录；
(6) 系统检测报告及记录；
(7) 系统的技术、操作和维护手册。

10 通风与空调工程质量检查评定

10.1 通风与空调工程分部(子分部)、分项工程的划分

通风与空调工程分部(子分部)、分项工程的划分见表10-1。

通风与空调工程分部(子分部)、分项工程的划分

表 10-1

分部工程	序号	子分部工程	分 项 工 程
通风与空调	1	送排风系统	风管与配件制作,部件制作,风管系统安装,空气处理设备安装,消声设备制作与安装,风管与设备防腐,风机安装,系统调试
	2	防排烟系统	风管与配件制作,部件制作,风管系统安装,防排烟风口、常闭正压风口与设备安装,风管与设备防腐,风机安装,系统调试
	3	防尘系统	风管与配件制作,部件制作,风管系统安装,除尘器与排污设备安装,风管与设备防腐,风机安装,系统调试

续表

分部工程	序号	子分部工程	分项工程
通风与空调	4	空调风系统	风管与配件制作,部件制作,风管系统安装,空气处理设备安装,消声设备制作与安装,风管与设备防腐,风机安装,风管与设备绝热,系统调试
	5	净化空调系统	风管与配件制作,部件制作,风管系统安装,空气处理设备安装,消声设备制作与安装,风管与设备防腐,风机安装,风管与设备绝热,高效过滤器安装,系统调试
	6	制冷设备系统	制冷机组安装,制冷剂管道及配件安装,制冷附属设备安装,管道及设备的防腐与绝热,系统调试
	7	空调水系统	管道冷热(媒)水系统安装,冷却水系统安装,冷凝水系统安装,阀门及部件安装,冷却塔安装,水泵及附属设备安装,管道与设备的防腐与绝热,系统调试

10.2 风管制作

10.2.1 风管制作工艺流程

材质检验 → 放样下料 → 剪切 → 咬口折方 → 法兰制作 →

|风管成形| → |质量验收|

10.2.2 风管制作质量检查要求

10.2.2.1 金属风管制作（咬接与焊接）

(1) 金属风管的咬接

1) 钢板厚度不大于 1.2mm 时宜采用咬接，咬口的拼缝应错开，不得有十字拼接缝。

2) 不锈钢板风管壁厚不大于 1.0mm 时，可采用咬接；钢板风管壁厚不大于 1.5mm 时，可采用咬接。咬口的拼缝应错开，不得有十字拼接缝。

3) 板材的拼接咬口和圆形风管的闭合咬口可采用单咬口；矩形风管或配件的四角组合可采用转角咬口、联合角咬口、按扣式咬口；圆形弯管的组合可采用立咬口。咬口的拼缝应错开，不得有十字拼接缝。

(2) 金属风管的焊接

1) 钢板风管的配件和钢板厚度大于 1.2mm 时宜采用焊接。

2) 不锈钢风管壁厚大于 1.0mm 时宜采用氩弧焊或电弧焊，不得采用气焊；采用氩弧焊或电弧焊时，应选用与母材匹配的焊丝或焊条；采用手工电弧焊时，应防止焊接飞溅物污染表面，焊后应将焊渣及飞溅物清楚干净。对有要求的焊缝应做酸洗处理和钝化处理。

3) 铝板风管或配件壁厚大于 1.5mm 时,可采用氩弧焊或气焊焊接,并采用与母材材质相匹配的焊丝。焊接前应清除焊口和焊丝上的氧化皮及污物。焊接后应用热水清洗除去焊缝表面残留的焊渣、焊药等。焊缝应牢固,不得有虚焊和烧穿等缺陷。

(3) 风管的连接

风管与风管,风管与部件、配件(弯头三通,异径管)可采用法兰连接,为使风管的法兰用料规格统一和通用化,风管法兰的规格见表 10-2 和表 10-3。

金属圆形风管法兰及螺栓规格 (mm) 表 10-2

风管直径 D	法兰材料规格		螺栓规格
	扁钢	角钢	
≤140	20×4	—	M6
140~280	25×4	—	
280~630	—	25×3	
630~1250	—	30×4	M8
1250~2000	—	40×4	

金属矩形风管法兰及螺栓规格（mm） 表10-3

风管长边尺寸 b	法兰用料规格（角钢）	螺栓规格
≤630	25×3	M6
630~1500	30×4	M8
1500~2500	40×4	M8
2500~4000	50×4	M10

（4）风管加固

1）通风空调系统在风管开启或关闭时，风管都会发出振动的声音；即使在风机运行时，风管也会发出振动的声音，为避免风管产生噪声和提高风管的强度，一般断面较大的风管要进行加固处理，风管加固可采用楞筋、立筋、角钢、扁钢和在风管内支撑形式。

2）金属矩形风管长不小于630mm和保温管边长不小于800mm，且其管径长度大于1250mm时均应采取加固措施。对边长不大于800mm的风管，宜采用楞筋、楞线的方法加固。

3）金属圆形风管直径不小于800mm，且其管段长度大于1250mm或总表面积大于4m^2时均应采取加固措施。

4）中压和高压风管的管段长度大于 1200mm 时，应采用加固框的形式加固，高压风管的板材厚度不小于 2.0mm 时，加固措施的范围可放宽。

10.2.2.2 非金属风管制作

（1）硬聚氯乙烯风管

硬聚氯乙烯风管和配件的板材厚度及其外径或边长允许偏差应符合表 10-4、表 10-5 的要求。

硬聚氯乙烯板圆形风管板材厚度及外径允许偏差（mm）

表 10-4

圆形		
风管直径 D	板材厚度	外径允许偏差
≤320	3	-1
320~630	4	-1
630~1000	5	-2
1000~2000	6	-2

硬聚氯乙烯板矩形风管板材厚度及外径允许偏差（mm）

表 10-5

风管长边尺寸 b	板材厚度	外径允许偏差
≤320	3	-1
320～500	4	-1
500～800	5	-2
800～1250	6	-2
1250～2000	8	-2

(2) 玻璃钢风管

分为有机玻璃和无机玻璃钢风管两类，通常所讲的玻璃钢是指有机的，这两种风管配料不相同，使用的要求也不相同，制作时应根据设计的要求。

1) 有机玻璃钢风管厚见表 10-6 的规定；

有机玻璃钢风管的壁厚（mm） 表 10-6

圆形风管直径或矩形风管长边尺寸 b	壁厚	圆形风管直径或矩形风管长边尺寸 b	壁厚
≤200	2.5	630～1000	4.8
200～400	3.2	1000～2000	6.2
400～630	4.0		

2) 无机玻璃钢风管材料规格应符合表10-7规定。

无机玻璃钢风管的壁厚（mm） 表10-7

圆形风管直径或矩形风管长边尺寸 b	壁厚	圆形风管直径或矩形风管长边尺寸 b	壁厚
≤300	2.5~3.5	1000~1500	5.5~6.5
300~500	3.5~4.5	1500~2000	6.5~7.5
500~1000	4.5~5.5	>2000	7.5~8.5

10.2.2.3 净化空调系统风管

(1) 矩形风管边长不大于900mm时，底面板不应有拼接缝；大于900mm时，不应有横向拼接缝。

(2) 风管所用的螺栓、螺母、垫圈等均应采用与管材性能相匹配的材料。

(3) 空气洁净度为1~5级的净化空调系统风管不得采用按扣式咬口。

10.2.3 风管制作质量判定

10.2.3.1 金属风管制作

(1) 风管的规格尺寸和使用的材料品种、规格及质量必须符合设计要求。

(2) 咬接风管的咬口必须紧密,宽度均匀,无孔洞、半咬口和胀裂等缺陷,直管纵向咬口缝应错开。

(3) 风管与配件的咬口缝应紧密,宽度均匀;折角应平直,圆弧应均匀,两端面应平行。

(4) 法兰的平面度允许偏差2mm,同一批加工的相同规格法兰的螺孔排列应一致,并具有互换性。

(5) 风管与法兰连接时应牢固,翻边应平整,紧贴法兰,其宽度应一致,且不应小于6mm;咬缝与四角处不应有开裂与孔洞。

(6) 净化系统的风管、配件、部件和静压箱的所有接缝都必须严密不漏,有密封要求管段的咬口缝、铆钉缝、法兰翻边处应涂抹密封膏。

(7) 净化系统风管内表面必须平整光滑,严禁有横向拼接缝和管内加固或采用凸棱加固的方法,保持管内清洁,无油污和浮尘。

(8) 不锈钢板风管咬口缝应一次成型,风管组装应清除咬口缝内的碳钢锈蚀及铁屑,咬缝应避免多次敲打。

(9) 焊接风管严禁有烧穿、漏焊、气孔、夹渣和裂缝等缺陷,焊后的风管变形应予以矫正。

（10）风管与法兰采用点焊固定连接时，焊点应熔合良好，且不应小于20mm；间距不应大于100mm，间距应相同。

10.2.3.2　非金属风管制作

（1）硬聚氯乙烯板风管

1）热成型的硬聚氯乙烯板风管和配件不得出现气泡、分层、碳化、变形和裂纹等缺陷。焊缝应填满，焊条排列应整齐，不得出现焦黄、断裂等缺陷，焊缝强度不得低于母材的20%。

2）硬聚氯乙烯板风管及配件的板材连接，应采用焊接，并应进行坡口。焊缝应填满，焊条排列应整齐，不得出现焦黄、断裂等缺陷；焊缝强度不得低于母材的60%。

3）硬聚氯乙烯板矩形风管的成型，四角可采用撖角或焊接的方法。当采用撖角时，纵向焊缝宜设置在距撖角80mm处。

4）硬聚氯乙烯板风管与法兰连接采用焊接。法兰两端应与风管轴线成直角。当直径或边长大于500mm时，其连接处宜加三角支撑。三角支撑的间距宜为300~400mm。连接法兰的两个三角支撑应对称。

5）无法兰连接风管的接口应采用机械加工，

其尺寸应正确,形状规则,接口处应严密,无法兰矩形风管接口处的四角应有固定措施。

6)硬聚氯乙烯板风管亦可采用套管连接或承插连接的形式。套管连接时,套管长度宜为150~250mm,其厚度不应小于风管壁厚。圆形风管直径不大于200mm时,宜采用承插连接时,插口深度宜为40~80mm。粘结处应除去油污,保持干净,并应严密和牢固。

(2) 玻璃钢风管

1)玻璃钢风管不得扭曲,内表面应平整光滑,外表面应整齐美观、厚度均匀、边缘无毛刺、不得有气泡、分层等缺陷。

2)法兰与风管或配件应成一整体,并应与风管轴线呈直角。

3)组成玻璃钢风管的胶凝材料和增强材料必须符合设计的要求,胶凝材料的配比必须准确。

4)有机玻璃钢风管不应有扭曲现象,表面应平整,无气泡及分层现象;矩形风管边长大于900mm,且管段长度大于1250mm时应加固。加固筋的分布应均匀、整齐。

5)有机玻璃钢风管的表面应光洁,无裂纹、明显泛霜和分层现象。

10.2.4 工程质量验收记录与文件

(1) 材料、设备合格证及进场验收记录；
(2) 检验批质量验收记录；
(3) 分项工程质量验收记录。

10.3 风管安装

10.3.1 风管安装工艺流程

定位、确定标高 → 吊架制作、安装 → 风管吊装 → 漏风量检测 → 质量验收

10.3.2 风管安装质量检查要求

(1) 风管与配件可拆卸的接口（风管法兰、法兰弹簧夹）及调节机构（风阀的调节操作手柄及自控装置）不得装设在墙或楼板内，以免影响操作和维修。

(2) 风管及部件安装前，应清除内外杂物及污物，并保持清洁。

(3) 现场风管接口的配置，不得缩小其有效截面，这里是指风管与配件，部件与设备相接部位的

连接管。

（4）支、吊架不得设置在风口、风阀、检查门及自控机构处，吊杆不宜直接固定在法兰上，以免风管变形影响维修。

（5）风管及部件安装完毕后，应按系统压力等级进行严密性检验（即漏光检验和漏风量测度），系统风管的严密性检验应符合规定。

（6）系统风管漏光法检测、漏风量测试被抽检系统应全数合格，如有不合格应加倍抽检直至全数合格。低压风管的抽检率不应小于5%，且不得少于1个系统。

（7）部件安装，对有开关与调节作用的部件安装后，应做动作试验，达到出厂检验的要求。

（8）净化系统风管及部件内壁应清洁、无浮尘、油污及锈蚀等，用白布检查。无污物为合格。

（9）风管规格、走向、坡度必须符合设计图纸，用料品种规格正确。

（10）易燃、易爆系统风管法兰跨接、接地必须安全可靠，接地电阻不大于4Ω。

（11）穿出屋面的风管及穿过外墙处的风管应有防止雨水渗入的措施。

（12）不锈钢风管不得与碳钢支架直接接触，

若用碳钢支架接触处应做绝缘处理。

(13) 风口安装应横平竖直、排列整齐,达到美观的要求,风口与风管的连接、风口与装饰的连接应平滑自然,不得漏风。

10.3.3 风管安装质量判定

(1) 支、吊架的固定必须牢固可靠,布置合理,悬吊的风管应设置防止摆动的固定支架。

(2) 支、吊架的间距,如设计无要求,应符合下列规定:

1) 风管水平安装,直径或边长尺寸小于400mm时,间距不应大于4m;不小于400mm时,间距应不大于3m。

2) 风管垂直安装,间距应不大于4m,但每根立管的固定件(这里指的是支、吊架)不应小于2个。

3) 悬吊的风管与部件应设防止摆动的固定点,如固定支架、支撑等。固定点一般放置在风管系统的分支处和改变方向的弯头处。

4) 当水平悬吊的主、干风管长度超过20m,应设置防止摆动的固定支架,每个系统不应少于1个。

5) 圆形风管设置抱箍支架时,抱箍应紧贴风管，其圆弧应均匀。

（3）法兰垫料的材质及厚度的选择与风管的严密性有密切关系，应按以下要求选择：

1）输送空气温度低于70℃的风管，应采用橡胶板、闭孔海绵橡胶板、密封胶带或其他闭孔弹性材料等。

2）输送含有腐蚀性介质气体的风管，应采用耐酸橡胶板或软聚氯乙烯板等。

3）输送产生凝结水或含有蒸汽的潮湿空气的风管，应采用橡胶板或闭孔海绵橡胶板等。

4）法兰垫片的厚度宜为3~5mm，法兰截面尺寸小的取小值；截面尺寸大的取大值，无法兰连接的垫片应为4~5mm，垫片应与法兰齐平，不得凸入管内，亦不宜突出法兰外。连接法兰的螺栓应均匀拧紧，达到密封的要求，连接螺栓的螺母应在同一侧。

（4）风管及部件穿墙、过楼板或屋面时，应设预留孔洞，尺寸和位置应符合设计要求。

（5）防雨罩应设置在井圈的外侧，使雨水不能沿壁面渗漏到屋内。室内留洞时洞口应高出地面。

（6）穿出屋面的风管超过1.5m高时应设拉

索，拉索应镀锌或使用钢丝绳。拉索不得固定在风管法兰上，严禁拉在避雷针或避雷网上。

（7）塑料风管穿墙或穿楼板应设金属保护套管，套管的内径尺寸应略大于所保护风管的法兰及保温层，套管应牢固地预埋在墙体和楼板内，钢制套管的壁厚不小于2mm。套管端面应与墙面齐平，预埋在楼板内套管应高出地面20mm。

（8）安装易产生冷凝水空气的风管，应按设计要求的坡度施工，设计无要求时坡度为 i 采用 1%~2%，风管底部不宜设置纵向接缝，如有接缝应做密封处理。

（9）硬聚氯乙烯风管的直线段连续长度大于20m时，应按设计要求设置伸缩节。

（10）柔性短管的安装应松紧适度，不得扭曲。

（11）可伸缩性的金属或非金属软风管（指接管从主管接出到风口的短支管）的长度不宜超过2m，并不得有死弯及塌凹。

（12）保温风管的支、吊架宜设在保温层的外部，并不得破坏保温层。

（13）送风支管与总管，采用垂直插接时，其接口处应设置导风调节装置。

（14）空气净化空调系统风管

1)系统安装应严格按照施工程序进行,不得颠倒。

2)风管、静压箱及其他部件在安装前内壁必须擦拭干净,做到无油污和浮尘,当施工完毕或安装停顿时,应封好端口(用不透气的塑料薄膜封口)。

3)风管、静压箱、风口及设备(空气吹淋室,余压阀等)安装在或穿过围护结构时,其接缝处应采取密封措施,做到清洁、严密。

4)法兰垫片和清扫口、检查门等处的密封垫料应选用不漏气、不产尘、弹性好、不易老化和具有一定强度的材料,如闭孔海绵橡胶板,软橡胶板等,厚度应为 5~8mm。严禁采用厚纸板、石棉绳、铅油麻丝以及泡沫塑料、乳胶海绵等易产尘材料。法兰垫料应减少接头。接头处必须采用梯形,不允许直接对缝连接,垫片应干净,但严禁在垫料表面涂涂料。

(15)风口安装

1)风口与风管的连接应牢固、严密;边框与建筑装饰面贴实,外表面应平整不变形,调节应灵活。同一厅室、房间内相同规格风口的安装高度应一致、排列应整齐。

2) 铝合金条形风口(也称条形散流器)的安装,其表面应平整、线条清晰、无扭曲变形,拼接缝处应衔接自然,且无明显缝隙。

3) 净化系统风口安装前应清扫干净,其边框与建筑顶棚或墙面间的接缝应加密封垫料或填密封胶,不得漏风。

(16) 风阀安装

1) 多叶阀、三通阀、蝶阀、防火阀、排烟阀(口)、插板阀、止回阀等应安装在便于操作的部位。操作应灵活。

2) 斜插板阀的安装,阀泛应向上拉启。水平安装时,阀板应顺气流方向插入。

3) 止回阀宜安装在风机的压出管段上,开启方向必须与气流方向一致。

4) 防火阀安装,方向位置应正确,易熔件应迎气流方向,安装后应做动作试验,其阀板的闭启应灵活,动作应可靠。

5) 安装在防火分区隔墙两侧的防火阀距墙表面不应大于200mm。

6) 排烟阀(排烟口)及手控装置(包括预埋手段)的位置应符合设计要求,预埋管不得有死弯及瘪陷。排烟阀安装后应做动作试验,手动、电动操作应灵敏、可靠、阀板关闭时应严密。

7) 各类排气罩的安装宜在设备就位后进行,位置应正确,固定应可靠。支、吊架不得设置在影响操作的部位。

8) 自动排气活门安装,活门的重锤必须垂直向下,调整到需要的位置,开启方向应与排气方向一致。

9) 手动密闭阀安装,阀门上标志的箭头方向应与受冲击波方向一致。

10.3.4 工程质量验收记录与文件

(1) 隐蔽工程检查验收记录;
(2) 检验批质量验收记录;
(3) 分项工程质量验收记录;
(4) 漏风量检测验收记录。

10.4 设备与管道安装

10.4.1 设备与管道安装工艺流程

设备验收 → 基础验收 → 吊装、就位 → 管道安装 → 系统清洗 → 试运转

10.4.2 设备与管道安装质量检查要求

10.4.2.1 开箱检查

（1）应按装箱清单核对设备的型号、规格及附件数量；

（2）设备的外形应规则、平直、圆弧形表面应平整无明显偏差，结构应完整，焊缝应饱满，无缺损和孔洞；

（3）金属设备的构件表面应作除锈和防腐处理，外表面的色调应一致，且无明显的划伤、锈斑、伤痕、气泡和剥落现象；

（4）非金属设备的构件材质应符合使用场所的环境要求，表面保护涂层应完整；

（5）设备的进出口应封闭良好，随机的零部件，应齐全无缺损。

10.4.2.2 吊装和就位

（1）混凝土基础达到养护强度，表面平整，位置、尺寸、标高、预留孔洞及预埋件等均符合设计要求且经质量交接验收合格后方可安装；

（2）安装前放置设备用衬垫将设备垫妥；

（3）吊运前应核对设备重量，吊运捆扎应稳固，主要承力点不得使机组底产生扭曲和变形；

(4) 吊装具有公共底座的机组，其受力点不得使机组底产生扭曲和变形；

(5) 吊索的转折处与设备接触部位，应采用软质材料衬垫。

10.4.2.3 冷却水系统

冷冻水、冷却水、冷凝水系统管道的施工与工业管道、采暖与卫生工程管道施工基本相同，应按现行国家标准《工业金属管道工程施工及验收规范》（GB 50235—1997）与《建筑给水排水及采暖工程施工验收规范》（GB 50242—2002）的有关规定。

10.4.2.4 通风机安装

(1) 整体安装的风机，搬运和吊装的绳索不得捆缚在转子和机壳或轴承盖的吊环上。

(2) 现场组装的风机，绳索的捆缚不得损伤机件表面，转子、轴颈和轴封等处均不应作为捆缚部位；

(3) 输送特殊介质的通风机转子和机壳内涂有保护层，应严加保护，不得损伤。

(4) 皮带传动的通风机和电动机轴的中心线间距和皮带轮的平面位移及联轴节要找正。

(5) 通风机的进风管、出风管应顺气流，并设单独支撑，与基础或其他建筑物连接牢固，风管与风机连接时，不得强迫对口，机壳不应承受其他机件的重量。

(6) 通风机的传动装置外露部分应有防护罩；当风机的进口或进风管路直通大气时，应加装保护网或采取其他安全措施。

(7) 通风机底座若不用隔振装置而直接安装在基础上，应用垫铁找平。

(8) 通风机的基础，各部位尺寸应符合设计要求。预留孔灌浆前应清除杂物，灌浆应用细石混凝土，其强度等级应比基础的混凝土高一级，并捣固密实，底脚螺栓不得歪斜。

(9) 电动机应水平安装在滑座上或固定在基础上，找正应以通风机为准，安装在室外的电动机应设防雨罩。

10.4.2.5 组合式空调机组安装

(1) 组合式空调机组各功能段的组装，应符合设计规定的顺序和要求；

(2) 机组应清理干净，箱体内应无杂物；

(3) 机组应放置在平整的基础上，基础应高于机房地平面至少一个虹吸管的高度；

(4) 机组下部的冷凝水排管，应有水封（又称吸虹管），与外管路连接应正确；

（5）组合式空调机组各功能段之间的连接应严密，整体应平直，检查门开启应灵活，水路应畅通。

10.4.2.6 风机盘管安装

（1）风机盘管安装前应作外观检查、单机三速试运转及水压试验。试验压力为系统工作压力的1.5倍，不得渗漏；三速试运转的允许偏差不大于转速（标牌）的5%。

（2）卧风式风机盘管应由支、吊架固定牢固，并应便于拆卸和维修。

（3）在安装过程中，对明装风机盘观机组应做好产品保护。

10.4.2.7 消声器安装

（1）消声器外表面应平整，不应有明显的凹凸、划痕及锈蚀；外观清洁完整，严禁放于室外受日晒雨淋。

（2）吸声片的玻纤布应平整无破损，两端设置的导向条应整齐完好。

（3）紧固消声器部件的螺栓应分布均匀，接缝平整，不得松动、脱落。

（4）穿孔板表面应清洁，无锈蚀及孔洞堵塞。

（5）消声器安装的方向应正确，不得损坏和受潮。

（6）大型组合式消声室的现场安装，应按正确的施工顺序进行。消声组件的排列、方向与位置应符合设计要求，其单个消声器组件的固定应牢固。当有2个或2个以上消声元件组成消声组时，其连接应紧密，不得松动，连接处表面过渡应圆滑顺气流。

（7）消声器、消声弯管均应设单独吊架，其重量不得由两端风管承担。

10.4.2.8 波纹补偿器

（1）波纹补偿器是空调管道系统中的一种部件，冬季采用热水供暖或夏季供冷都会使管道产生伸长和收缩，为减少管道产生的应力变化对系统的影响及建筑的影响，在较长的管道系统一般需要设置波纹补偿器，以使系统能正常运行。由于安装波纹补偿器的季节环境不同，其拉伸和压缩的量要准确按公式计算。波纹补偿器的种类较多，空调工程中一般有轴向型补偿器较多。

（2）波纹补偿器支架：波纹补偿器均用法兰连接，通常安装在管段的起始端或末端。两个固定支架之间只能安装一个补偿器，两固定支架之间应设立数个导向滑动支架。

10.4.2.9　制冷系统试验及运转

空调制冷系统是一个全封闭的系统,要求系统必须严密、清洁,才能正常运行。系统安装结束后,应做系统试验及试运转,以检查系统的完整性、严密性和可靠性。对系统试验的每项工作都要认真做好记录,这是整个系统运行的需要。

10.4.3　设备与管道安装质量判定

10.4.3.1　冷却水管道

(1) 管道安装前必须将管内的污物及锈蚀清除干净。安装停顿期间应对开口处采取封闭保护措施。

(2) 冷冻水管系统应在该系统最高处且便于操作的部位设置放气阀。

(3) 管道与设备连接处应设置柔性短管,与其连接的管道应设置独立支架。

(4) 管道与设备连接前应系统冲洗,排污合格。

(5) 管道试验压力当工作压力小于等于1.0MPa时,为1.5倍工作压力,但最低不小于0.6MPa,当工作压力大于1.0MPa时,为工作压力加 0.5MPa。

（6）焊接钢管、镀锌钢管不得采用热煨弯。

（7）冷凝水的水管应坡向排水口，坡度应符合设计要求。若设计无规定时，其坡度应不小于 8/1000。软管连接应牢固，不得有瘪管和强扭。冷凝水系统的渗漏试验可采用充水试验，无漏为合格。

（8）冷凝水排放应按设计要求安装水封弯管。

（9）管道支、吊架的形式、位置、间距和标高应符合设计要求。立管应作加固支架，如设计无要求，最底和最高处必须设置，其余可隔 2~3 层设置 1 个。

（10）保温管道与支、吊之间应有绝热衬垫和经防腐处理的木衬垫，其厚度应与绝热层厚度相同，表面平整。衬垫接合面的空隙应填实。

（11）管道穿越墙体或楼板处应设钢制套管，管道焊缝不得置于套管内。钢制套管应与墙面或楼板底面齐平，但应比地面高出 20mm 以上。管道与套管的空隙应采用隔热或其他不燃材料填塞，不得将套管作为管道支架。

10.4.3.2 管道阀门及附件安装

（1）阀门的安装位置、方向与高度应符合设计要求，不得反装（指液体流向）。

（2）安装带手柄的手动截止阀，手柄不得向下。电磁阀、调节阀、热力膨胀阀、升降式止回阀等的阀头均应向上竖直安装。

（3）热力膨胀阀的安装位置应高于感温包。感温包应安装在蒸发器末端的回气管上，与管道接触良好，绑扎紧密，并用绝热材料密封包扎，其厚度宜于管道绝热层相同。

（4）自控阀门须按设计要求安装，在连接封口前应做开启动作试验。

10.4.3.3 冷却塔安装

（1）冷却塔安装应平稳，地脚螺栓的固定应牢固；

（2）冷却塔出水管口及喷嘴的方向和位置应正确，分水器布水均匀，有转动布水器的冷却塔，其转动部分必须灵活，喷水出口宜向下与水平呈30°夹角，且方向一致，不应垂直向下；

（3）多组安装在一起的冷却塔应排列整齐、组合美观；

（4）玻璃钢冷却塔和用塑料制品作填料的冷却塔，安装时应严格执行防火规定。

10.4.3.4 通风机安装

（1）轴流风机安装在墙内时，应在土建施工时配合留好预留孔洞和预埋件。墙外应装有带铅丝网的45°弯头,或在墙外安装铝制活动百叶格。

(2) 轴流风机安装在墙上或柱上时,应用型钢制作支架,预埋或固定应可靠。轴流风机悬吊安装时,应设双吊架,并有防止摆动的固定点。

(3) 试运转:安装合格后方可进行试运转。试运转时应检查叶轮转向、轴承温升,单机试运转时间不少于2h。

(4) 大型轴流风机组装应根据随机文件的要求进行。叶轮安装角度应一致,并达到在同一平面内运转平稳的要求。

(5) 通风机的叶轮旋转后,每次均不应停留在原来的位置上,并不得碰壳。

(6) 固定通风机的地脚螺栓,除应带有垫圈外,还应有防松装置,如双螺母,弹簧垫圈等。

(7) 安装隔振器的地面应平整,各组隔振器承受负载的压缩量应均匀,不得偏心;隔振器安装完毕,在其使用前应采取防止位移及过载等保护措施。

(8) 通风机安装的允许偏差应符合表10-8的规定。

通风机安装的允许偏差 表10-8

中心线的平面位移（mm）	标高（mm）	皮带轮轮宽中央平面位移（mm）	传动轴水平度		联轴器同心度	
			纵向	横向	径向位移（mm）	轴向位移（mm）
10	±10	1	0.2/1000	0.3/1000	0.05	0.2/1000

10.4.3.5 消声器安装

（1）消声材料的选用应符合设计的防火、防腐和防潮要求。

（2）消声器的穿孔板应平整、孔眼排列均匀，不得有毛刺，穿孔率应符合图纸规定。

（3）消声风管及弯管内所衬消声材料应均匀贴紧，不得脱落，拼缝密实，表面平整。

（4）消声器填充的消声材料，应按规定的密度铺放均匀。覆面材料应均匀拉紧，不得破损。

10.4.3.6 组合式空调机组安装

（1）金属空气处理室壁板及各段的组装，应平整牢固，连接严密、位置正确，喷水段不得渗水。

（2）喷水段检查门不得漏水，冷凝水的引流管或槽应畅通，冷凝水不得外溢。

（3）预埋在砖、混凝土空气处理室构件内的供、回水短管应焊防渗肋板，管端应配制法兰或螺纹，距处理室墙面应为 100~150mm。

（4）表面式换热器应保持清洁、完好，用于冷却空气时，在下部应设排水装置。表面式换热器与围护结构间的缝隙，以及换热器之间的缝隙应用耐热材料堵严。

（5）现场组装的空调机组，应做漏风试验。

（6）空调机组静压力为700Pa时，漏风率应不大于3%；用于空气净化系统的机组，静压应为1000Pa，当室内洁净度低于1000级时，漏风率不应大于2%；洁净度不小于1000级时，漏风率不应大于1%。

10.4.3.7　风机盘管安装

（1）排水坡度应正确，冷凝水应畅通地流向指定位置，供回水阀及水过滤器应靠近风机盘管机组安装；

（2）立式风机盘管安装应牢固，位置及高度应正确；

（3）供、回水管与风机盘管机组，应为弹性连接（金属或非金属软管）；

（4）风管、回风箱及风口与风机管机组连接处应严密、牢固；

(5) 安装前对单机做三速试运转及水压试验；

(6) 安装后与风机盘管镶接的水管、阀门及水过滤器做渗漏检查。

10.4.3.8 波纹补偿器

(1) 安装前应先检查波纹补偿器的型号、规格，固定支架及导向支座的配置必须符合设计要求；

(2) 严禁使用波纹补偿器变形的方法来调整管道的安装偏差；

(3) 安装过程中不允许焊渣飞溅到波纹管表面或造成机械性能损伤；

(4) 管系安装完毕应立即拆除补偿器上用作安装运输保护的辅助定位机构及紧固件，并按设计要求将限位装置调到规定位置，使管系在环境条件下有充分的补偿能力；

(5) 固定支架应预埋在墙或柱上，不宜采用膨胀螺栓固定。

10.4.3.9 制冷设备

(1) 活塞式制冷机

整体安装活塞式制冷机组的允许偏差其机身纵、横向水平度允许偏差为 0.2/1000，测量部位在主轴外露部分或其他基准面上，对于有公共底座的冷水机组，应按主机结构选择适当位置做基准面。

(2) 大、中型热泵机组

1) 空气热源热泵机组周围应按设备不同留有一定的通风空间；

2) 机组应设置隔振垫，并有定位措施；

3) 机组供回水管侧应留有检修距离。

(3) 离心式制冷机

1) 安装前，机组的内压及油箱内的油量应符合设备技术文件规定的出厂要求。为了防止有害气体或潮湿空气进入机组引起腐蚀，在装运前每台机组均充入干燥空气或其他气体，如果压力下降与设备供应单位联系解决。

2) 机组应在压缩机的机加工平面上找正水平，其纵、横向水平度允许偏差均为 0.1‰。

3) 基础底板应平整，底座安装应设置隔振器，隔振器压缩量应均匀一致。隔振器是指减振垫或弹簧减振垫，目的是减少设备的振动和噪声通过建筑结构传递。机组如安装在楼上时，应考虑使用弹簧减振垫。

10.4.3.10 制冷机组的试运转应符合设备技术文件和现行国家标准《制冷设备、空气分离设备安装工程施工及验收规范》（GB 50274—1998）的有关规定，正常运转不应少于8h。

10.4.4 工程质量验收记录与文件

（1）隐蔽工程检查验收记录；
（2）检验批质量验收记录；
（3）分项工程质量验收记录；
（4）基础验收记录；
（5）管道压力试验记录；
（6）风机盘管灌水试验记录；
（7）设备试运转记录。

10.5 防腐及绝热

10.5.1 防腐及绝热工艺流程

材料验收 → 施工准备 → 施工 → 检查 → 质量验收

10.5.2 防腐及绝热质量检查要求

10.5.2.1 通风管道及制冷管道油漆

（1）底漆与面漆在同一项目上使用时，两种油漆必须为相溶性漆种。

（2）风管、部件、设备及制冷管道在刷底漆前，必须清除金属表面的氧化物、铁锈、灰尘、污垢等。

(3) 油漆施工前应对油漆质量进行检验，下列油漆不得使用：

1) 超过使用期限；
2) 油漆成胶冻状；
3) 油漆沉淀或底部结成硬块不易调开；
4) 慢干与返粘的油漆。

(4) 涂刷油漆的施工场所应清洁，不得在粉尘飞扬的环境里施工；也不得在低温环境下及潮湿的环境下施工。

(5) 漆膜覆着牢固、光滑均匀、无杂色、透锈、漏涂、起泡、剥落、流淌等缺陷；设备产品品牌不得刷漆。

(6) 带有调节、关闭和转动要求的风口及阀门类部件油漆后应开启灵活、调节角度准确，关闭严密。

(7) 油漆的规格、遍数及制冷管道的颜色应符合设计要求。

10.5.2.2 风管及制冷管道绝热

(1) 风管

1) 绝热工程施工前，风管系统应完成漏光检查、漏风检验；制冷管道系统完成吹污、气密性、真空试验、充注制冷剂检漏，确认合格后，并在防腐处理结束后进行。

2）对绝热材料的质量进行检验。保温材料的外观质量及物理性能（密度、导热系数、防火性能）进行检验（包括防潮层及保护层材料等），必须符合设计要求。

3）绝热层施工，用粘贴法施工的绝热层，粘贴必须牢固，胶粘剂应均匀地涂满风管及设备表面，绝热材料应均匀压紧，接缝处用油膏填实。

4）用保温钉施工的绝热层，保温钉的数量、规格应符合规定，保温钉的粘贴必须牢固，每个保温钉至少可承受5kg的拉力不会脱落，纵、横向拼缝应错开，拼缝处的缝隙应用相同的绝热材料填实，并用密封胶带封严。

（2）制冷管道

1）制冷管道系统的绝热材料品种、规格及物理性能必须符合设计要求。

2）管壳施工，硬质管壳绝热层应粘贴牢固，绑扎紧密、无滑动、松弛、断裂。管壳之间的拼缝（长缝及环缝）应用树脂腻子或沥青胶泥嵌填饱满。检查粘贴是否牢固，用双手卡住绝热管壳轻扭动，不转动则为合格。

3）用橡塑材料施工时，所有接缝都必须粘贴牢固、平整，弯头、异径管、三通等处的绝热层应衔接自然。阀门类及法兰处的绝热层必须留出螺栓安装的距离，一般为螺栓长度加 25～35mm，接缝处应用与管道相同的绝热材料填实。

10.5.2.3 防潮层及保护层（壳）

（1）石棉水泥抹面，配料应正确，涂层厚度均匀（10～15mm），表面光滑、平整，无明显裂纹。

（2）金属保护壳，搭接应顺水流方向，搭接宽度一致，不得有明显凹凸和缝隙，凸鼓方向一致。垂直风管应由下向上施工，水平风管由低处向高处施工。弯头、三通、异径管的保护壳不得有孔洞。同一根风管保护壳的搭接方向一致。

（3）石棉保护层，应分两次施抹，第一层为铅丝网的结合层，应将砂浆抹进铅丝网内，并要抹平。第二层为覆盖层，应抹平、抹圆、抹光。不得出现张裂。

（4）缠绕玻璃布要平直、圆整，玻璃布的搭接宽度宜为30mm，间距均匀，颜色一致。

（5）金属板保护壳，制冷系统绝热层的保护壳均为明露部分,保护绝热层不受损坏,又使其机房清洁美观,保护壳的施工可以为咬接和搭接。纵向拼接缝可用咬接,纵向及横向搭接缝的边缘应起凸鼓。

10.5.3 防腐及绝热质量判定

10.5.3.1 通风管道及制冷管道油漆

（1）通风管道油漆

1）风管和管道喷刷底漆前,应清除表面的灰尘、污垢和锈斑,并保持干燥。油漆施工应有防火、防冻、防雨措施,不得在低温及潮湿环境下喷刷油漆。

2）油漆和底漆漆种宜相同。漆种不同时,施涂前应做亲溶性试验,不相溶合的漆不宜使用。

3）薄钢板（即黑铁皮）在制作咬接风管前,宜涂防锈漆一度,以防咬口缝锈蚀。

4）喷、涂油漆,应使漆膜均匀,不得有堆积、漏涂、皱纹、气泡、掺杂、起皮及混色等缺陷。

5）支、吊架的防腐处理应与风管或管道相一致,暗装部分必须刷面漆。暗装系统的最后一遍面漆,宜在安装后喷涂。

6）一般通风、空调系统薄钢板的油漆,若设计无规定时可按表10-9执行。

薄钢板风管油漆 表10-9

序号	风管所输送的气体介质	油漆类别	油漆遍数
1	不含有灰尘且温度不高于70℃的空气	内表面涂防锈底漆	2
		外表面涂防锈底漆	1
		外表面涂面漆（调和漆等）	2
2	不含有灰尘且温度高于70℃的空气	内外表面涂耐热漆	2
3	含有粉尘或粉屑的空气	内表面涂防锈底漆	1
		外表面涂防锈底漆	1
		外表面涂面漆	2
4	含有腐蚀性介质的空气	内外表面涂耐酸底漆	2
		内外表面涂耐酸底漆	2

注：需保温的薄钢板风管外表面不涂胶粘剂时，宜涂防锈漆两遍。

7）镀锌钢板风管一般不涂油漆，若法兰由碳钢制作时，法兰应刷漆。

（2）制冷管道油漆

1) 空调制冷系统管道的油漆应符合设计要求,若设计无要求时按表 10-10 执行;

制冷剂管道油漆　　　　表 10-10

管道类别		油漆类别	油漆遍数
保温管道	保温层以沥青为胶粘剂	沥青漆	2
	保温层不以沥青为胶粘剂	防锈底漆	2
非保温管道		防锈底漆	2
		色漆	2

2) 空调制冷各系统管道的外表面,应按设计规定做色标。

10.5.3.2　风管及制冷管道的绝热

(1) 绝热工程宜采用不燃材料(如超细玻璃棉板),如采用难燃材料(内加阻燃剂的材料如聚苯乙烯)应对其难燃性进行检查,合格后方可使用。

(2) 绝热工程冬期施工或在户外施工,应有防冻、防雨措施。绝热工程的户内、外分界面为内墙面。

(3) 净化系统的绝热工程不得采用易产尘的材

料（如玻璃纤维、短纤维矿棉等）。

（4）风管、部件及设备绝热工程施工应在风管系统漏风试验或质量检验合格后进行。

（5）空调制冷管道绝热工程施工应在系统试验合格及防腐处理结束后进行。

（6）风管及设备绝热

1）绝热层应平整密实，不得有裂缝、空隙等缺陷。风管系统部件的绝热，不得影响其操作功能。风管与设备的绝热层如用卷、散材料时，厚度应均匀，包扎牢固，不得有散材外露的缺陷。

2）胶粘剂应符合使用温度及环境卫生的要求，并与绝热材料相匹配。

3）胶粘材料应均匀地涂在风管、部件及设备的外表面上，绝热材料与风管、部件及设备表面应紧密结合；绝热层的纵、横向接缝应错开。

4）绝热层粘贴后，宜进行包扎或捆扎，包扎的搭接处应均匀贴紧，捆扎时不得损坏绝热层。

5）绝热层采用保温钉固定时应符合下列规定：

①保温钉与风管、部件与设备表面应粘贴牢固（也可采用碰焊的方法），保温钉不得脱落。

②矩形风管及设备保温钉应均匀分布，其数量底面不应少于每平方米 16 个，侧面不应少于 10

个，顶面不应少于 6 个。首行保温钉距风管或保温材料边沿的距离应小于 120mm。

6) 带有防潮层的绝热材料的拼缝应采用粘胶带封严。粘胶带的宽度不应小于 50mm。粘胶带应牢固地粘贴在防潮面层上，不得胀裂和脱落。

7) 绝热涂料（即糊状保温材料）作绝热层时，应分层涂抹，厚度均匀，不得有气泡和漏涂等缺陷，表明固化层应光滑，牢固无缝隙。

8) 绝热防潮层应完整，且封闭良好。保护层的（指玻璃钢、油毛毡、玻璃纤维布等）施工，不得损伤防潮层。户外保护层与屋面或外墙交接处应顺水不渗漏。

9) 金属保护壳施工应符合下列要求：

①保护壳材料宜采用镀锌钢板或铝板，当采用薄钢板时内外表面必须做防腐处理。金属保护壳可采用咬接、铆接、搭接等方法施工，外表面应整齐、美观。

②圆形保护壳应贴紧绝热层，不得有脱壳、褶皱、强行接口。接口搭接应顺水，并有凸筋加强，搭接尺寸为 20～25mm；采用自攻螺钉紧固时，螺钉间距应匀称，并不得刺破防潮层。矩形保护壳表面应平整、楞角规则，圆弧（指弯管）均匀，底部

与顶部不得有凸肚及凹陷。

③户外金属保护壳的纵、横接缝应顺水,其纵向接缝应设在侧面。保护壳与外墙面或屋顶的交接处应设泛水。

10)用水泥砂浆等涂抹料作保护层,涂层配料应正确。内设金属网应紧箍绝热层,搭接应不小于30mm。涂层应分层施工,厚度应满足设计要求,外表平整,不应有明显露底与裂纹。

11)用金属丝网作保护层,网面应紧裹防潮层,拼缝衔接应完整;用玻璃钢作保护层应按金属保护壳的质量要求施工。

(7)制冷管道及附属设备绝热

1)绝热制品的材质和规格应符合设计要求。粘贴应牢固,铺设平整,绑扎紧密,无滑动、松弛、断裂现象。

2)硬质或半硬质绝热管壳之间的缝隙:保温不应大于5mm,保冷应不大于2mm,并且粘结材料勾缝填满,纵缝应错开,外层的水平接缝应设在侧下方。当绝热层厚度大于100mm时,绝热层应分层铺设,层间应压缝。管壳应用金属丝或难腐织带捆扎,其间距为300~350mm,且每节至少捆扎两道。

3) 用松散及软质材料作绝热层，应按规定的密度压缩其体积，疏密应均匀，毡类材料在管道上包扎时，其纵横连接不应有孔隙。用橡塑材料时，一般采用切开接合法（管道试压合格后不得再拆开）施工，在切口的两边均匀涂上粘胶，将缝口接合，接缝处不得有开缝、断裂、拉扯紧绷缺陷，并用粘胶密封所有的缝隙及衔接口。

4) 管道穿墙、穿楼板套管处的绝热，应采用不燃或难燃的软、散绝热材料填实。阀门、过滤器及法兰处的绝热结构应能单独拆卸。

10.5.4 工程质量验收记录与文件

（1）隐蔽工程检查验收记录；
（2）检验批质量验收记录；
（3）分项工程质量验收记录。

11 电梯工程质量检查评定

11.1 工艺流程

11.1.1 设备安装工艺流程图

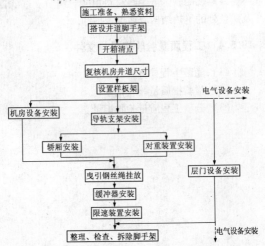

11.1.2 电气设备安装工艺流程图

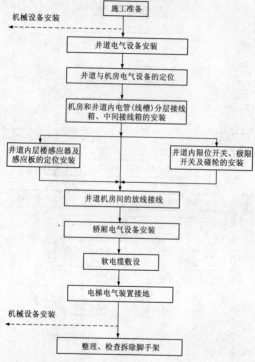

11.1.3 调试工艺流程

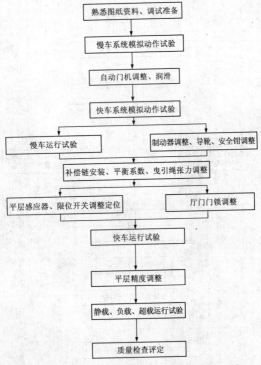

11.2 设备进场验收

11.2.1 质量检查要求

随机文件必须包括下列资料:
(1) 土建布置图;
(2) 产品出厂合格证;
(3) 限速器、安全钳、门锁装置、缓冲器及上行超速保护装置的形式试验证书复印件。

11.2.2 检查判定

(1) 土建布置图是电梯安装工程的一个重要依据,应检查判定土建布置图与机房、井道等实物尺寸是否相符,各相关尺寸是否准确。

(2) 电梯产品出厂合格证是电梯生产制造厂对其出厂的所有零部件的质量合格的承诺。应检查判定产品出厂合格证是否齐全,合格证上的各项参数如型号、速度、载重量、层站等是否与销售合同相符,是否有产品检验合格章及检验人员、检验日期的签章。

(3) 限速器、安全钳、门锁装置、缓冲器及上行超速保护装置五大安全部件的形式检验证书复印件，其中的型号、速度、载重量等是否与实物相符，审查各安全参数是否符合标准，证书是否有机构名称及有效期。

11.3　土建交接检验

11.3.1　质量检查要求

（1）主电源开关应能够切断电梯正常使用情况下的最大电流。

（2）对有机房电梯该开关应能从机房入口处方便地接近。

（3）对无机房电梯该开关应设置在井道外工作人员方便接近的地方，且应具有必要的安全防护。

（4）井道必须符合下列规定：

1）当底坑底面下有人员能到达的空间存在，且对重（或平衡重）上未设有安全钳装置时，对重缓冲器必须能安装在（或平衡重运行区域的下边必须）生根在坚固地面上的实心桩墩上。

2）电梯安装之前，所有层门预留孔必须设有高度不小于1.2m的安全保护围封，并应保证有足够的强度。

3）当相邻两层门地坎间的距离大于11m时，

其间必须设置井道安全门,井道安全门严禁向井道内开启,且必须装有安全门处于关闭时电梯才能运行的电气安全装置。当相邻轿厢间有相互救援用轿厢安全门时,可不执行本款。

4) 机房内应设有固定的电气照明,设置一个或多个电源插座。机房内靠近入口处的适当高度处应设有一个开关或类似装置控制机房照明电源。

5) 机房内应通风。

6) 在一个机房内,当有两个以上不同平面的工作平台,且相邻平台高度差大于0.5m时,应设置楼梯或台阶,并应设置高度不小于0.9m的安全防护栏杆。供人员活动空间和工作台面以上的净高度不应小于1.8m。

7) 供人员进出的检修活板门应有净尺寸不小于0.8m×0.8m的通道,检修活板门关闭后应能支撑两个人的重量,不得有永久性变形。

8) 门或检修活板门应装有带钥匙的锁,且应从机房内可不用钥匙打开。只供运送器材的活板门,可只在机房内部锁住。

9) 电源零线和接地线应分开。机房内接地装置的接地电阻值不应大于4Ω。

10) 机房应有良好的防渗、防漏保护。

(5) 当底坑深度大于 2.5m 且建筑物布置允许时,应设置一个符合安全门要求的底坑进口;当没有进入底坑的其他通道时,应设置一个从层门进入底坑的永久性装置,且此装置不得凸入电梯允许空间。

(6) 底坑内应有良好的防渗、防漏保护,底坑内不得有积水。

(7) 每层楼面应有水平面基准标识。

11.3.2 检查判定

(1) 每台电梯应有独立的能切断主电源的开关。

(2) 主电流开关安装位置应靠近机房入口处。机房内装有多台电梯时,各台电梯的主电源开关对该电梯的控制装置及主电机应有相应的识别标志。

(3) 无机房电梯的主电源开关应设置在井道外面,并能使工作人员较为方便接近的地方,该开关还应有安全防护措施。

(4) 井道及机房必须符合下列规定:

1) 电梯井道底坑面最好不设置在人们能到达的上面,如果轿厢或对重之下确有人能到达的空间存在,底坑底面应至少按 5000Pa 载荷设计,并且将对重缓冲器安装在一直延伸到坚固地面上的实心墩上或在对重侧装设安全钳。

2)施工人员在进场安装电梯前,应对每层层门口加装安全围护栏,其高度应大于 1.2m,且应有足够的强度。

3)当相邻两层门地坎间的距离大于 11m 时,其中间必须要设置安全门,此门严禁向井道内开启,且必须装有电气安全开关,只有在处于检修门关闭的情况下电梯才能启动。

4)机房内应有固定式电气照明。应在机房内靠近入口(或设有多个入口)高度 1.3m 处设有个开关,且在机房内应设置一个或多个电源检修插座。

5)应观察机房内的通风状况,从建筑物其他部位抽出的陈腐空气是否有排入机房内。

6)通往机房的通道和楼梯应有充分的照明,需使用楼梯运送主机设备或其他设备时,应能承受主机的重量。该楼梯的宽度不小于 1.2m,坡度应不大于 45°。

7)工作人员进入机房和滑轮间的通道应首先考虑全部采用楼梯,且通往机房和滑轮间的通道应设置永久性照明,其控制开关应设置在通道的入口处，并应设置"机房重地，闲人莫入"字样。

8) 机房地板宜采用防滑材料。

9) 机房地面包括几个不同高度并相差大于0.5m时，应设有安全护栏，其高度应大于0.9m。供工作人员活动的空间或工作平台上的净高度应大于1.8m。当机房内有任何深度大于0.5m、宽度大于0.5m时的坑或槽均应有封盖。

10) 活板门的净通道不小于0.8m×0.8m，开门到位后应能自行保持在开启的位置。活板门能支撑两个人的重量，并不得产生永久性变形，试验时每个人的重量按1000N计，站立面积按0.2m×0.2m计，作用在门的最不利位置。门与活板门均装有用钥匙操纵的锁，当门与活板门开启后不用钥匙亦能将其关闭和锁住。并能不用钥匙从井道内部将门打开。井道检修旁应设有醒目标志："电梯井道——危险，未经许可严禁入内"。

11) 机房内的接地线与零线应始终分开，接地电阻不应大于4Ω。

12) 为了确保机房内的电气设备能正常运行，机房防渗、防漏水非常有必要，一旦机房出现渗水、漏水现象后果不堪设想，故要求土建在施工中，做好防渗漏的保护。

(5) 当底坑深度大于 2.5m 时且建筑物允许时，应设置进入井道底坑的通道门。且通道门应设有电气连锁安全开关，门只能从外面用钥匙方便地打开。在通道门安全关闭后，电梯才能启动运行，通道门上应有须知标识："电梯井道门——危险，未经许可严禁入内"。当没有进入底坑通道时，应设置一个从最低层层门进入底坑的永久性爬梯，但此爬梯不得妨碍电梯运行。

(6) 电梯井道应为电梯专用，井道内不得装设与电梯无关的设备、电缆等对电梯控制系统造成电磁干扰。为了防止采暖设备破损、蒸汽和水泄漏、危害乘客人身安全和电梯的正常运行，故蒸汽和水源不能作为热源安装在电梯井道内。为控制与调节操作方便、安全，要求采暖装置的控制与调节装置应设在井道外。

(7) 井道内设有永久性照明，在井道最高点和最低点 0.5m 内各设一盏灯，中间每隔 7m 设一盏灯，其照明度应用光照仪测出其光亮度，不得小于 50lx。控制开关应分别设置在机房与底坑，且应是双联开关，避免工作人员上下来回奔跑。

(8) 为了工作人员的安全，当同一井道装有多台电梯时（俗称通井道）在井道的底部各电梯之间应设置安全防护栏。隔离栏底部离底坑底面应不大于0.3m，上方应至少延伸到最低楼面2.5m以上的高度，同时要求隔离栏的宽度小于被保护运动部件的宽度，每边各加0.1m，以防止工作人员触及相邻电梯运行部件。

（9）为了保证电梯的正常运行，底坑的防渗、防漏显得相当重要，一旦出现漏水、渗水现象，会造成电气安全开关等部件损坏，导致其腐蚀，可能引发重大的安全事故，因此要求土建在施工中确保井道底坑的干燥。

（10）针对每层水平面基准标识是指每层楼面的最终地坪标高，在安装每层层门地坎时应将最终地坪标高引入井道内，便于查清责任。

11.4 驱动主机

11.4.1 质量检查要求

（1）紧急操作装置动作必须正常。可拆卸的装置必须置于驱动主机附近易接近处，紧急救援操作说明必须贴于紧急操作时易见处。

（2）当驱动主机承重梁需埋入承重墙时，埋入端长度应超过墙厚中心至少20mm，且支承长度不应小于75mm。

（3）制动器动作应灵活，制动间隙调整应符合产品设计要求。

（4）驱动主机减速箱（如果有）内油量应在油标所限定的范围内。

（5）机房内钢丝绳与楼板孔洞边间隙应为20~40mm，通向井道的孔洞四周应设置高度不小于50mm的台缘。

11.4.2　检查判定

（1）紧急操作装置应挂在便于接近驱动主机的附近，并应有明显的标志，且应写明"紧急手动盘车装置"及使用说明，还应有平层标志（8421码识别）。该装置安装标高宜为1.3~1.5m左右。紧急盘车装置应漆黄色，手动松闸装置应漆红色。如果采用紧急电动运行，应观察和操作紧急电动运行开关及持续揿压的按钮，标明轿厢上下运行方向应与轿厢实际运行方向相一致。

（2）承重梁必须安装在建筑物的过梁上，并必须超过墙中20mm，且支承长度不应小于75mm。若埋入砖墙内，在承重梁下应垫整块钢板或浇灌混凝土梁（钢板厚度不应小于16mm，混凝土强度不应低于C18，厚度应大于100mm）。承重梁的底面在施工时应离机房毛地坪大于120mm，便于在安装电气配管或线后浇地坪时，能保持承重梁底面距地坪高度大于50mm。

（3）制动器制动力矩调整主要是调整主弹簧上的压缩量，使两边的主弹簧长度相等，制动力矩均衡，以检修速度作上下运行。在电梯行程的底部、中部、顶部分别停靠，观察电梯在运行过程中制动器应无摩擦现象，制动灵活、无卡阻现象产生。用塞尺测量制动器间隙，其实测值应符合安装说明书要求。

（4）驱动主机曳引轮垂直度测量采用吊线法，从轮的上缘吊垂线，在轮的下侧边缘测量，使曳引轮、导向轮、复绕轮的垂直度不超过2mm，此垂直度可以通过垫片来调整。

（5）应对驱动主机减速机构按制造厂提供的技术要求加润滑油，并对各绳轮润滑点加油，如给曳引机组导向轮、反绳轮、曳引轮轴承处加注润滑油脂；电动机轴承处加润滑油或润滑脂。但不应超过油标所指高度，以防渗漏。

（6）应按图纸检查预留孔的尺寸位置，曳引钢丝绳、限速钢丝绳在穿越楼板孔洞时，钢丝绳边缘至楼板孔洞每边的间隙均应在 20~40mm。在机房内通向井道的孔洞，应在孔四周筑有台阶，台阶高度应在 50mm 以上。以防止油、水、工具、杂物等进入井道。

11.5 导轨

11.5.1 质量检查要求

（1）导轨安装位置必须符合土建布置图要求。

（2）两列导轨顶面的距离允许偏差为：轿厢导轨 0~+2mm；对重导轨 0~+3mm。

（3）导轨支架在井道壁上的安装应固定可靠，预埋件应符合土建布置图要求。锚栓（如膨胀螺栓等）固定应在井道壁的混凝土构件上使用，其连接强度与承受振动的能力应满足电梯产品设计要求，混凝土构件的压缩程度应符合土建布置要求。

（4）每列导轨工作面（包括侧面与顶面）与安装基准线每 5m 的偏差均不应大于下列数值：轿厢导轨和设有安全钳的对重（平衡重）导轨为 0.6mm；不设安全钳的对重（平衡重）导轨为 1.0mm。

（5）轿厢导轨和设有安全钳的对重（平衡重）

导轨工作接头处不应有连接缝隙，导轨接头处台阶不应大于 0.05mm。如超过应修平，修平长度应大于 150mm。

（6）不设安全钳的对重（平衡重）导轨接头处缝隙不应大于 1.0mm，导轨工作面接头处台阶不应大于 0.15mm。

11.5.2 检查判定

导轨是供轿厢和对重（平衡重）运行导向的部件，轿厢导轨和对重导轨一般都采用电梯专用的 T 型导轨。导轨在电梯正常运行时，要承受偏载对其的作用力，当电梯超速或曳引钢丝绳折断时，使安全钳动作并承受安全钳对其的制动力。同时也能确保轿厢在运行时给乘客带来舒适感。

（1）通过对井道的预测来确定电梯安装的基准线和相对建筑物的电梯定位位置。井道尺寸只允许为正偏差，并要测出实际尺寸，导轨在满足电梯安装尺寸前提下的各层楼的相对安装位置。井道允许垂直偏差为：

1）对高度不大于 30m 的井道为：0 ~ +25mm；

2）对高度大于 30m 且不大于 60m 的井道为：0 ~ +35mm；

3)对高度大于 60m 且不大于 90m 的井道为：0～+50mm；

4)对高度大于 90m 时，允许偏差应符合土建布置图的要求。

(2) 在导轨样板架和基准线没有拆除前，但此时导轨安装校正已完成，分别在导轨支架处与导轨连接板处用仪器或钢卷尺测量轿厢导轨或设有安全钳的对重（平衡重）导轨两顶面的距离差应为 0～+2mm，对重（平衡重）导轨两顶的距离差应为 0～+3mm。

(3) 根据导轨支架与井道壁的固定形式来确定导轨支架的安装方式：

1) 导轨支架固定形式有预留孔埋入式、预埋铁板和膨胀螺钉固定等多种形式，根据井道壁的设计来确定导轨支架的敷设。

2) 按井道总高度，支架安装应根据样板架实际档距计算出各导轨连接板不碰支架的合适尺寸，检查预留孔或预埋铁板等位置是否正确，每根导轨应有两个导轨支架支撑，其间距不应大于 2.5m。

3) 有预埋铁板的井道壁，支架采用焊接法来固定；有预留孔的井道壁支架采用埋入固定法，埋入深度应大于 120mm，采用膨胀螺栓固定则膨胀螺栓不小于 M12。支架水平度应不大于 1.5%。

4) 导轨支架焊接应为双面焊, 焊缝应饱满, 焊缝高度应大于 4mm, 焊缝应是连续的, 应铲除焊渣, 并做防腐处理。

5) 采用预留孔洞的必须浇灌混凝土, 预留孔应是锥形的内大外小。导轨支架安装浇灌混凝土后应有足够的养护期方能进入导轨安装。

6) 采用膨胀螺栓固定的, 螺栓孔呈长腰形或气割开孔的必须加阔边平垫圈, 并用点焊固定。

(4) 每列导轨侧工作面及顶面对安装基准线的垂直偏差, 在支架处测量对设有安全钳导轨的每 5m 不应大于 0.6mm; 对不设安全钳的对重导轨每 5m 不应大于 1mm。

(5) 导轨接口处应用塞尺检查, 对设有安全钳的导轨接口处在全长上不应有连续缝隙, 缝隙中不允许有填充物。导轨接口处的局部缝隙不应大于 0.5mm, 对不设安全钳的导轨接口处缝隙不应大于 1.0mm。

(6) 导轨接口处允许有台阶, 但对设有安全钳的导轨接口处台阶不应大于 0.05mm, 对不设安全钳的对重导轨接口处台阶不应大于 0.15mm, 其修光长度应大于 150mm。

11.6 门系统

11.6.1 质量检查要求

(1) 层门地坎至轿厢地坎之间的水平距离偏差为 0 ~ +3mm,距最大距离严禁超过 35mm;

(2) 层门强迫关门装置必须动作正常;

(3) 动力操纵的水平滑动门在关门开始的 1/3 行程之后,阻止关门的力严禁超过 150N;

(4) 层门锁钩必须动作灵活,在证实锁紧的电气安全装置动作之前,锁紧元件的最小啮合长度为 7mm;

(5) 门刀与层门地坎、门锁滚轮与轿厢地坎间隙不应小于 5mm;

(6) 层门地坎水平度不得大于 2/1000,地坎应高出装修地面 2 ~ 5mm;

(7) 层门指示灯盒、召唤盒和消防开关盒应安装正确,其面板与墙面贴实,横竖端正;

(8) 门扇与门扇、门扇与门套、门扇与门楣、门扇与门口处墙壁、门扇下端与地坎的间隙,乘客电梯不应大于 6mm,载货电梯不应大于 8mm。

11.6.2 检查判定

门系统主要指实现电梯开、关门运动的组合部件,主要包括层门、轿门、门系统的安装质量,体现在对层门、轿门的要求上。故其安装的质量关系到乘客的安全及使用功能,也关系到电梯层门的外观质量。

(1) 轿厢地坎与层门地坎之间距离偏差均应小于 0~+3mm。按照电梯运行速度及电梯制造厂所提供的技术文件规定,两地坎间的最大距离严禁大于35mm。如果两水平距离偏差过大,容易造成开门刀与门锁滚轮的啮合深度偏小甚至开门刀不能进入门锁滚轮,造成不能开启层门。反之两地坎间距离偏小的话,容易造成开门刀与门锁滚轮的啮合深度偏大发生碰撞引发事故的发生。

(2) 强迫关门装置是指在层门安装完毕后,在层门开启时没有外力的作用下,应能自行关闭,以防止人员误坠井道,发生伤亡事故。在轿门驱动层门的情况下,层门可以打开,当轿厢在开门区域以外时,如层门无论因为任何原因而开启,则应有一种装置(重块或拉簧)能确保该层门自动关闭。

(3) 当轿厢在开门区域时,在门的开、关过程中应平稳,不能有跳动现象,从安全考虑,门在平均关门速度下的动能不应超过 10J,阻止关门的力不应大于 150N。这个力的测量不得在关门行程的 1/3 之内进行。测量应在开门高度中部附近的位置,用压力器顶住门扇直至门重新开启,压力器最大的读数,即为关门阻止力。

(4) 门锁在开关门时应灵活可靠,门锁锁钩勾上后,锁钩与锁头不应相碰撞,而且电气联锁触头应可靠动作,且应留有压缩余量。锁臂及动接点应动作灵活、可靠,且应在电气安全装置动作之前,其锁紧元件的最小啮合长度应大于 7mm。

(5) 门刀应用螺栓紧固在轿厢上,而门滚轮应固定在层门上,为确保开门刀在轿厢运行到每一层站时能准确地插入门锁,故开门刀应安装垂直。开门刀与层门地坎间隙及门滚轮与轿厢地坎间隙应保证在 5~10mm 内。层门是由轿厢开门刀来带动开启、关闭的,因此各层层门门锁应安装在一垂直线上。

(6) 层门地坎安装应牢固,其水平度不应超过 2/1000,层门地坎两端应高出装饰地面 2~5mm,主要考虑避免水、物体等进入井道。

(7) 层门指示灯盒与召唤盒是乘客接触电梯第一印象,因此要求如下:

1) 在安装时应确保横平竖直、位置正确、整洁美观、信号清晰正确;

2) 层门指示灯盒与召唤盒、消防开关盒安装应平整牢固不变形,埋入墙内的指示灯盒、召唤盒及消防开关盒的盒口不应凸出装饰面,宜进墙凹进3mm,盒面应紧贴墙面,召唤盒应装在层门外距最终地坪1.3~1.5m的右侧墙上、距层门边200~300mm处,消防开关盒应装在距最终地坪1.7m处,如是群控电梯的召唤盒应装在两台电梯的中间。

3) 为了体现候梯厅的美观,同一层相邻召唤盒与层门指示灯盒安装标高偏差宜控制在5mm内。

(8) 层门门套应固定牢靠,立柱、门套垂直度不应大于1/1000,不应出现左右、前后倾斜的质量问题。门扇的正面与侧面均应与地面垂直,门扇与门扇、门扇与门套、门扇下端与地坎的间隙,乘客电梯不应大于6mm,载货电梯不应大于8mm,门滑轮架上的偏心挡轮与门导轨下端的间隙不应大于0.5mm。轿厢门全开时,门扇不应凸出轿厢门套,应有适当的缩进量。

11.7 轿厢

11.7.1 质量检查要求

(1) 当距轿底面在 1.1m 以下使用玻璃轿壁时，必须在距轿底 0.9~1.1m 的高度安装扶手，且扶手必须独立地固定，不得与玻璃连接；

(2) 当轿厢有反绳轮时，反绳轮应设置防护装置和挡绳装置；

(3) 当轿顶外侧边缘至井道壁水平方向的自由距离大于 0.3m 时，轿顶应装设防护栏及警示性标志。

11.7.2 检查判定

(1) 采用玻璃轿壁时（一般都是观光电梯），当距轿底面 1.1m 以下使用玻璃作为轿壁时，为防止玻璃破碎后乘客跌入井道，并使乘客在心理上具有安全感，故要求在 0.9~1.1m 的高度内安装扶手，但为了保证扶手的安全可靠且具有一定的强度，扶手不应设置在玻璃上。

(2) 轿顶如有反绳轮时应有防护罩及挡绳装置，且该挡绳装置应与反绳轮钢丝绳边缘之间的间隙宜为5mm。以防止钢丝绳跳槽。

（3）为了防止安装、维修人员在轿顶作业时从轿顶外侧与井道壁之间的坠落，故当轿顶四周离井道壁水平方向距离大于300mm时，轿顶应装设安全防护栏并应有警示告知牌，防护栏应满足下列要求：

1）防护栏应由护手、护脚板（护脚板高度为100mm）和位于护栏高度一半的中间栏杆组成；

2）护栏应安全可靠、安装牢固；

3）护栏高度应满足轿顶最高点与井道顶最低点的空程要求；

4）扶手外缘和井道中的任何部件之间的水平距离应大于100mm；

5）扶栏入口应能使操作人员安全和顺利通过，以便进入轿顶。

11.8 对重

11.8.1 质量检查要求

（1）当对重（平衡重）架有反绳轮，反绳轮应设防护装置和挡绳装置；

（2）对重（平衡重）块应可靠固定。

11.8.2 检查判定

(1) 当对重(平衡重)架设有反绳轮时,应检查是否装有防护罩及挡绳装置,反绳轮钢丝绳边缘与挡绳装置之间的间隙宜为 5 mm,以防止钢丝绳跳槽。

(2) 应仔细观察对重铁(平衡重)块安装完成后,电梯的平衡系数调整到技术文件所规定的范围内之后,其对重铁是否有锁紧装置将对重铁(平衡重)块可靠固定。

11.9 安全部件

11.9.1 质量检查要求

(1) 限速器动作速度整定封记必须完好,且无拆动痕迹。

(2) 当安全钳可调节时,整定封记应完好,且无拆动痕迹。

(3) 限速器张紧装置与其限位开关相对位置安装应正确。

(4) 安全钳与导轨的间隙应符合产品设计要求。

（5）轿厢在两端站平层位置时，轿厢、对重的缓冲器撞板与缓冲器顶面间的距离应符合土建布置图要求。轿厢、对重的缓冲器撞板中心与缓冲器中心的偏差不应大于20mm。

（6）液压缓冲器柱塞铅垂度不应大于0.5%，充液量应正确。

11.9.2 检查判定

（1）限速器检查应符合下列要求：

1）限速器作为一种超速和失控保护的安全机械装置，要求限速器的动作速度不低于轿厢额定速度的115%，但又不大于表11-1中所规定值。

限速器最大动作速度　　　　表11-1

额定速度（m/s）	限速器最大动作速度（m/s）
≤0.50	0.85
0.75	1.05
1.00	1.40
1.50	1.98
1.75	2.26
2.00	2.55
2.50	3.13
3.00	3.70

2）应检查限速器铭牌所标明的动作速度是否与安装的电梯速度相符。各种限速器在出厂前均应做严格检查和试验。由于限速器校验要求较高,对在运到施工现场后的限速器应检查其铅封是否齐全。严禁自行调节限速器中的平衡弹簧。

3）限速器是通过限速钢丝绳来传递轿厢运行速度的,限速钢丝绳的公称直径应不小于6mm,其安全系数不应小于8。

（2）安全钳检查应符合下列要求：

1）安全钳是重要的机械安全保护装置,在电梯超速运行时,限速器动作,夹住限速钢丝绳,并由限速钢丝绳拉起连杆机构,迫使安全钳锲块夹住导轨,使轿厢停止运行。当限速器工作时,限速器钢丝绳的张紧力应在 150~300N,或是安全钳装置起作用所需力的2倍。

2）在轿厢安装中间装上安全钳座后装入安全钳锲块,通过调整锲块拉杆的高低,使双锲块安全钳钳面到导轨侧工作面之间的间隙为 3~4mm。单锲块式的安全钳与导轨侧工作面的间隙为 0.5mm,各安全钳锲块高度应基本一致,或按照制造厂提供的技术标准来进行调整,待间隙调整完毕后应将锁紧螺母锁紧,使其不能产生移位。

3) 安全钳钳口与导轨顶面间隙不应小于 3mm，间隙差值不大于 0.5mm。

4) 电梯额定速度大于 0.63m/s 应采用渐进式安全钳，若电梯额定速度不大于 0.63m/s，可采用瞬时式安全钳。安全钳掣停距离如表 11-2 中规定。

电梯安全钳掣停距离规定　　　　表 11-2

电梯额定速度 (m/s)	限速器最大动作速度 (m/s)	掣停距离 (mm) 最大	掣停距离 (mm) 最小
1.50	1.98	840	330
1.75	2.26	1020	380
2.00	2.55	1220	460
2.50	3.13	1730	640
3.00	3.70	2320	840

(3) 缓冲器是电梯机械安全装置中最后一项安全措施。当电梯轿厢运行到下端站时，若由于电梯超载曳引钢丝绳打滑或制动器失灵等原因，轿厢未能在规定距离停止，发生失控蹲底时，轿厢缓冲器就会缓减轿厢重量对底坑的冲击，并使其停止。所以在同一基础上安装两个缓冲器时其顶面相对高度

偏差不应超过2mm。缓冲器中心对轿厢架或对重架上相应碰板中心偏差不应超过20mm。蓄能型缓冲器（弹簧型）轿厢，对重撞板与缓冲距离应为200～350mm。耗能型缓冲器（液压型）距离应为150～400mm。

（4）液压缓冲器安装应垂直，液压缓冲器活动柱塞的铅垂度不应大于0.5%，安装完毕后，在调试前应按产品制造厂设计要求选用不同液压油品规格的机械油来充液。油量应按照油标来充液。

11.10 悬挂装置、随行电缆、补偿装置

11.10.1 质量检查要求

（1）绳头组合必须安全可靠，且每个绳头组合必须安装防螺母松动和脱落的装置。

（2）钢丝绳严禁有死弯。

（3）当轿厢悬挂在两根钢丝绳或链条上，且其中一根钢丝绳或链条发生异常相对伸长时，为此装设的电气安全开关应动作可靠。

（4）随行电缆严禁有打结和波浪扭曲现象。

（5）每根钢丝绳张力与平均值偏差不应大于5%。

(6) 随行电缆的安装应符合下列规定:

1) 随行电缆端部应固定可靠。

2) 随行电缆在运行中应避免与井道内其他部件干涉。当轿厢完全压在缓冲器上时,随行电缆不得与底坑地面接触。

(7) 补偿绳、链、缆等补偿装置的端部应固定可靠。

(8) 对补偿绳的张紧轮,验证补偿绳张紧的电气安全开关应动作可靠。张紧轮应安装防护装置。

11.10.2 检查判定

(1) 钢丝绳绳头组合必须符合下列要求:

1) 钢丝绳的绳头必须进行组合后才能与轿厢、对重装置等机件进行连接。绳头制作有多种结构,广泛采用巴氏合金填充的锥形套筒组合钢丝绳。巴氏合金绳头组合由锥形套筒、巴氏合金、钢丝绳头三部分组成。

2) 如采用钢丝绳自锁锲形绳套,钢丝绳夹应把夹座扣在主钢丝绳的工作段上,U型螺栓扣在副钢丝绳上,钢丝绳夹间距应是钢丝绳直径的6~7倍,绳夹应为三只。

3) 绳头组合应固定在轿厢、对重或悬挂部位上。防螺母松动装置通常是采用锁紧螺母,安装时应把锁紧螺母锁紧,防脱落装置应采用开口销,严禁用铁丝或铁钉替代。

(2) 电梯在检修状态作上、下运行,仔细观察钢丝绳是否有弯曲变形,严禁发生死弯。

(3) 轿厢悬挂在两根钢丝绳或链条上,当轿厢悬挂在两根钢丝绳或链条上,需加装电气安全开关,该开关应动作可靠,防止不必要的后果产生。

(4) 在安装电缆前应将随行电缆垂直,放置2~3天,让随行电缆的绞头彻底放尽。

(5) 曳引钢丝绳张力测量是使轿厢位于2/3高度处,人站在轿顶上,用弹簧秤将钢丝绳逐根拉出100~200mm的距离,看弹簧秤上的读数,逐一记录。计算出的钢丝绳平均张力应不大于5%。

(6) 随行电缆应符合下列要求:

1) 随行电缆是连接运行的轿底与固定点的,它的作用是轿厢与厅站、机房之间控制信号联络。电缆安装方式应根据井道内轿厢、对重、导轨等设备位置的布置而定,有全程随行电缆或半行程安装电缆。

2) 电缆受力处应加绝缘衬垫,轿底电缆支架应与井道电缆支架平衡,并使电梯电缆处于井道底部时能避开缓冲器,并保持距离。

3)随行电缆在运动中不得与线槽、电管发生摩擦,随行电缆两端及不运动部分应固定可靠。

4)扁平型随行电缆的固定应使用锲形插座卡子,扁平随行电缆可重叠安装,但重叠根数不宜超过三根,每两根间应保持 30~50mm 的活动间距。

5)轿厢将缓冲器完全压缩后,电缆不得与底坑地面和轿厢边框接触和一般下垂驰度离地应大于 50mm,不得拖地。

6)软电缆弯曲半径应符合下列规定:

①8 芯电缆,扁电缆曲率半径不小于 250mm;

②16~24 芯电缆曲率半径不小于 400mm。

(7)补偿绳、链应符合下列要求

1)当电梯额定速度小于 2.5m/s 时,应采用有消声措施的补偿链,补偿链固定在轿厢底部及对重底部的两端且应有防补偿链脱落的保险装置。当轿厢将缓冲器完全压缩后,补偿链不应拖地,且在轿厢运行过程中补偿链不应碰擦轿壁。

2)当电梯额定速度大于 2.5m/s 时,应采用有张紧装置的补偿绳,并应设有防止该装置的防跳装置。

3)用于导向、复绕、补偿作用的链轮和绳轮应设置安全防护罩,以避免人身伤害及因钢丝绳松弛而脱离绳槽或因链条松弛而脱离链轮。

4)补偿绳头的制作应符合规定。

(8)对于补偿绳的张紧轮,需验证补偿绳张紧的电气安全开关应动作可靠,且应有安全防护罩。

11.11 电气装置

11.11.1 质量检查要求

(1)电气设备接地必须符合下列规定:

1)所有电气设备及导管、线槽的外露可导电部分均必须可靠接地(PE);

2)接地支线应分别直接接至接地干线接线柱上,不得互相串联后再接到接地干线上。

(2)导体之间和导体对地之间的绝缘电阻500V兆欧表测量,其值不得小于 $0.5M\Omega$。

(3)主电源开关不应切断下列供电电路:

1)轿厢照明和通风;

2)机房和滑轮间照明;

3)机房、轿厢和底坑的电源插座;

4)井道照明;

5)报警装置。

(4) 软线和无护套电缆应敷设在导管、线槽或能确保起到等效防护作用的装置中使用。护套电缆和橡套软电缆可明敷于井道或机房内，但不得明敷于地面。

(5) 导管、线槽的敷设应整齐牢固。金属导管或金属线槽在连接处应做跨接接地保护。导线截面积不应小于4mm²，连接处应可靠。线槽内导线总截面积不应大于线槽净面积的60%；导管内导线总面积不应大于导管内净面积的40%；软管固定间距不应大于1m，端头固定间距不应大于0.1m。

(6) 接地线应采用黄绿相间的绝缘导线。

(7) 控制柜（屏）的安装位置应符合电梯土建布置图中的要求。

11.11.2 检查判定

(1) 接地线应符合下列要求：

1) 电梯电源进线时，保护接地线（PE）应直接接入接地总汇流排。

2) 每台电梯保护接地线（PE）所有回路支线应从控制柜内接地汇流排引出，成为独立系统，互不干扰。保护地线（PE）严禁通过设备串接连接。保护地线（PE）必须采用黄绿双色绝缘线。

3) 保护接地线 (PE) 截面积按下列要求选用：

①相线截面积在 16mm² 以下时，保护接地线 (PE) 应与相线截面积相等；

②相线截面积在 16~35mm² 时，保护接地线 (PE) 应为 16 mm²；

③相线截面积在 35mm² 及以上时，保护接地线 (PE) 应为相线截面积 1/2。

4) 电梯设备应有可靠接地，并应从控制柜接地汇流排上引出。金属软管外壳应可靠接地，但不得作为电气设备的接地体。当采用塑料软管外壳可不做接地保护。

5) 线槽及电管末端应有可靠接地，且线槽与线槽、电管与电管间的连接均亦应有可靠跨接，线槽的接地螺栓应从内向外穿，螺母在外侧，且应有平垫圈及弹簧垫圈，接地线应明显，跨接线不应小于4mm²。

6) 每个接线端子应接一根接地线，最多不宜超过两根；当接两根导线时，中间应加平垫圈加以隔开。

7) 保护接地线 (PE) 连接应紧密牢固，且应有垫圈和防松动紧固件。

8）开口接线端子只能搪锡不能压接，选用压接端子规格应与导线相匹配，应选用专用工具进行压接。严禁采用钢丝钳压接或用锤子敲扁使用。

（2）为了防止电梯设备金属外壳带电，故电梯接地系统必须良好。动力电路和电气安全装置电路绝缘电阻值应不小于 0.5MΩ。

（3）主电源开关应符合下列要求：

1）电梯动力电源应与照明电源分别敷设；电梯动力电源线和控制线路应分别敷设，微信号及电子线路应按产品要求隔离敷设。

2）电梯主电源开关不应切断下列供电电源：

① 轿厢照明与通风；

② 机房与滑轮间的照明；

③ 机房内电源插座；

④ 轿顶与底坑的电源插座；

⑤ 电梯井道照明；

⑥ 报警装置。

（4）机房、井道内的布线应符合下列要求：

1）机房、井道内的布线应按照制造厂所提供的技术要求或布线图来进行施工，不得擅自改变，如需改变线路走向，应征得制造厂的同意并修改图纸。

2)导线和无护套的电缆线应全部进线槽和导管,不得裸露敷设,当电梯配有护套电缆和控制软电缆时,允许其沿墙面安装,但不得明敷在地坪面上。

3)安装在机房和井道内墙面上的护套电缆和控制软电缆应敷设平直,排列整齐、固定牢固,且固定间距不宜大于300~500mm。距接线盒两端各100~150mm左右固定一挡。

(5)配管、线槽敷设应符合下列要求:

1)井道内配管、线槽应注意横平竖直、整齐美观,配管弯曲半径不小于配管外径的6倍。

2)线槽需开孔或切断时,应采用机械方式加工,严禁采用电、气焊切割和开孔。配管应用丝扣连接,严禁采用焊接连接。如采用PVC硬塑料管或塑料线槽时应是阻燃型。

3)敷设于管线内的导线不应超过电管净面积的40%,敷设于线槽内的导线不应超过线槽净面积的60%。线槽应盖板齐全。

4)金属软管安装时,不应有退纹、松散等现象。

(6)接地线必须采用黄绿双色绝缘导线。

(7)控制柜(屏)安装应符合土建布置图要

求，控制柜（屏）正面距离门窗距不应小于600mm。控制柜（屏）维修侧与墙面的距离不应小于600mm。封闭侧不小于50mm。控制柜（屏）与机械设备的距离不小于500mm。控制柜（屏）应安装在基础型钢的底盘上，用螺栓固定，螺栓应从下向上穿，螺母、垫圈和紧固件应齐全。不得采用焊接固定。

11.12 整机安装验收

11.12.1 质量检查要求

11.12.1.1 安全保护验收必须符合下列规定：

（1）必须检查以下安全装置或功能：

1）断相、错相保护装置或功能。

2）短路、过载保护装置。

3）限速器：限速器上的轿厢（对重、平衡重）下行标志必须与轿厢（对重、平衡重）实际下行的方向相符。限速器铭牌上的额定速度、动作速度必须与被检电梯相符。

4）安全钳：安全钳必须与其形式试验证书相符。

5）缓冲器：缓冲器必须与其形式试验证书相

符。

6)门锁装置:门锁装置必须与其形式试验证书相符。

7)上、下极限开关:上、下极限开关必须是安全触点,在端站位置进行动作试验时必须正常。在轿厢或对重(如果有)接触缓冲器之前必须动作,且缓冲器完全压缩时,应保持动作状态。

8)位于轿顶、机房(如果有)、滑轮间(如果有)、底坑停止装置的动作必须正常。

(2)下列安全开关,必须动作可靠:

1)限速器张紧开关;

2)液压缓冲器复位开关;

3)有补偿张紧轮时,补偿绳张紧开关;

4)当额定速度大于3.5m/s时,补偿绳轮防跳开关;

5)轿厢安全窗(如果有)开关;

6)安全门、底坑门、检修活板门(如果有)的开关;

7)对可拆卸式紧急操作装置所需要的安全开关;

8)悬挂钢丝绳(链条)为两根时,防松安全开关。

11.12.1.2 限速器安全钳联动试验必须符合下列规定：

（1）限速器与安全钳电气开关在联动试验中必须动作可靠，且应使驱动主机立即制动。

（2）对瞬时式安全钳，轿厢应载有均匀分布的额定载重量；对渐进式安全钳，轿厢应载有均匀分布的125%额定载重量。当短接限速器及安全钳电气开关，轿厢以检修速度下行，人为使限速器机械动作时，安全钳应可靠动作，轿厢必须可靠制动，且轿底倾斜度不应大于5%。

11.12.1.3 层门与轿门的试验必须符合下列规定

（1）每层层门必须能够用三角钥匙正常开启；

（2）当一个层门或轿门（在多扇门中任何一扇门）非正常打开时，电梯严禁启动或继续运行。

11.12.1.4 曳引式电梯的曳引能力试验必须符合下列规定

（1）轿厢在行程上部范围空载上行及行程下部范围载有125%额定载重量下行，分别停层3次以上，轿厢必须可靠的制停（空载上行工况应平层）。轿厢载有125%额定载重量以正常运行速度下行时，切断电动机与制动器供电，电梯必须可靠制动。

（2）当对重完全压在缓冲器上，且驱动主机按轿厢上行方向连续运转时，空载轿厢严禁向上提升。

11.12.1.5 曳引式电梯的平衡系数应为 0.4~0.5

11.12.1.6 电梯安装后应进行运行试验

轿厢分别在空载、额定载荷工况下，按产品设计规定的每小时启动次数和负载持续率各运行1000次（每天不少于8h），电梯应运行平稳、制动可靠、连续运行无故障。

11.12.1.7 噪声试验应符合下列规定

（1）机房噪声：对额定速度不大于4m/s的电梯，不应大于80dB（A）；对额定速度大于4m/s的电梯，不应大于85dB（A）。

（2）乘客电梯和病床电梯运行中轿厢内噪声：对额定速度不大于4m/s的电梯，不应大于55dB（A）；对额定速度大于4m/s的电梯，不应大于60dB（A）。

（3）乘客电梯和病床电梯的开关门过程噪声不应大于65dB（A）。

11.12.1.8 平层准确度检验应符合下列规定

（1）额定速度不大于0.6m/s的交流双速电梯，应在±15mm的范围内；

(2) 额定速度大于 0.63m/s 且不大于 1.0m/s 的交流双速电梯，应在 ±30mm 的范围内；

(3) 其他调速方式的电梯，应在 ±15mm 的范围内。

11.12.1.9 运行速度检验应符合下列规定

当电源为额定频率和额定电压，轿厢载有 50% 额定荷载时，向下运行至行程中段（除去加速加减速段）时的速度，不应大于额定速度的 105%，且不应小于额定速度的 92%。

11.12.2 检查判定

(1) 安全保护检查应符合下列要求：

1) 断相、错相保护可采用保护装置（如相序继电器），也可采用特殊设计来达到保护作用。断开主电源开关，在电源输入端，分别断开其中一相电源后，接通电源开关，此时电梯应不能启动；然后再断电源，任意调换三相电源中的任何二相电源，再接通电源，此时电梯也不能启动。

2) 电梯运行中最常用的过载保护是热继电器保护，当电梯长期过载（即电动机中的电流大于额定流），切断全部电源，强行令电梯停止运行，从而防止电动机（或主变压器）长期处在过载而烧坏，故该安全保护应动作灵敏、安全可靠；电梯还应选用带失压、短路等作保护作用的空气自动开关，在失压、短路、过载的情况下，能迅速切断电梯总电源。

3）在安装限速器前，应检查限速器的铭牌内容是否与其形式试验报告中的参数相符一致，安装时应看清其运行方向是否正确，并应标出运行方向。

4）安全钳、门锁装置、缓冲器应检查其是否与形式报告中的各项参数相符，是否在有效期内。

5）上、下极开关应保证电梯运行时，上、下两端站在事故状态时，不超越极限位置，但不应取代电梯正常减速和平层装置的作用，上、下极限开关的安装位置应控制在轿厢地坎越过上端站150～200mm、下端站-150～-200mm内。

6）轿厢、滑轮间、底坑停止开关应采用标有红色蘑菇开关，该开关应为双稳态的，误动作不能使电梯恢复运行。

7）有关电梯限速器张紧轮开关、液压缓冲器开关、有补偿张紧轮时，补偿轮张紧开关、防跳开关，如有轿厢安全窗安全开关、安全门、底坑门、检修活板门等安全开关，及悬挂钢丝绳（链条）为两根时，其防松动安全开关均应安装牢固、动作灵敏、安全可靠。

8) 限速器与安全钳联动试验：对瞬时式安全钳，轿厢应载有均匀分布的额定载荷；对渐进式安全钳，轿厢内应载有均匀分布的125%载荷，轿内应无人，在机房操作，轿厢以检修速度向下运行，人为让限速器动作，限速器上的安全开关应先动作。此时，轿厢应立即停止运行。然后短接限速器的安全开关与安全钳的安全开关，轿厢再以检修速度向下运行，迫使限速钢丝绳夹住拉动安全钳，并使安全钳可靠动作，安全钳锲块夹住导轨，使轿厢立即停止运行，此时测量对于原正常位置的轿底倾斜度不应大于5%。

9) 门锁是锁住层门不被随意打开的重要保护机构，当电梯在运行而并未停站时，各层层门都被牢牢锁住，不被从外面将门扒开，只有当电梯停止站层时，层门才被安装在轿门上的开门刀片带动而开启。当层门中任何一扇门没有关闭，电梯就不能启动和运行。严禁将层门门锁电气安全开关短接。

10) 做125%超载试验的最重要一点是对曳引机能力的测试。具体要求如下：

①轿厢在行程上部范围以空载额定速度上行，分别选顶层停靠三次以上，轿厢均应平层。轿厢运

行的起点,应能使电梯达到额定速度。

②轿厢内载有125%额定载荷以额定速度下行,分别选底层的上一层停靠三次,轿厢均应可靠掣停。轿厢运行的起点,应能使电梯达到额定速度。

③当对重支承在被其压缩的液压缓冲器上时,电动机向上运转,空载轿厢是严禁向上提起的。

(2) 在进行舒适感调试前应进行平衡系数的测试。通过电流、电压的测量得出平衡系数应在40%~50%之间。

(3) 电梯运行试验在通电持续率为40%的情况下,达到全程范围,按120次/h,每天不少于8h,以空载(轿厢内可含1人)50%及额定载荷,各起、制动运行1000次,进行连续无故障试验,如遇故障,则在排除故障后算起,以达到连续无故障3000次,同时检查制动器制动情况,达到制动器温升不超过60K、曳引机减速器油温升不应超过60K、且温度不应超过85℃。

(4) 噪声测试:机房噪声测试声级计传感器应在机房中间离地1.5m,测选5点,测点选距机组外侧1m的前、后、左、右和上方5点,取其平均值,电梯速度不大于4m/s,机房噪声不大于80dB(A),速度大于4.0m/s的机房噪声不应大于

85dB（A）；电梯运行噪声测试声级计传感器置于轿厢内距轿厢地面高度1.5m处，轿厢以额定速度作上、下运行，取其最大值，即为轿厢运行噪声。电梯运行速度不大于4.0m/s的其噪声不应大于55dB（A），对于电梯速度大于4.0m/s的其运行速度不应大于60dB（A）；开、关门噪声测试，将声级计传感器分别置于层门和轿厢宽度的中央，距门0.24m处，距地面高度1.5m处将门打开、关闭，以开关门过程的峰值作为依据，乘客及医用电梯的开关门过程噪声不应大于65 dB（A），货梯可不做此项测试。

（5）平层精确度是指轿厢到站停靠后，轿厢地坎上平面与层门地坎上平面垂直方向的误差值，平层精确度检验时分别以轿厢空载、额定载重量作上下运行，分别测量各层平层精确度，空载时，无论上行还是下行平层精确度额定速度不大于0.63m/s的电梯不应大于±15mm；额定速度大于0.63m/s、且不大于1.0m/s的电梯不应大于±30mm；额定速度大于1.0m/s的电梯不应大于±15mm。

（6）运行速度检验轿厢加入平衡载荷50%，向下运行半程中断（除去加减速段）时的速度应不大于额定速度的50%，且不应小于额定速度的8%。

11.13 自动扶梯、自动人行道工程

11.13.1 自动扶梯安装工艺流程

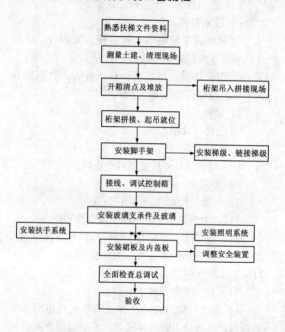

11.13.2 设备进场验收

11.13.2.1 质量检查要求

(1) 必须提供以下资料：

1) 技术资料：

① 梯级或踏板的形式试验报告复印件，或胶带的断裂强度证书复印件；

② 对公共交通型自动扶梯、自动人行道应有扶手带的断裂强度证书复印件。

2) 随机文件：

① 土建布置图；

② 产品出厂合格证。

(2) 随机文件还应提供以下资料：

1) 装箱单；

2) 安装、使用维护说明书；

3) 动力电路和安全电路的电气原理图。

(3) 设备零部件应与装箱单内容相符。

(4) 设备外观不应存在明显损坏。

11.13.2.2 检查判定

(1) 应检查如下技术资料：

1) 制造厂应对自动扶梯或自动人行道的梯级踏板做静态和动态的两种试验，且应提供形式试验报告的复印件或提供胶带的断裂强度试验证明复印件；

2）对于公共交通型自动扶梯、自动人行道还应有扶手带断裂强度试验的证明复印件；

3）检查土建布置图及产品出厂合格证是否齐全，并应与销售合同要求的产品相符。

（2）还应检查是否提供以下资料：

1）装箱清单是否齐全；

2）是否有安装、使用维护说明书；

3）核对动力电路和安全电路的电气原理图是否齐全。

（3）安装前施工单位应会同建设单位（或监理单位）、制造单位代表一起进行开箱验收，依据制造厂所提供的装箱清单逐一仔细核对所有的零部件、安装材料、备品备件等是否齐全，是否有损坏、变形、严重锈蚀等，在清点过程中是否有实物与装箱清单不相符等都应由三方代表当场签字确认并提请制造厂在限期内补齐缺损件。

11.13.3　土建交接检验

11.13.3.1　质量检查要求

（1）自动扶梯的梯级或自动人行道的踏板或胶

带上空、垂直净高度严禁小于2.3m。

(2) 在安装之前,井道周围必须设有保证安全的栏杆或屏障,其高度严禁小于1.2m。

(3) 根据产品供应商的要求应提供设备进场所需的通道和搬运空间。

(4) 在安装之前,土建施工单位应提供明显的水平基准线标识。

(5) 电源零线和接地线应始终分开。接地装置的接地电阻值不应大于4Ω。

11.13.3.2 检查判定

(1) 自动扶梯的梯级或自动人行道的踏板或胶带上空,垂直净高度应符合要求。

(2) 安装牢固,高度应不小于1.2m,并有安全警示标志。

(3) 应对施工现场进行仔细勘察,对机房、底坑的质量及标高尺寸进行复测,其提升高度及跨度应符合标准要求,提升高度允许误差为±15mm,跨度允许误差为0~15mm。

(4) 设备进场的条件,运输所需的通道,及设备进行拼装、吊装的场地空间应满足安装要求。

(5) 在同一回路中严禁将电气设备一部分采用接零保护,而另一部分采用接地保护;接地线应接在规定的位置上,不得任意乱接,不得串接,保护接地电阻不应大于4Ω。

11.13.4 整机安装验收

11.13.4.1 质量检查要求

(1) 在下列情况下,自动扶梯、自动人行道必须自动停止运行:

1) 无控制电压;
2) 电路接地的故障;
3) 过载;
4) 控制装置在超速和运行方向非操纵逆转下动作;
5) 附加制动器(如果有)动作;
6) 直接驱动梯级、踏板或胶带的部件(如链条或齿条)断裂或过分伸长;
7) 驱动装置与转向装置之间的距离(无意性)缩短;
8) 梯级、踏板或胶带进入梳齿板处有异物夹住,且损坏梯级、踏板或胶带支撑结构;
9) 无中间出口的连续安装的多台自动扶梯、自动人行道中的一台停止运行;
10) 扶手带入口保护装置动作;

11) 梯级或踏板下陷。

(2) 应测量不同回路导线对地的绝缘电阻。测量时，电子元件应断开。导体之间和导体对地之间的绝缘电阻，其值必须大于 0.5MΩ。

(3) 电气设备接地必须符合规定。

(4) 整机安装检查应符合下列规定：

1) 梯级、踏板、胶带的楞齿及梳齿应完整、光滑。

2) 在自动扶梯、自动人行道入口处应设置使用须知的标牌。

3) 内盖板、外盖板、围裙板、扶手支架、扶手导轨、护壁板接缝应平整。接缝处的凸台不应大于 0.5mm。

4) 梳齿板梳齿与踏板面齿槽的啮合深度不应小于 6mm。

5) 梳齿板梳齿与踏板面齿槽的间隙不应小于 4mm。

6) 围裙板与梯级、踏板或胶带任何一侧的水平间隙不应大于 4mm，两边的间隙之和不应大于 7mm。当自动人行道的围裙板设置在踏板或胶带之上时，踏板表面与围裙板下端之间的垂直间隙不应大于 4mm。当踏板或胶带有横向摆动时，踏板或胶带的侧边与围裙板垂直投影之间不得产生间隙。

7) 梯级间或踏板间的间隙在工作区段内的任何位置,从踏面测得的两个相邻梯级或两个相邻踏板之间的间隙不应大于6mm。在自动人行道过渡曲线区段,踏板的前缘和相邻踏板的后缘啮合,其间隙不应大于8mm。

8) 护壁板之间的空隙不应大于4mm。

(5) 性能试验应符合下列规定:

1) 在额定频率和额定电压下,梯级、踏板或胶带沿运行方向空载时的速度与额定速度之间的允许偏差为±5%;

2) 扶手带的运行速度相对梯级、踏板或胶带的速度允许偏差为0~+2%。

(6) 自动扶梯、自动人行道应进行空载制动试验,掣停距离应符合表11-3之规定。

掣停距离 表11-3

额定速度 (m/s)	掣停距离范围 (m)	
	自动扶梯	自动人行道
0.5	0.20~1.00	0.20~1.00
0.65	0.30~1.30	0.30~1.30

续表

额定速度（m/s）	掣停距离范围（m）	
	自动扶梯	自动人行道
0.75	0.35~1.50	0.35~1.50
0.9	—	0.40~1.70

注：若速度在上述数值之间，掣停距离用插入法计算。掣停距离应从电气制动装置动作开始测量。

（7）主电源开关不应切断电源插座，检修和维修所必需的照明电源。

11.13.4.2 检查判定

（1）应检查下列情况：

1）当自动扶梯或自动人行道失去控制电压的情况下，应立即停止运行。

2）当自动扶梯或自动人行道的电气装置的接地系统发生短路或在故障的情况下，应立即停止运行。

3）当电流发生过载时，自动扶梯或自动人行道内的电气装置应有过载保护，使其动作并立即停止运行。

4）当自动扶梯或自动人行道的运行速度超过

额定速度的 1.2 倍时，其超载保护装置（速度控制器）应能切断控制回路电源，使其立即停止运行；当自动扶梯或自动人行道在正常的运行情况下，突然逆向运行（非人为操作）的情况下，应使其立即停止运行。

5）当自动扶梯或自动人行道装有附加制动器时，在运行过程中，一旦附加制动器的保护装置发生动作时，该保护装置应立即起作用，使其立即停止运行。

6）当驱动链发生断裂或伸长时，该保护装置应立即起作用，使其立即停止运行。

7）当驱动装置与转向装置产生螺栓松动而移位，使两者之间距离缩短时，其保护装置应有效，使其立即停止运行。

8）当梯级或踏板及胶带进入梳齿处有被异物夹住时，或胶带支撑机构损坏时，该保护装置应有效，并立即停止运行。

9）当自动扶梯或自动人行道在运行时，有异物带入扶手带入口处时，该保护装置应有效，使其立即停止运行。

10）在装有多台连续的自动扶梯或自动人行道时，且中间又无出口，当其中一台发生故障又不能运行时,应有一个保护装置使其他的自动扶梯或自动人行道立即停止运行。

11)当梯级或踏板下沉时,该保护装置应有效,并使其立即停止运行。

(2)断相、错相保护检查见 11.12.2(1)1)。

(3)过载保护检查见 11.12.2(1)2)。

(4)应检查判定下列质量要求:

1)应目测梯级或踏板及胶带楞齿及梳齿板的梳齿应完好无损。

2)应目测自动扶梯或自动人行道的入口处是否贴有醒目的告知乘客的须知形象图。

3)用塞尺测量扶手支架、平盖板、斜角板、护壁板及围裙板的接口处应平整光滑,接缝处的台阶不应大于 0.5mm。

4)自动扶梯的梯级或自动人行道的踏板表面具有凹槽,它使扶梯上、下出入口时,能嵌在梳齿板中,以确保乘客能安全上下。另外,可防止乘客在梯级上滑动,槽的节距有较高精度,槽深为 10mm。检查时需用斜塞尺测量梳齿与踏板面齿槽啮合深度为 6mm。

5)检查测量梳齿板梳齿与踏板面齿槽的间隙应为 4mm。

6）用塞尺检查围裙板与梯级踏板的单侧水平间隙不应大于4mm，但两边间隙之和不得大于7mm。如果说自动人行道的围裙板安装在胶带上面时，那么踏板表面与围裙板下端的垂直间隙不应大于4mm。踏板或胶带的横向摆动不允许踏板或胶带的侧边与围裙板垂直投影间产生间隙。

7）应用塞尺检查梯级间或踏板，它的间隙在任何工作位置的两个相邻梯级或踏板之间的间隙不应大于6mm。但对于自动人行道在过度曲线区段，其踏板的前缘和相邻踏板的后缘啮合，它的间隙允许不大于8mm。

8）应用塞尺检查自动扶梯或自动人行道的护壁板之间的间隙不应大于4mm。

（5）性能试验检查应符合下列要求：

1）自动扶梯或自动人行道空载运行稳定，正反方向各三次。可通过测定自动扶梯或自动人行道踏步（或胶带）稳定运行一定距离所需的时间，测试运行时间可用秒表，或其他电子式记时器。

2）扶手带的运行速度相对于梯级、踏步或胶带的速度许误差为0~2%。

（6）制动试验：

1）在自动扶梯或自动人行道的入口裙板上做

一个记号,当一级梯级或踏板接近标记时,按动停止按钮,自动扶梯或自动人行道停止后,测量制动距离,制动距离应分别在表 11-4、表 11-5 范围内。

自动扶梯制动距离范围 表 11-4

额定速度 (m/s)	制动距离范围 (m)
0.50	0.20~1.00
0.65	0.30~1.30
0.75	0.35~1.50

自动人行道制动距离范围 表 11-5

额定速度 (m/s)	制动距离范围 (m)
0.50	0.20~1.00
0.65	0.30~1.30
0.75	0.35~1.50
0.90	0.40~1.70

2)对于自动扶梯、自动人行道还应进行载荷试验,试验时自动扶梯,梯级宽度不大于600mm,

在每个梯级上应有600N的载荷。大于600mm、不大于800mm梯级宽度，在每个梯级上应有900N载荷。大于800mm、不大于1100mm梯级宽度，在每个梯级上应有1200N的载荷。但对于自动人行道的踏板每400mm长度上应有500N的载荷。且每增加400mm的长度上应增加250N的载荷，此时的制动距离应符合上述表内的要求。

(7) 安全装置检查见 11.12.2（1）4)、5)。

11.14　电梯工程验收的质量文件

11.14.1　电梯分部（子分部）、分项工程的划分

电梯分部（子分部）、分项工程的划分见表 11-6。

电梯分部（子分部）、分项工程的划分　表 11-6

电梯分部（子分部）09					
电力驱动的曳引式或强制式电梯01		液压电梯02		自动扶梯、自动人行道03	
分项工程名称	代码	分项工程名称	代码	分项工程名称	代码
设备进场验收	01	设备进场验收	01	设备进场验收	01
土建交接检验	02	土建交接检验	02	土建交接检验	02
驱动主机	03	液压系统	03	整机安装验收	03
导轨	04	导轨	04		

续表

电梯分部（子分部）09					
电力驱动的曳引式或强制式电梯01		液压电梯02		自动扶梯、自动人行道03	
分项工程名称	代码	分项工程名称	代码	分项工程名称	代码
门系统	05	门系统	05		
轿厢	06	轿厢	06		
对重(平衡重)	07	平衡重	07		
安全部件	08	安全部件	08		
悬挂装置、随行电缆、补偿装置	09	悬挂装置、随行电缆	09		
电气装置	10	电气装置	10		
整机安装验收	11	整机安装验收	11		

11.14.2 分项工程验收记录表

表号说明见表11-7~表11-10。验收记录表右上角的8位数字为表号，分别代表分部工程、子分部工程、分项工程、梯号，如图11-1所示。

（1）左数表号第1、2位是"分部工程"代码，电梯分部工程排为第9分部，因此电梯分部工程代码为09。

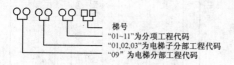

图11-1 表号示意

（2）左数表号第3、4位是"子分部工程"代码，电力驱动的曳引式或强制式电梯子分部工程代码为01；液压电梯子分部工程代码为02；自动扶梯、自动人行道子分部工程代码为03。

（3）左数表号第5、6位是分项工程的代码，其值为01至11。分项工程的代码见表11-6，当第5、6位为"00"时，此表为该子分部工程的验收记录表。

（4）左数表号第7、8位代表梯号，是每个具体电梯工程的编号，数值为01~99，需根据现场具体安装位置来确定，在电梯分部工程中一个电梯子分部工程的梯号应是唯一。

表 11-7

电力驱动的曳引式或强制式电梯安装工程
设备进场验收记录表
GB 50310—2002

090101□□

单位（子单位）工程名称		梯号	
产品合同号 安装合同号			
安装单位		项目负责人	
监理（建设）单位		总监理工程师（项目负责人）	

安装执行标准名称及编号

	施工质量验收规范的规定	安装单位检查记录	监理（建设）单位验收记录
主控项目	1	随机文件必须包括	1）土建布置图 2）产品出厂合格证 3）门锁装置、限速器、安全钳及缓冲器的型式试验证书复印件	第 4.1.1 条		

530

续表

一般项目	1	随机文件应包括	1) 装箱单 2) 安装、使用维护说明书 3) 动力和安全电路的电气原理图	第 4.1.2 条	
	2	设备零部件应与装箱单	内容相符	第 4.1.3 条	
	3	设备外观	无明显损坏	第 4.1.4 条	
安装单位检查结果			安装工		安装班组长
			项目负责人：		年 月 日
监理（建设）单位验收结论			监理工程师： （项目技术负责人）：		年 月 日

电力驱动的曳引式或强制式电梯安装工程 表11-8
驱动主机验收记录表
GB 50310—2002

090103□□

单位（子单位）工程名称				
产品合同号/安装合同号			梯号	
安装单位			项目负责人	
监理（建设）单位			总监理工程师 （项目负责人）	
安装执行标准名称及编号				
施工质量验收规范的规定			安装单位 检查记录	监理（建设） 单位验收记录
主控项目	1	紧急操作装置	第4.3.1条		

续表

一般项目	1	驱动主机承重梁埋设		第4.3.2条
	2	制动器及制动间隙		第4.3.3条
	3	驱动主机、驱动主机底座与承重梁的安装		第4.3.4条
	4	驱动主机减速箱（如果有）内油量		第4.3.5条
	5	机房内钢丝绳与楼板孔洞		第4.3.6条
安装单位检查结果			安装工	安装班组长
			项目负责人：	
				年 月 日
监理（建设）单位验收结论			监理工程师： (项目技术负责人)：	
				年 月 日

533

电力驱动的曳引式或强制式电梯或液压电梯安装工程电气装置验收记录表 表 11-9

GB 50310—2002

090110□□
090210□□

单位（子单位）工程名称				
产品合同号/安装合同号			梯号	
安装单位			项目负责人	
监理（建设）单位			总监理工程师（项目负责人）	
安装执行标准名称及编号				

		施工质量验收规范的规定	安装单位检查记录	监理（建设）单位验收记录
主控项目	1	电气设备接地	第 4.10.1 条	
	2	导体之间和导体对地之间的绝缘电阻	第 4.10.2 条	

续表

一般项目	1	主电源开关不应切断的电路	第4.10.3条
	2	机房和井道内的配线	第4.10.4条
	3	导管、线槽的规定	第4.10.5条
	4	接地支线应采用黄绿相间的绝缘导线	第4.10.6条
	5	控制柜(屏)的安装位置	第4.10.7条

安装单位检查结果	安装工 项目负责人:	安装班长

监理(建设)单位验收结论	监理工程师: (项目技术负责人:)	年 月 日

年 月 日

自动扶梯、自动人行道安装工程 表 11-10
整机安装验收记录表

GB 50310—2002   090303□□

单位（子单位）工程名称				
产品合同号/安装合同号			梯号	
安装单位			项目负责人	
监理（建设）单位			总监理工程师 （项目负责人）	

安装执行标准名称及编号				
施工质量验收规范的规定			安装单位 检查记录	监理（建设） 单位验收记录

主控项目	1	安全保护	第 6.3.1 条		
	2	不同回路导线对地的绝缘电阻	第 6.3.2 条		
	3	电气设备接地	第 6.3.3 条		

续表

一般项目	1	整机安装检查	第6.3.4条	
	2	性能试验	第6.3.5条	
	3	制动试验	第6.3.6条	
	4	电气装置	第6.3.7条	
	5	观感检查	第6.3.8条	
安装单位检查结果			安装工	安装班组长
			项目负责人:	年 月 日
监理(建设)单位验收结论			监理工程师: (项目技术负责人):	年 月 日

12 建筑节能工程质量检查评定

保建筑节能工程的质量，主要对建筑物的墙体、幕墙、门窗、屋面、地面、供热采暖和空气调节、配电与照明、监测与控制等方面的设计和施工加以控制，实现节能设计标准。

12.1 建筑节能分项工程和检验批划分

12.1.1 建筑节能工程为单位建筑工程的一个分部工程。其分项工程和检验批的划分，应符合下列规定：

（1）建筑节能分项工程应按照表12-1划分。

（2）建筑节能工程应按照分项工程进行验收。当建筑节能分项工程的工程量较大时，可以将分项工程划分为若干个检验批进行验收。

（3）当建筑节能工程验收无法按照上述要求划分分项工程或检验批时，可由建设、监理、施工等各方协商进行划分。但验收项目、验收内容、验收标准和验收记录均应遵守《建筑节能工程质量验收规范》（GB 50411—2007）的规定。

(4) 建筑节能分项工程和检验批的验收应单独填写验收记录，节能验收资料应单独组卷。

建筑节能分项工程划分　　　表 12-1

序号	分项工程	主要验收内容
1	墙体节能工程	主体结构基层；保温材料；饰面层等
2	幕墙节能工程	主体结构基层；隔热材料；保温材料；隔汽层；幕墙玻璃；单元式幕墙板材；通风换气系统；遮阳设施；冷凝水收集排放系统等
3	门窗节能工程	门；窗；玻璃；类似设施等
4	屋面节能工程	基层；保温隔热层；保护层；防水层；面层等
5	地面节能工程	基层；保温层；保护层；面层等
6	采暖节能工程	系统制式；散热器；阀门与仪表；热力入口装置；保温材料；调试等
7	通风与空气调节节能工程	系统制式；通风与空调设备；阀门与仪表；绝热材料；调试等
8	空调与采暖系统的冷热源及管网节能工程	系统制式；冷热源设备；辅助设备；管网；阀门与仪表；绝热、保温材料；调试等

续表

序号	分项工程	主要验收内容
9	配电与照明节能工程	低压配电电源；照明光源、灯具；附属装置；控制功能；调试等
10	监测与控制节能工程	冷热源系统、空调水系统、通风与空调系统、供配电的监测控制系统；监测与计量装置；照明自动控制系统；综合控制系统等

12.2 一般规定

（1）建筑节能工程施工现场应建立相应的质量管理体系、施工质量控制和检验制度，具有相应的施工技术标准。

（2）设计变更不得降低建筑节能效果。当设计变更涉及建筑节能效果时，应经原施工图设计审查机构审查，在实施前应办理设计变更手续，并获得监理或建设单位的确认。

（3）建筑节能工程采用的新技术、新设备、新材料、新工艺，施工前应对新的或首次采用的施工工艺进行评价，并制定专门的施工技术方案。

(4) 施工组织设计应包括建筑节能工程施工内容。建筑节能工程施工前，施工单位应编制建筑节能工程施工方案并经监理（建设）单位审查批准。施工单位应对从事建筑节能工程施工作业的人员进行技术交底和必要的实际操作培训。

(5) 建筑节能工程使用的材料、设备等，必须符合设计要求及国家有关标准的规定。严禁使用国家明令禁止使用与淘汰的材料和设备。

(6) 材料和设备进场验收应遵守下列规定：

1) 对材料和设备的品种、规格、包装、外观和尺寸等进行检查验收，并经监理工程师（建设单位代表）确认，形成相应的验收记录。

2) 对材料和设备的质量证明文件进行核查，并经监理工程师（建设单位代表）确认，纳入工程技术档案。进入施工现场用于节能工程的材料和设备均应具有出厂合格证、中文说明书及相关性能检测报告；定型产品和成套技术应有形式检验报告；进口材料和设备应按规定进行出入境商品检验。

3) 对材料和设备应按照表12-2要求，在施工现场抽样复验。复验应为见证取样送检。

建筑节能工程进场材料和设备的复验项目　　表 12-2

序号	分项工程	复验项目
1	墙体节能工程	①保温材料导热系数、密度、抗压强度或压缩强度；②粘结材料粘结强度；③增强网力学性能、抗腐蚀性能
2	幕墙节能工程	①保温材料导热系数、密度；②玻璃可见光透射比、传热系数、遮阳系数、中空玻璃露点；③隔热型材抗拉强度、抗剪强度
3	门窗节能工程	气密性、传热系数、玻璃遮阳系数、可见光透射比、中空玻璃露点
4	屋面节能工程	保温隔热材料导热系数、密度、抗压强度或压缩强度
5	地面节能工程	保温材料导热系数、密度、抗压强度或压缩强度
6	采暖节能工程	①散热器的单位散热量、金属热强度；②保温材料的导热系数、密度、吸水率

续表

序号	分项工程	复验项目
7	通风与空气调节节能工程	①风机盘管机组的供冷量、供热量、风量、出口静压、噪声及功率;②绝热材料的导热系数、密度、吸水率
8	空调与采暖系统的冷热源及管网节能工程	绝热材料的导热系数、密度、吸水率
9	配电与照明节能工程	电缆、电线截面和每芯导体电阻值

（7）现场配制的材料如保温浆料、聚合物砂浆等，应按设计要求或试验室给出的配合比配制。当未给出要求时，应按照施工方案和产品说明书配制。

（8）建筑节能工程应按照经审查合格的设计文件和经审批的施工方案施工。

（9）建筑节能工程施工前，对于采用相同建筑节能设计的房间和构造做法，应在现场采用相同材料和工艺制作样板间或样板件，经有关各方确认后方可进行施工。

(10) 建筑节能工程的施工作业环境和条件,应满足相关标准和施工工艺的要求。节能保温材料不宜在雨雪天气中露天施工。

(11) 建筑节能工程施工时,应根据施工顺序对各道工序进行检查验收,并做好记录。各道工序验收合格方可进行下道工序施工,分项工程未经检查验收,不得进行后续施工。当下道工序或相邻工程施工时,对已完成的部分应采取适当的保护措施。

(12) 建筑围护结构施工完成后,应对围护结构的外墙节能构造和严寒、寒冷、夏热冬冷地区的外窗气密性进行现场实体检测。当条件具备时,也可直接对围护结构的传热系数进行检测。

(13) 采暖、通风与空调、配电与照明工程安装完成后,应进行系统节能性能的检测。受季节影响未进行的节能性能检测项目,应在保修期内补做。

12.3 墙体节能工程

墙体是整个围护结构的主要组成部分,其节能效果及节能质量验收具有重要意义。

12.3.1 墙体节能形式及保温材料类型

(1) 墙体节能形式：外墙外保温，外墙内保温，外墙自保温；

(2) 保温材料类型：板材、浆料、块材及预制复合墙板等墙体保温材料或构件。

12.3.2 工艺流程

基层 → 保温层 → 抗裂构造层 → 饰面层

12.3.3 质量检查要求

(1) 主体结构完成后进行施工的墙体节能工程，应在基层质量验收合格后施工，施工过程中应及时进行质量检查、隐蔽工程验收和检验批验收，施工完成后应进行墙体节能分项工程验收。与主体结构同时施工的墙体节能工程，应与主体结构一同验收。

(2) 墙体节能工程当采用外保温定型产品或成套技术时，其形式检验报告中应包括安全性和耐候性检验。

(3) 墙体节能工程应对下列部位或内容进行隐

蔽工程验收,并应有详细的文字记录和必要的图像资料:

1) 保温层附着的基层及其表面处理;
2) 保温板粘结或固定;
3) 锚固件;
4) 增强网铺设;
5) 墙体热桥部位处理;
6) 预置保温板或预制保温墙板的板缝及构造节点;
7) 现场喷涂或浇注有机类保温材料的界面;
8) 被封闭的保温材料厚度;
9) 保温隔热砌块填充墙体。

(4) 墙体节能工程的保温材料在施工过程中应采取防潮、防水等保护措施。

(5) 墙体节能工程验收的检验批划分应符合下列规定:

1) 采用相同材料、工艺和施工做法的墙面,每 $500\sim1000m^2$ 面积划分为一个检验批,不足 $500m^2$ 也为一个检验批;

2) 检验批的划分也可根据与施工流程相一致且方便施工与验收的原则,由施工单位与监理(建设)单位共同商定。

12.3.4 检查判定

12.3.4.1 主控项目

(1) 用于墙体节能工程的材料、构件的品种、规格,应符合设计要求和相关标准的规定。

检验方法:观察、尺量检查;核查质量证明文件。

检查数量:按进场批次,每批随机抽取 3 个试样进行检查;质量证明文件应按照其出厂检验批进行核查。

(2) 墙体节能工程使用的保温隔热材料,其导热系数、密度、抗压强度和燃烧性能,应符合设计要求。

检验方法:核查质量证明文件及进场复验报告。

检查数量:全数检查。

(3) 墙体节能工程采用的保温材料和粘结材料等,进场时应对其下列性能进行复验,复验应为见证取样送检,应符合设计要求及材料有关理化性能要求。

1) 保温材料的导热系数、密度、抗压强度或压缩强度;

2）粘结材料的粘结强度；

3）增强网的力学性能、抗腐蚀性能。

检验方法：随机抽样送检，核查复验报告。

检查数量：同一厂家同一品种的产品，当单位工程建筑面积在 20000m^2 以下时各抽查不少于 3 次；当单位工程建筑面积在 20000m^2 以上时各抽查不少于 6 次。

严寒和寒冷地区外保温使用的粘结材料，应做冻融试验，全数核查质量证明文件，结论应符合该地区最低气温环境的使用要求。

（4）墙体节能工程施工前应按照设计和施工方案的要求对基层进行处理，墙体节能工程各层构造做法，应符合设计要求，并应按照经过审批的施工方案施工。

检验方法：对照设计和施工方案观察检查，核查隐蔽工程验收记录。

检查数量：全数检查。

（5）墙体节能工程施工要求：

1）保温隔热材料的厚度，必须符合设计要求。

2）保温板材与基层及各构造层之间连接要求，粘结或连接必须牢固，粘结强度和连接方式应符合设计要求，保温板材与基层的粘结强度应进行现场拉拔试验。

3) 保温浆料应分层施工。当采用保温浆料做外保温时,保温层与基层之间及各层之间的连接、粘结必须牢固,不应脱层、空鼓和开裂。

4) 当墙体节能工程的保温层采用预埋或后置锚固件固定时,锚固件数量、位置、锚固深度和拉拔力,应符合设计要求。后置锚固件应进行锚固力现场拉拔试验。

检验方法:观察,手扳检查,保温材料厚度采用钢针插入或剖开尺量检查,粘结强度和锚固力核查试验报告,核查隐蔽工程验收记录。

检查数量:每个检验批抽查不少于3处。

(6) 外墙采用预置保温板现场浇筑混凝土墙体时,保温板的导热系数、密度、抗压强度或燃烧性能应符合设计要求;保温板的安装位置应正确、接缝严密,保温板在浇筑混凝土过程中不得移位、变形,保温板表面应采取界面处理措施,与混凝土粘结应牢固;混凝土和模板的验收,应按《混凝土结构工程施工质量验收规范》(GB 50204—2002)的相关规定执行。

检验方法:观察检查,核查隐蔽工程验收记录。

检查数量：全数检查。

（7）外墙采用保温浆料做保温层时，应在施工中制作同条件养护试件，检测其导热系数、干密度和压缩强度。保温浆料的同条件试件应见证取样送检。

检验方法：核查试验报告。

检查数量：每个检验批应抽样制作同条件养护试块不少于3组。

（8）墙体节能工程各类饰面层的基层及面层施工，应符合设计和《建筑装饰装修工程质量验收规范》（GB 50210—2001）的要求，并应符合下列规定：

1）饰面层施工的基层应无脱层、空鼓和裂缝，基层应平整、洁净，含水率应符合饰面层施工的要求。

2）外墙外保温工程不宜采用粘贴饰面砖做饰面层；当采用时，其安全性与耐久性必须符合设计要求。饰面砖应进行粘结强度拉拔试验，试验结果应符合设计和有关标准的规定。

3）外墙外保温工程的饰面层不得渗漏。当外墙外保温工程的饰面层采用饰面板开缝安装时，保温层表面应具有防水功能或采取其他防水措施。

4）外墙外保温层及饰面层与其他部位交接的

收口处,应采取密封措施。

检验方法:观察检查,核查试验报告和隐蔽工程验收记录。

检查数量:全数检查。

(9)保温砌块砌筑的墙体,应采用具有保温功能的砂浆砌筑,砌筑砂浆的强度等级应符合设计要求。砌体的水平灰缝饱满度不应低于90%,<u>竖直灰缝饱满度不应低于80%</u>。

检验方法:对照设计核查施工方案和砌筑砂浆强度试验报告,用百格网检查灰缝砂浆饱满度。

检查数量:每楼层的每个施工段至少抽查1次,每次抽查5处,每处不少于3个砌块。

(10)采用预制保温墙板现场安装的墙体,应符合下列规定:

1)保温墙板应有形式检验报告,形式检验报告中应包含安装性能的检验;

2)保温墙板的结构性能、热工性能及与主体结构的连接方法应符合设计要求,与主体结构连接必须牢固;

3)保温墙板的板缝处理、构造节点及嵌缝做法应符合设计要求;

4)保温墙板板缝不得渗漏。

检验方法：核查型式检验报告、出厂检验报告、对照设计观察和淋水试验检查，核查隐蔽工程验收记录。

检查数量：形式检验报告、出厂检验报告全数检查；其他项目每个检验批抽查5%，并不少于3块（处）。

(11) 当设计要求在墙体内设置隔汽层时，隔汽层的位置、使用的材料及构造做法应符合设计要求和相关标准的规定；隔汽层及穿透隔汽层处应完整、严密，应采取密封措施；隔汽层冷凝水排水构造应符合设计要求。

检验方法：对照设计观察检查，核查质量证明文件和隐蔽工程验收记录。

检查数量：每个检验批抽查5%，并不少于3处。

(12) 外墙或毗邻不采暖空间墙体上的门窗洞口四周的侧面，墙体上凸窗四周的侧面应按设计要求采取节能保温措施。

检验方法：对照设计观察检查，必要时抽样剖开检查。核查隐蔽工程验收记录。

检查数量：每个检验批抽查5%，并不少于5个洞口。

(13) 严寒和寒冷地区外墙热桥部位，采取节能保温等隔断热桥措施，应符合设计要求。

检验方法：对照设计和施工方案观察检查，核查隐蔽工程验收记录。

检查数量：按不同热桥种类，每种抽查20%，并不少于5处。

12.3.4.2 一般项目

(1) 进场节能保温材料与构件的外观和包装应完整无破损，经全数观察检查，应符合设计要求和产品标准的规定。

(2) 当采用加强网作为防止开裂的措施时，加强网的铺贴和搭接应符合设计和施工方案的要求，砂浆抹压应密实，不得空鼓，加强网不得皱褶、外露。

检验方法：观察检查，核查隐蔽工程验收记录。

检查数量：每个检验批抽查不少5处，每处不少于$2m^2$。

(3) 设置空调的房间，其外墙热桥部位采取隔断热桥措施应符合设计要求。

检验方法：对照设计和施工方案观察检查，核查隐蔽工程验收记录。

检查数量：按不同热桥种类，每种抽查10%，并不少于5处。

（4）施工产生的墙体缺陷，如穿墙套管、脚手眼、孔洞等，采取隔断热桥措施，不得影响墙体热工性能，经全数对照施工方案观察检查，应符合施工方案要求。

（5）墙体保温板材接缝方法，应符合施工方案要求；接缝应平整严密。

检验方法：观察检查。

检查数量：每个检验批抽查10%，并不少于5处。

（6）墙体采用保温浆料时，保温浆料层宜连续施工；保温浆料厚度应均匀、接茬应平顺密实。

检验方法：观察、尺量检查。

检查数量：每个检验批抽查10%，并不少于10处。

（7）墙体上容易碰撞的阳角、门窗洞口及不同材料基体的交接处等特殊部位，保温层应采取防止开裂和破损的加强措施。

检验方法：观察检查，核查隐蔽工程验收记录。

检查数量：按不同部位，每类抽查10%，并不少于5处。

（8）采用现场喷涂或模板浇注的有机类保温材

料作外保温时,有机类保温材料经全数对照施工方案和产品说明书进行检查,应达到陈化时间后方可进行下道工序施工。

12.4 幕墙节能工程

建筑幕墙包括玻璃幕墙(透明幕墙)、金属幕墙、石材幕墙及其他板材幕墙,种类非常多。玻璃幕墙的可视部分属于透明幕墙。对于透明幕墙,节能设计标准中对其遮阳系数、传热系数、可见光透射比、气密性能等有相关要求。为了保证幕墙的正常使用功能,在热工方面对玻璃幕墙还有抗结露要求、通风换气要求等。

玻璃幕墙的不可视部分,以及金属幕墙、石材幕墙、人造板材幕墙等,都属于非透明幕墙。对于非透明幕墙,建筑节能的指标要求主要是传热系数。但同时,考虑到建筑节能问题,还需要在热工方面有相应要求,包括避免幕墙内部或室内表面出现结露,冷凝水污损室内装饰或功能构件等。所有这些要求需要在幕墙的深化设计中去体现,需要满足要求的材料、配件、附件来保证,需要高质量的施工安装来实现。

12.4.1 工艺流程

主体结构基层 → 幕墙构架安装 → 保温层施工 → 幕墙成品

12.4.2 质量检查要求

（1）附着于主体结构上的隔汽层、保温层应在主体结构工程质量验收合格后施工。施工过程中应及时进行质量检查、隐蔽工程验收和检验批验收，施工完成后应进行幕墙节能分项工程验收。

（2）当幕墙节能工程采用隔热型材时，隔热型材生产厂家应提供型材所使用的隔热材料的力学性能和热变形性能试验报告。

（3）幕墙节能工程施工中应对下列部位或项目进行隐蔽工程验收，并应有详细的文字记录和必要的图像资料：

1) 被封闭的保温材料厚度和保温材料的固定；
2) 幕墙周边与墙体的接缝处保温材料的填充；
3) 构造缝、结构缝；
4) 隔汽层；
5) 热桥部位、断热节点；
6) 单元式幕墙板块间的接缝构造；

7)冷凝水收集和排放构造;

8)幕墙的通风换气装置。

(4)幕墙节能工程使用的保温材料在安装过程中应采取防潮、防水等保护措施。

(5)幕墙节能工程检验批划分,可按照《建筑装饰装修工程质量验收规范》(GB 50210—2001)的规定执行。

1)相同设计、材料、工艺和施工条件的幕墙工程每 500~1000m^2 应划分为一个检验批,不足 500m^2 也应划分为一个检验批。

2)同一单位工程的不连续的幕墙工程应单独划分检验批。

3)对于异型或有特殊要求的幕墙,检验批的划分应根据幕墙的结构、工艺特点及幕墙工程规模,由监理单位(或建设单位)和施工单位协商确定。检查数量应符合下列规定:

①每个检验批每 100m^2 应至少抽查 1 处,每处不得小于 10m^2;

②对于异型或有特殊要求的幕墙工程,应根据幕墙的结构和工艺特点,由监理单位(或建设单位)和施工单位协商确定。

12.4.3 检查判定

12.4.3.1 主控项目

(1) 幕墙节能工程使用材料、构件等的品种、规格，应符合设计要求和相关标准的规定。

检验方法：观察、尺量检查，核查质量证明文件。

检查数量：按进场批次，每批随机抽取 3 个试样进行检查；质量证明文件应按照其出厂检验批进行核查。

(2) 幕墙节能工程使用的保温隔热材料的导热系数、密度、燃烧性能及幕墙玻璃的传热系数、遮阳系数、可见光透射比、中空玻璃露点，经全数核查质量证明文件和复验报告，应符合设计要求。

(3) 幕墙节能工程使用的材料、构件等进场时，应对其下列性能进行复验，复验应为见证取样送检，应符合设计要求及材料有关理化性能要求。

1) 保温材料：导热系数、密度；

2) 幕墙玻璃：可见光透射比、传热系数、遮阳系数、中空玻璃露点；

3) 隔热型材：抗拉强度、抗剪强度。

检验方法：进场时抽样复验，验收时核查复验报告。

检查数量：同一厂家的同一种产品抽查不少于1组。

(4) 当幕墙面积大于 3000m² 或建筑外墙面积的 50% 时，应现场抽取材料和配件，在检测试验室安装制作试件进行气密性能检测。气密性能应符合设计规定的等级要求，检测应按照国家现行有关标准的规定执行。密封条应镶嵌牢固、位置正确、对接严密。单元幕墙板块之间的密封应符合设计要求，开启扇应关闭严密。

检验方法：观察及启闭检查，核查全部质量证明文件、隐蔽工程验收记录、幕墙气密性能检测报告、见证记录。

检查数量：气密性能检测试件应包括幕墙的典型单元、典型拼缝、典型可开启部分。现场观察及启闭检查按检验批抽查 30%，并不少于 5 件（处）。气密性能检测应对一个单位工程中面积超过 1000m² 时的每一种幕墙均抽取一个试件进行检测。

(5) 幕墙节能工程使用的保温材料的厚度，应符合设计要求，安装牢固，且不得松脱。

检验方法：对保温板或保温层采取针插法或剖开法，尺量厚度，手扳检查。

检查数量：按检验批抽查30%，并不少于5处。

(6) 遮阳设施的安装，位置应满足设计要求，安装应牢固。

检验方法：观察，尺量，手扳检查。

检查数量：检查全数的10%，并不少于5处；牢固程度全数检查。

(7) 幕墙工程热桥部位的隔断热桥措施，应符合设计要求，断热节点的连接应牢固。幕墙隔汽层应完整、严密、位置正确，穿透隔汽层处的节点构造应采取密封措施。冷凝水的收集和排放应通畅，并不得渗漏。

检验方法：对照幕墙节能设计文件，观察检查，通水试验。

检查数量：按检验批抽查30%并不少于5处。

12.4.3.2 一般项目

(1) 镀（贴）膜玻璃的安装，方向、位置应正确。中空玻璃，应采用双道密封。均压管应密封处理。

检验方法：观察，检查施工记录。

检查数量：每个检验批抽查10%并不少于5件（处）。

(2) 单元式幕墙板块组装：密封条规格正确，长度无负偏差；接缝的搭接符合设计要求；保温材料固定牢固，厚度符合设计要求；隔汽层密封完整、严密；冷凝水排水系统通畅，无渗漏。幕墙与周边墙体间的接缝处理，应采用弹性闭孔材料填充饱满，并应采用耐候胶密封胶密封。

检验方法：观察检查，手扳检查，尺量，通水试验。

检查数量：每个检验批抽查10%并不少于5件（处）。

（3）伸缩缝、沉降缝、防震缝的保温或密封做法应符合设计要求。活动遮阳设施的调节机构应灵活，并应能调节到位。

检验方法：对照设计文件，现场调节试验，观察检查。

检查数量：每个检验批抽查10%并不少于10件（处）。

12.5　门窗节能工程

门窗是建筑的开口，是满足建筑采光、通风要求的重要功能部件，由于门窗的传热系数大大高于墙体，所以门窗也是围护结构中的耗能大户。

建筑门窗按型材分，大致包括：铝合金门窗、隔热铝合金门窗、塑料门窗、木门窗、铝木复合门窗、钢门窗等。门窗以开启形式可分为推拉、平开、上悬、下悬、中悬、折叠等。门窗中采用的玻璃品种有单层玻璃、中空玻璃、夹层玻璃等；单片玻璃又分为透明玻璃、吸热玻璃、镀膜玻璃（包括Low-E玻璃）等。

为了满足夏季的节能要求，门窗外侧经常设计有遮阳设施。一般遮阳设施的形式有水平遮阳板、垂直遮阳板、卷帘遮阳、百叶遮阳、带百叶中空玻璃、外推拉百叶窗等。建筑节能设计标准中对门窗有遮阳系数、传热系数、可见光透射比、气密性能等相关要求。为了保证正常使用功能，在热工方面对门窗还有抗结露要求、通风换气要求等。所有这些要求需要在门窗工程的深化设计中去体现，需要满足要求的门窗产品来保证，需要高质量的安装来实现。门窗与玻璃幕墙虽然在节能性能要求上相同，但构造很不一样，实际施工中的施工工艺要求也不一样，所以验收时也应有不同的要求。

12.5.1 工艺流程

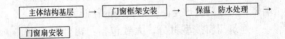

12.5.2 质量检查要求

(1) 建筑门窗进场后,应对其外观、品种、规格及附件等进行检查验收,对质量证明文件进行核查。

(2) 建筑外门窗工程施工中,应对门窗框与墙体接缝处的保温填充做法进行隐蔽工程验收,并应有隐蔽工程验收记录和必要的图像资料。

(3) 建筑外门窗工程的检验批应按下列规定划分:

1) 同一厂家的同一品种、类型、规格的门窗及门窗玻璃每100樘划分为一个检验批,不足100樘也为一个检验批;

2) 同一厂家的同一品种、类型和规格的特种门每50樘划分为一个检验批,不足50樘也为一个检验批;

3) 对于异型或有特殊要求的门窗,检验批的划分应根据其特点和数量,由监理(建设)单位和施工单位协商确定。

(4) 建筑外门窗工程的检查数量应符合下列规定:

1) 建筑门窗每个检验批应抽查5%,并不少于 3 樘，不足 3 樘时应全数检查；高层建筑的外窗，每个检验批应抽查 10%，并不少于 6 樘，不足 6 樘时应全数检查。

2）特种门每个检验批应抽查 50%，并不少于 10 樘，不足 10 樘时应全数检查。

12.5.3　检查判定

12.5.3.1　主控项目

（1）建筑外门窗的品种、规格应符合设计要求和相关标准的规定。建筑门窗采用的玻璃品种，应符合设计要求，中空玻璃应采用双道密封。

检验方法：观察、尺量检查，核查质量证明文件。

检查数量：按《建筑节能工程施工质量验收规范》GB 50411—2007，12.5.2.4 条执行；质量证明文件应按照其出厂检验批进行核查。

（2）建筑外窗的气密性、保温性能、中空玻璃露点、玻璃遮阳系数和可见光透射比，经全数核查质量证明文件和复验报告，应符合设计要求。

（3）建筑外窗进入施工现场时，应按地区类别对其下列性能进行复验，复验应为见证取样送检，应符合设计要求及材料有关理化性能要求。

1) 严寒、寒冷地区:气密性、传热系数和中空玻璃露点;

2) 夏热冬冷地区:气密性、传热系数、玻璃遮阳系数、可见光透射比、中空玻璃露点;

3) 夏热冬暖地区:气密性、玻璃遮阳系数、可见光透射比、中空玻璃露点。

检验方法:随机抽样送检,核查复验报告。

检查数量:同一厂家同一品种同一类型的产品各抽查不少于3樘(件)。

(4) 金属外门窗隔断热桥措施,应符合设计要求和产品标准的规定。金属副框的隔断热桥措施,应与门窗框的隔断热桥措施相当。

检验方法:随机抽样,对照产品设计图纸,剖开或拆开检查。

检查数量:同一厂家同一品种同一类型的产品各抽查不少于1樘。金属副框的隔断热桥措施按检验批抽查30%。

(5) 严寒、寒冷、夏热冬冷地区的建筑外窗,应对其气密性能做现场实体检验,检测结果应满足设计要求。

检验方法:随机抽样现场检验。

检查要求:同一厂家同一品种同一类型的产品

各抽查不少于3樘。

（6）外门窗框或副框与洞口之间的间隙，应采用弹性闭孔材料填充饱满，并使用密封胶密封。外门窗框与副框之间的缝隙，应使用密封胶密封。严寒、寒冷地区的外门安装，应按照设计要求采取保温、密封等节能措施。

检验方法：观察检查，核查隐蔽工程验收记录。

检查数量：全数检查。

（7）外窗遮阳设施的性能、尺寸，应符合设计和产品标准要求。遮阳设施的安装，应位置正确、牢固，满足安全和使用功能的要求。天窗安装位置、坡度应正确，封闭严密，嵌缝处不得渗漏。特种门性能应符合设计和产品标准要求；安装中的节能措施，应符合设计要求。

检验方法：核查质量证明文件，观察、尺量、手扳检查，淋水检查。

检查数量：按《建筑节能工程施工质量验收规范》（GB 50411—2007）第12.5.2.4条执行；安装牢固程度全数检查。

12.5.3.2 一般项目

（1）经全数观察检查，门窗扇密封条和玻璃镶嵌的密封条，物理性能应符合相关标准中的规定。密封条安装位置应正确，镶嵌牢固，不得脱槽，接头处不得开裂。关闭门窗时密封条应接触严密。门窗镀（贴）膜玻璃，安装方向应正确，中空玻璃的均压管应密封处理。

（2）外门窗遮阳设施经全数现场调节试验检查，应灵活、能调节到位。

12.6 屋面节能工程

屋面节能是建筑物围护结构节能的主要部分，在建筑物围护结构中，屋面传热约占建筑物围护结构的6%～10%，其中多层建筑约占10%，高层建筑约占6%，而别墅等低屋建筑要占12％以上。因此屋面建筑节能是建筑围护结构节能的重要组成部分，也是改善顶层建筑室内热环境的需要。

建筑屋面节能工程，使用的保温隔热材料有松散保温材料、现浇保温材料、喷涂保温材料、板材、块材等；屋面种类有平屋面、坡屋面、倒置式屋面、架空屋面、种植屋面、蓄水屋面、采光屋面等；按保温层所处的位置不同又可分为正置式保温屋面和倒置式保温屋面。按照屋面保温、隔热的作用和效果又可分为保温屋面和隔热屋面，保温屋面主要有松散材料保温屋面、板状材料保温屋面和整体现浇保温屋面。隔热屋面包括架空隔热屋面、种植隔热屋面和蓄水隔热屋面。

倒置式屋面是将传统屋面构造中保温隔热层与防水层"颠倒"，保温隔热层置于防水层之上。在倒置式屋面中，保温材料对防水层起到了保护作用、延缓老化、延长使用年限，同时还具有施工简便、速度快、耐久性好，可在冬期或雨期施工等优点。但宜在通风较好的建筑物上采用，不宜在严寒地区采用。

12.6.1　工艺流程

正置式屋面：基层处理 → 保温层铺设 → 防水层 → 保护层施工（图 12-1a）

倒置式屋面：基层处理 → 防水层 → 保温层铺设 → 保护层施工（图 12-1b）

12.6.2　质量检查要求

（1）屋面保温隔热工程的施工，应在基层质量验收合格后进行。施工过程中应及时进行质量检查、隐蔽工程验收和检验批验收，施工完成后应进

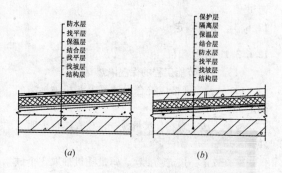

图 12-1 保温屋面构造
(a) 正置式;(b) 倒置式

行屋面节能分项工程验收。

(2) 屋面保温隔热工程应对下列部位进行隐蔽工程验收,并应有详细的文字记录和必要的图像资料:

1) 基层;

2) 保温层的敷设方式、厚度,板材缝隙填充质量;

3) 屋面热桥部位;

4) 隔汽层。

(3) 屋面保温隔热层施工完成后,应及时进行找平层和防水层的施工,避免保温层受潮、浸泡或受损。

12.6.3 检查判定

12.6.3.1 主控项目

(1) 屋面节能工程的保温隔热材料检验

1) 品种、规格应符合设计要求和相关标准的规定:

检验方法:观察、尺量检查,核查质量证明文件。

检查数量:按进场批次,每批随机抽取3个试样进行检查;质量证明文件应按照其出厂检验批进行核查。

2) 导热系数、密度、抗压强度或压缩强度、燃烧性能应符合设计要求,进场时应对其导热系数、密度、抗压强度或压缩强度、燃烧性能进行见证取样送检复验。

检验方法:核查质量证明文件及进场复验报告,随机抽样送检,核查复验报告。

检查数量:同一厂家同一品种的产品各抽查不少于3组。

(2) 屋面保温隔热层的敷设方式、厚度、缝隙填充质量及屋面热桥部位的保温隔热做法,必须符合设计要求和有关标准的规定。屋面的通风隔热架空层,其架空高度、安装方式,应符合设计及有关标准要求。架空层内不得有杂物,架空面层应平整,无缺陷。通风口位置及尺寸不得有断裂和露筋。

检验方法:观察,尺量检查。

检查数量:每 $100m^2$ 抽查一处,每处 $10m^2$,整个屋面抽查不得少于 3 处。

(3)采光屋面节能施工验收要求:

1)传热系数、遮阳系数、可见光透射比、气密性应符合设计要求;

2)节点的构造做法应符合设计和相关标准的要求;

3)采光屋面的可开启部分应按门窗节能工程的要求验收;

4)采光屋面安装应牢固,坡度正确,封闭严密,嵌缝处不得渗漏。

检验方法:核查质量证明文件、隐蔽工程验收记录,观察,尺量检查,淋水检查。

检查数量:全数检查。

(4)屋面的隔汽层位置应符合设计要求,隔汽层应完整、严密。

检验方法:对照设计观察检查,核查隐蔽工程验收记录。

检查数量：每 $100m^2$ 抽查一处，每处 $10m^2$，整个屋面抽查不得少于 3 处。

12.6.3.2 一般项目

（1）屋面保温隔热层应按施工方案施工，并应符合下列规定：

1）松散材料应分层敷设，按要求压实，表面平整，坡向正确；

2）现场采用喷、浇、抹等工艺施工的保温层，其配合比应计量准确，搅拌均匀、分层连续施工，表面平整，坡向正确；

3）板材应粘贴牢固、缝隙严密、平整。

检验方法：观察、尺量、称重检查。

检查数量：每 $100m^2$ 抽查一处，每处 $10m^2$，整个屋面抽查不得少于 3 处。

（2）金属板保温夹芯屋面应铺装牢固，接口严密，表面洁净，坡向正确。

检验方法：观察，尺量检查，核查隐蔽工程验收记录。

检查数量：全数检查。

（3）坡屋面、内架空屋面当采用敷设于屋面内侧的保温材料做保温隔热层时，保温隔热层应有防潮措施，其表面应有保护层，保护层的做法应符合设计要求。

检验方法：观察检查，核查隐蔽工程验收记录。

检查数量：每 100m² 抽查一处，每处 10m²，整个屋面抽查不得少于 3 处。

12.7 地面节能工程

在建筑围护结构中，通过建筑地面向外传导的热（冷）量约占围护结构传热量的 3%~5%，对于我国北方严寒地区，在保温措施不到位的情况下所占的比例更高。在以往的建筑设计和施工过程中，对地面的保温问题一直没有得到重视，特别是寒冷和夏热冬冷地区根本不重视地面以及与室外空气接触地面的节能。地面节能主要包括三部分：一是直接接触土壤的地面，二是与室外空气接触的架空楼板底面，三是地下室（±0.00 以下）、半地下室与土壤接触的外墙。

12.7.1 工艺流程

基层处理 → 保温层 → 保护层

12.7.2 质量检查要求

(1) 地面节能工程的施工,应在主体或基层质量验收合格后进行。施工过程中应及时进行质量检查、隐蔽工程验收和检验批验收,施工完成后应进行地面节能分项工程验收。

(2) 地面节能工程应对下列部位进行隐蔽工程验收,并应有详细的文字记录和必要的图像资料:

1) 基层;
2) 被封闭的保温材料厚度;
3) 保温材料粘结;
4) 隔断热桥部位。

(3) 地面节能分项工程检验批划分应符合下列规定:

1) 检验批可按施工段或变形缝划分;
2) 当面积超过200m² 时,每200m² 可划分为一个检验批,不足200m² 也为一个检验批;
3) 不同构造做法的地面节能工程应单独划分检验批。

12.7.3 检查判定

12.7.3.1 主控项目

(1) 用于地面节能工程的保温材料，其品种、规格，应符合设计要求和相关标准的规定。

检验方法：观察、尺量或称重检查，核查质量证明文件。

检查数量：按进场批次，每批随机抽取3个试样进行检查；质量证明文件应按照其出厂检验批进行核查。

(2) 地面节能工程采用的保温材料，进场时应对其导热系数、密度、抗压强度或压缩强度、燃烧性能进行复验，复验应为见证取样送检，检验结果应符合设计要求及材料有关理化性能要求。

检验方法：全数核查质量证明文件，随机抽样送检，核查复验报告。

检查数量：同一厂家同一品种的产品各抽查不少于3组。

(3) 建筑地面保温层、隔离层、保护层等各层的设置和构造做法以及保温层的厚度，应符合设计要求，并应按施工方案施工。

检验方法：对照设计和施工方案观察检查，尺量检查。

检查数量：全数检查。

(4) 地面节能工程的施工质量应符合下列规定：

1）保温板与基层之间、各构造层之间的粘结应牢固，缝隙应严密；

2）保温浆料应分层施工；

3）穿越地面直接接触室外空气的各种金属管道应按设计要求，采取隔断热桥的保温措施。

检验方法：观察检查，核查隐蔽工程验收记录。

检查数量：每个检验批抽查 2 处，每处 $10m^2$；穿越地面的金属管道处全数检查。

(5) 有防水要求的地面，其节能保温做法不得影响地面排水坡度，保温层面层不得渗漏。

检验方法：用长度 500mm 水平尺检查，观察检查。

检查数量：全数检查。

(6) 严寒、寒冷地区的建筑直接与土壤接触的地面、采暖地下室与土壤接触的外墙、毗邻不采暖空间的地面以及底面直接接触室外空气的地面，应按设计要求采取保温措施。保温隔热层的表面防潮层、保护层的构造应符合设计要求。

检验方法：对照设计观察检查。

检查数量：全数检查。

12.7.3.2 一般项目

采用地面辐射采暖的工程，其地面节能做法应符合设计要求,并应符合《地面辐射供暖技术规程》(JGJ 142—2004)的规定。

检验方法:观察检查。

检查数量:全数检查。

12.8 通风与空调节能工程

通风系统是指包括风机、消声器、风口、风管、风阀等部件在内的整个送、排风系统。空调系统包括空调风系统和空调水系统,前者是指包括空调末端设备、消声器、风管、风阀、风口等部件在内的整个空调送、回风系统;后者是指除了空调冷热源和其辅助设备与管道及室外管网以外的空调水系统。

12.8.1 工艺流程

通风与空调系统制式确定 → 风管制作、安装 → 各种空调机组安装 → 风机盘管机组安装 → 风机安装 → 温控、计量、水力平衡装置安装 → 热力入口装置安装 → 管道、支架的绝热、防潮处理 → 系统调试

12.8.2 质量检查要求

(1)通风与空调系统节能工程的验收,可按系

统、楼层等进行：

1）通风与空调系统节能工程的验收，应根据工程的实际情况、结合本专业特点，分别按系统、楼层等进行。

2）空调冷（热）水系统的验收，可与采暖系统验收相同，一般应按系统分区进行，划分成若干个检验批。对于系统大且层数多的空调冷（热）水系统工程，可分别按6~9个楼层作为一个检验批进行验收；通风与空调的风系统，可按风机或空调机组等所各自负担的风系统分别进行验收。

（2）通风与空调系统应随施工进度对与节能有关的隐蔽部位或内容进行验收，并应有详细的文字记录和必要的图像资料。

12.8.3 检查判定

12.8.3.1 主控项目

（1）通风与空调系统节能工程所使用的设备、管道、阀门、仪表、绝热材料等产品的类型、材质、规格及外观等应符合设计要求。

应对下列产品的技术性能参数进行核查。验收与核查的结果应经监理工程师（建设单位代表）检查认可，并应形成相应的验收、核查记录。各种产品和设备的质量证明文件和相关技术资料应齐全，并应符合有关现行的国家标准和规定。

1）组合式空调机组、柜式空调机组、新风机组、单元式空调机组、热回收装置等设备的冷量、热量、风量、风压、功率及额定热回收效率；

2）风机的风量、风压、功率及其单位风量耗功率；

3）成品风管的技术性能参数；

4）自控阀门与仪表的技术性能参数。

检验方法：观察检查，技术资料和性能检测报告等质量证明文件与实物核对。

检查数量：全数检查。

（2）风机盘管机组和绝热材料进场时，应对其下列技术性能参数进行复验，复验应为见证取样送检：

1）风机盘管机组的供冷量、供热量、风量、出口静压、噪声及功率；

2）绝热材料的导热系数、密度、吸水率。

检验方法：现场随机见证取样送检，核查复验报告。

检查数量：同一厂家的风机盘管机组按数量复验2%，但不得少于2台；同一厂家同材质的绝热材料复验的次数不得少于2次。

（3）通风与空调节能工程中的送、排风系统及空调风系统、空调水系统的安装：各系统的制式应符合设计要求；各种设备、自控阀门与仪表应按设计要求安装齐全，不得随意增减和更换；水系统各分支管路水力平衡装置、温控装置与仪表的安装位置、方向应符合设计要求，并便于观察、操作和调试；空调系统应能实现设计要求的分室（区）温度调控功能；对设计要求分栋、分区或分户（室）冷、热计量的建筑物，空调系统应能实现相应的计量功能。

检验方法：观察检查。

检查数量：全数检查。

（4）风管的制作与安装：风管材质、断面尺寸及厚度应符合设计要求；风管与部件、风管与土建风道及风管间的连接应严密、牢固；风管的严密性及风管系统的严密性检验，应符合设计要求或现行国家标准《通风与空调工程施工质量验收规范》（GB 50243—2002）的有关规定；需要绝热的风管与金属支架的接触处、复合风管及需要绝热的非金属风管的连接和内部支撑加固等处应有防热桥的措施，并应符合设计要求。

检验方法：观察、尺量检查；核查风管及风管系统严密性检验记录。

检查数量：按风管系统的总数量抽查10%，且不得少于1个系统。

(5) 组合式空调机组、柜式空调机组、新风机组、单元式空调机组的安装：各种空调机组的规格、数量应符合设计要求；安装位置和方向应正确，且与风管、送风静压箱、回风箱的连接应严密可靠；现场组装的组合式空调机组各功能段之间连接应严密，并应做漏风量的检测，其漏风量必须符合现行国家标准《组合式空调机组》（GB/T 14294—2008）的规定；机组内的空气热交换器翅片和空气过滤器应清洁、完好，且安装位置和方向必须正确，并便于维护和清理。当设计未注明过滤器的阻力时，应满足粗效过滤器的初阻力不大于50Pa（粒径$\geqslant 5.0\mu m$，效率：80%＞E20%）；中效过滤器的初阻力不大于80Pa（粒径$\geqslant 1.0\mu m$，效率：70%＞E20%）的要求。

检验方法：观察检查，核查漏风量测试记录。

检查数量：按同类产品的数量抽查20%，且不得少于1台。

(6) 风机盘管机组的安装：规格、数量应符合设计要求；位置、高度、方向应正确，便于维护、保养；机组与风管、回风箱及风口的连接应严密、可靠；空气过滤器的安装应便于拆卸和清理。

检验方法：观察检查。

检查数量：按总数抽查10%，且不得少于5台。

(7) 通风与空调系统中风机的安装：规格、数量应符合设计要求；安装位置及进、出口方向应正确，与风管的连接应严密、可靠。

检验方法：观察检查。

检查数量：全数检查。

(8) 带热回收功能的双向换气装置和集中排风系统中的排风热回收装置的安装：规格、数量及安装位置应符合设计要求；进、排风管的连接应正确、严密、可靠；室外进、排风口的安装位置、高度及水平距离应符合设计要求。

检验方法：观察检查。

检查数量：按总数抽检20%，且不得少于1台。

(9) 空调机组回水管上的电动两通调节阀、风机盘管机组回水管上的电动两通（调节）阀、空调冷热水系统中的水力平衡装置、冷（热）量计量装置等自控阀门与仪表的安装的规格、数量应符合设计要求；方向应正确，位置应便于操作和观察。

检验方法：观察检查。

检查数量：按类型数量抽查10%，且均不得少于1个。

（10）空调风管系统及部件绝热层和防潮层的施工：绝热层应采用不燃或难燃材料，其材质、规格及厚度等应符合设计要求；绝热层与风管、部件及设备应紧密贴合，无裂缝、空隙等缺陷，且纵、横向的接缝应错开；绝热层表面应平整，当采用卷材或板材时，其厚度允许偏差为5mm；采用涂抹或其他方式时，其厚度允许偏差为10mm；风管法兰部位绝热层的厚度不应低于风管绝热层厚度的0.8倍；风管穿楼板和穿墙处的绝热层应连续不间断；防潮层（包括绝热层的端部）应完整，且封闭良好，其搭接缝应顺水；带有防潮层隔汽层绝热材料的拼缝处应用胶带封严。粘胶带的宽度不应小于50mm；风管系统部件的绝热不得影响其操作功能。

检验方法：观察检查，用钢针刺入绝热层、尺量检查。

检查数量：管道按轴线长度抽查10%；风管穿楼板和穿墙处及阀门等配件抽查10%，且不得小于2个。

(11) 空调水系统管道及配件绝热层和防潮层的施工：绝热层应采用不燃或难燃材料，其材质、规格及厚度等应符合设计要求；绝热管壳的粘贴应牢固、铺设应平整。硬质或半硬质的绝热管壳每节至少应用防腐金属丝或难腐织带或专用胶带进行捆扎或粘贴2道，其间距为300～350mm，且捆扎、粘贴应紧密，无滑动、松弛与断裂现象；硬质或半硬质绝热管壳的拼接缝隙保温时不应大于5mm、保冷时不应大于2mm，并用粘结材料勾缝填满；纵缝应错开，外层的水平接缝应设在侧下方；松散或软质保温材料应按规定的密度压缩其体积，疏密应均匀。毡类材料在管道上包扎时，搭接处不应有空隙；防潮层的立管应由管道的低端向高端敷设，环向搭接缝应朝向低端；纵向搭接缝应位于管道的侧面，并顺水；卷材防潮层采用螺旋形缠绕的方式施工时，卷材的搭接宽度宜为30～50mm；空调冷热水管穿楼板和穿墙处的绝热层应连续不间断，且绝热层与穿楼板和穿墙处的套管之间应用不燃材料填实，不得有空隙、套管两端应进行密封封堵；管道阀门、过滤器及法兰部位的绝热结构应能单独拆卸，且不得影响其操作功能。

检验方法:观察检查,用钢针刺入绝热层、尺量检查。

检查数量:按数量抽查10%,且绝热层不得小于10段,防潮层不得小于10m,阀门等配件不得小于5个。

(12) 空调水系统的冷热水管道与支、吊架之间应设置绝热衬垫,其厚度不应小于绝热层厚度,宽度应大于支、吊架支承面的宽度。衬垫的表面应平整,衬垫与绝热材料之间应填实无空隙。

检验方法:观察,尺量检查。

检查数量:按数量抽检5%,且不得少于5处。

(13) 通风与空调系统安装完毕,应进行通风机和空调机组等设备的单机试运转和调试,并应进行系统的风量平衡调试。单机试运转和调试结果应符合设计要求;系统的总风量与设计风量的允许偏差不应大于10%,风口的风量与设计风量的允许偏差不应大于15%。

检验方法:观察检查,核查试运转和调试记录。

检查数量:全数检查。

12.8.3.2 一般项目

空气风幕机的规格、数量、安装位置和方向应正确,纵向垂直度和横向水平度的偏差均不应大于

2/1000。变风量末端装置与风管连接前宜做动作试验，确认运行正常后再封口。

检验方法：观察检查。

检查数量：按总数量抽查10%，空气风幕机不得少于1台，变风量末端装置与风管连接不得少于2台。

12.9 配电与照明节能工程

12.9.1 工艺流程

电线、电缆及配件敷设安装 → 照明器具及配件安装

12.9.2 质量检查要求

（1）建筑配电与照明节能工程验收的检验批划分可按照系统、楼层建筑分区划分为若干个检验批。

（2）建筑配电与照明节能工程的施工质量验收，应符合本规范和《建筑电气工程施工质量验收规范》（GB 50303—2002）的有关规定、已批准的设计图纸、相关技术规定和合同约定内容的要求。

（3）建筑配电与照明节能工程应随施工进度对与节能有关的隐蔽部位或内容进行验收，并应有详

细的文字记录和必要的图像资料。

12.9.3 检查判定

12.9.3.1 主控项目

（1）照明光源、灯具及其附属装置的选择必须符合设计要求，进场验收时应对相关技术性能进行核查，并经监理工程师（建设单位代表）检查认可，形成相应的验收、核查记录。质量证明文件和相关技术资料应齐全，并应符合国家现行有关标准和规定。

检验方法：观察检查；技术资料和性能检测报告等质量证明文件与实物核对。

检查数量：全数检查。

（2）低压配电系统选择的电缆、电线截面不得低于设计值，进场时应对其截面和每芯导体电阻值进行见证取样送检。

检验方法：进场时抽样送检，验收时核查检验报告。

检查数量：同厂家各种规格总数的 10% 且不少于 2 个规格。

（3）工程安装完成后应对低压配电系统进行调试，调试合格后应对低压配电电源质量进行检测。

检测要求及结果如表 12-3。

低压配电系统调试检测要求及结果　　　表 12-3

调试项目	允 许 偏 差
供电电压允许偏差	三相供电电压允许偏差为标称系统电压的 ±7%；单相 220V 为 +7%、-10%
谐波电压限值为	380V 的电网标称电压，电压总谐波畸变率（THDu）为 5%，奇次谐波（1～25 次）含有率为 4%，偶次（2～24 次）谐波含有率为 2%
谐波电流	不应超过允许值
三相电压	不平衡度允许值为 2%，短时不得超过 4%

检验方法：在已安装的变频、照明和不间断电源等可产生谐波的用电设备均可投入的情况下，使用三相电能质量分析仪在变压器的低压侧测量。

检查数量：全部检测。

（4）在通电试运行中，应测试并记录照明系统的照度和功率密度值：照度值不得小于设计值的

90%；功率密度值应符合《建筑照明设计标准》（GB 50034—2004）中的规定。

检验方法：在无外界光源的情况下，检测被检区域内的平均照度和功率密度。

检查数量：每种功能区检查不少于2处。

12.9.3.2 一般项目

（1）母线与母线或母线与电器接线端子，当采用螺栓搭接连接时应采用力矩扳手拧紧，制作应符合《建筑电气工程施工质量验收规范》（GB 50303—2002）标准中有关规定。

检验方法：使用力矩扳手对压接螺栓进行力矩检测。

检查数量：母线按检验批抽查10%。

（2）交流单芯电缆或分相后的每相电缆敷设，宜品字形（三叶形）敷设，且不得形成闭合铁磁回路。

检验方法：观察检查。

检查数量：全数检查。

（3）三相照明配电干线的各相负荷宜分配平衡，其最大相负荷不宜超过三相负荷平均值的115%，最小相负荷不宜小于三相负荷平均值的85%。

检验方法：在建筑物照明通电试运行时开启全部照明负荷，使用三相功率计检测各相负载电流、电压和功率。

检查数量：全部检查。

12.10 节能工程形成的质量文件

12.10.1 建筑节能分部工程质量验收应具备的质量文件

（1）设计文件、图纸会审记录、设计变更、洽商文件、技术核定手续；
（2）节能工程专项施工方案；
（3）材料、设备的质量证明文件；
（4）定型成套产品的形式检验报告；
（5）材料、设备的见证取样送检复试报告；
（6）隐蔽工程验收记录和相关图像资料；
（7）建筑围护结构节能构造实体检验报告；
（8）系统节能性能检测、调试记录及报告；
（9）检验批质量验收记录。

12.10.2 分项工程质量验收记录

12.10.3 分部工程质量验收记录

13 工程质量检验

13.1 一般要求

13.1.1 施工质量验收应符合《建筑工程质量验收统一标准》(GB 50300—2001)及建筑工程各专业工程施工质量验收规范要求。

13.1.2 建筑工程采用的主要材料、半成品、成品、建筑构配件、器具和设备，应进行现场验收。凡涉及安全功能的有关产品，应按各专业工程质量验收规范规定，进行复验并应经监理工程师（建设单位技术负责人）检查认可。

13.1.3 工程质量检验分为材料和设备的进场检验和复验、施工过程检验及竣工验收前工程安全性和功能性的检验。所有检验均应依据相关验收规范、设计文件等要求按一定的抽样数量进行抽检，结果必须满足检验要求。

（1）对进场材料、构配件、设备进行检验和试验，以防止未经检验或未验证合格的物资投入使用和加工。不允许使用未经验证合格的物资。

(2) 对施工生产过程进行检验和试验,以避免不合格的产品流入下一过程,通过检验和试验可发现生产过程的不稳定性,及时采取预防或纠正措施,避免造成更大损失。不允许在检验、试验未完成或必要的检验和试验报告未经验证合格的情况下,进入下一工序。

(3) 安全性和功能性检验主要包括结构安全性能检验,设备使用功能检验,以满足建筑产品的使用安全性、可靠性和耐久性。

13.2 材料、设备的进场检验和复验

材料(包括构件、设备)按其应用一般可以分为两大类:结构性材料和功能性材料。结构材料就是具有较好的力学性能(比如强度、韧性及高温性能等)的用作结构件的材料。而具有特殊的电、磁、热、光等物理性能或化学性能的材料则可以统称为功能材料。建筑中最常用的结构材料是钢材、水泥、混凝土、砌筑材料等。功能性材料则包括防水材料、节能保温材料、安装设备等。

13.2.1 结构性材料、构配件

13.2.1.1 钢筋混凝土结构

(1) 钢筋进场时，应按现行国家标准《钢筋混凝土用钢第 1 部分：热轧光圆钢筋》(GB 1499.1—2008)等的规定抽取试件做力学性能检验，其质量必须符合有关标准规定。

检查数量：按进场的批次和产品的抽样检验方案确定。

检验方法：检查产品合格证、出厂检验报告和进场复验报告。

(2) 钢筋检验内容及检验要求见表 13-1。

钢筋检验内容及检验要求　　表 13-1

检验内容	检 验 要 求	
力学性能	纵向受力钢筋的强度应符合设计要求	
	设计无具体要求时	对一、二级抗震等级： ① 钢筋的抗拉强度实测值与屈服强度实测值的比值不应小于 1.25； ② 钢筋的屈服强度实测值与强度标准值的比值不应大于 1.3

续表

检验内容	检验要求
化学成分检验	钢筋出现脆断、焊接性能不良或力学性能显著不正常等现象时进行
外观检查	平直、无损伤、表面不得有裂纹、油污、颗粒状或片状老锈

(3) 预应力钢筋检验内容及检验要求见表13-2。

预应力钢筋检验内容及检验要求　　表13-2

检验内容	检验要求
力学性能	符合有关标准要求
锚具、夹具和连接器	符合有关标准及设计要求；外观表面应无污物、锈蚀、机械损伤和裂纹
灌浆用水泥和外加剂	符合施工规范要求
金属螺旋管	尺寸性能符合有关标准要求；表面应清洁，无锈蚀，不应有油污、孔洞和不规则的褶皱，咬口不应有开裂或脱扣

续表

检验内容	检 验 要 求
外观检查	①有粘结预应力筋展开后应平顺,不得有弯折,表面不应有裂纹、小刺、机械损伤、氧化铁皮和油污等; ②无粘结预应力筋护套应光滑,无裂缝,无明显褶皱

(4) 混凝土检验内容及检验要求见表 13-3。

混凝土检验内容及检验要求　　表 13-3

检验内容	检 验 要 求
水泥	强度、安定性及其他必要的性能指标复验,应符合《通用硅酸盐水泥》(GB 175—2007)等的规定
外加剂	应符合《混凝土外加剂》(GB 8076—1997)、《混凝土外加剂应用技术规范》(GB 50119—2003)的规定
矿物掺和料	应符合《用于水泥和混凝土中的粉煤灰》(GB 1596—2005)的规定

续表

检验内容	检验要求
粗细骨料	应符合《普通混凝土用砂、石质量及检验方法标准》(JGJ 52—2006)的规定
水	应符合《混凝土用水标准》(JGJ 63—2006)的规定

(5) 混凝土预制构件检验内容及检验要求见表13-4。

混凝土预制构件检验内容及检验要求　　表13-4

检验内容	检验要求	检查数量
结构性能检验	符合标准图或设计要求的试验参数及检验指标	同一工艺成批生产的构件,以不超过1000件且生产日期不超过3个月的同类型产品为一批,每批抽取一个构件
外观检查	不应有严重缺陷;不应有影响结构性能和安装、使用功能的尺寸偏差	全数检查

13.2.1.2 砌筑结构检验内容及检验要求见表 13-5

砌筑结构检验内容及检验要求　　表 13-5

检验内容		检 验 要 求
砌筑砂浆	预制砂浆	符合设计要求及产品标准规定
	水泥	强度、安定性复验合格
	砂	不得含有有害杂物；含泥量符合施工规范要求
	水	符合国家现行标准《混凝土用水标准》（JGJ 63—2006）规定
	掺合剂（有机塑化剂、早强剂、缓凝剂、防冻剂）	应经检验和试配符合要求后使用，有机塑化剂应有砌体强度的型式检验报告
砌体（含烧结砖、蒸压灰砂砖、粉煤灰砖、普通混凝土小型空心砌块等砌体）的强度等级		符合设计要求
石砌体		质地应坚实，无风化剥落和裂纹；表面的泥垢、水锈等杂质，砌筑前应清除干净；强度等级必须符合设计要求

续表

检验内容		检 验 要 求
配筋砌体	钢筋	品种、规格和数量应符合设计要求
	构造柱、芯柱、组合砌体构件、配筋砌体剪力墙构件的混凝土或砂浆	混凝土或砂浆的强度等级应符合设计要求

13.2.2 功能性材料、设备

13.2.2.1 建筑装饰装修工程功能性检验项目及检验要求（见表13-6）

装饰装修工程功能性检验项目及检验要求　　表13-6

检验项目	检 验 要 求
建筑装饰装修工程所用材料的燃烧性能	应符合现行国家标准《建筑内部装修设计防火规范》（GB 50222—1995）、《建筑设计防火规范》（GB 50016—2006）和《高层民用建筑设计防火规范》（GB 50045—1995）的规定

续表

检验项目	检验要求
建筑装饰装修工程所用材料有害物质含量	应符合国家有关建筑装饰装修材料有害物质限量标准的规定
建筑装饰装修工程所使用的材料进行防火、防腐和防虫处理	应符合设计要求
现场配制的材料（如砂浆、胶粘剂等）	应按设计要求或产品说明书配制

13.2.2.2 建筑防水材料

建筑的防水性能及采取的防水构造措施应满足下列检验要求：

（1）防水混凝土的抗压强度和抗渗压力必须符合设计要求。

(2) 防水混凝土应密实,表面应平整,不得有露筋、蜂窝等缺陷;裂缝宽度应符合设计要求。

(3) 水泥砂浆防水层应密实、平整、粘结牢固,不得有空鼓、裂纹、起砂、麻面等缺陷;防水层厚度应符合设计要求。

(4) 卷材接缝应粘结牢固、封闭严密,防水层不得有损伤、空鼓、皱褶等缺陷。

(5) 涂层应粘结牢固,不得有脱皮、流淌、鼓泡、露胎、皱褶等缺陷;涂层厚度应符合设计要求。

(6) 塑料板防水层应铺设牢固、平整,搭接焊缝严密,不得有焊穿、下垂、绷紧现象。

(7) 金属板防水层焊缝不得有裂纹、未熔合、夹渣、焊瘤、咬边、烧穿、弧坑、针状气孔等缺陷;保护涂层应符合设计要求。

(8) 变形缝、施工缝、后浇带、穿墙管道等防水构造应符合设计要求。

13.2.2.3 建筑节能工程材料检验项目及检验要求(见表13-7)

13.2.2.4 建筑给水、排水及采暖工程功能性材料、设备检验内容及检验要求(见表13-8)

建筑节能功能性材料检验项目及检验要求　　表13-7

检验项目	检验要求
建筑节能工程使用的材料、设备等进场验收	必须符合设计要求及国家有关标准的规定。严禁使用国家明令禁止使用与淘汰的材料和设备。 进场验收应遵守下列规定： ①对材料和设备的品种、规格、包装、外观和尺寸等进行检查验收，并应经监理工程师（建设单位代表）确认，形成相应的验收记录。 ②对材料和设备的质量证明文件进行核查，并应经监理工程师（建设单位代表）确认，纳入工程技术档案。进入施工现场用于节能工程的材料和设备均应具有出厂合格证、中文说明书及相关性能检测报告；定型产品和成套技术应有型式检验报告；进口材料和设备应按规定进行出入境商品检验。 ③对材料和设备应按照规范规定在施工现场抽样复验。复验应为见证取样送检
建筑节能工程使用材料的燃烧性能等级和阻燃处理	应符合设计要求和国家现行标准《高层民用建筑设计防火规范》（GB 50045—1995）、《建筑内部装修设计防火规范》（GB 50222—1995）和《建筑设计防火规范》（GB 50016—2006）等的规定

续表

检验项目	检 验 要 求
建筑节能工程使用的材料有害物质限量	应符合国家现行有关标准对材料有害物质限量的规定,不得对室内外环境造成污染
现场配制材料(如保温浆料、聚合物砂浆等)	应按设计要求或试验室给出的配合比配制。当未给出具体要求时,应按照施工方案和产品说明书配制
节能保温材料在施工使用时的含水率	应符合设计要求、工艺要求及施工技术方案要求。当无上述要求时,节能保温材料在施工使用时的含水率不应大于正常施工环境湿度下的自然含水率,否则应采取降低含水率的措施

建筑给水、排水及采暖工程功能性材料、
设备检验内容及检验要求　　表13-8

检验项目	检 验 要 求
所使用的主要材料、成品、半成品、配件、器具和设备	必须具有中文质量合格证明文件,规格、型号及性能检测报告; 应符合国家技术标准或设计要求; 进场时应做检查验收,并经监理工程师核查确认

续表

检验项目	检 验 要 求
主要器具和设备	必须有完整的安装使用说明书。在运输、保管和施工过程中,应采取有效措施防止损坏或腐蚀
阀门的强度和严密性试验	应符合以下规定: 阀门的强度试验压力为公称压力的1.5倍;严密性试验压力为公称压力的1.1倍;试验压力在试验持续时间内应保持不变,且壳体填料及阀瓣密封面无渗漏。 阀门试压的试验持续时间应符合施工规范的规定
管道上使用的冲压弯头	外径应与管道外径相同

13.2.2.5 建筑电气设备和材料

(1) 主要设备、材料、成品和半成品应进场检验,结论应有记录,确认符合规范规定,才能在施工中应用。

(2) 依法定程序批准进入市场的新电气设备、器具和材料;进口电气设备、器具和材料,应进场验收,除符合规范规定外,应提供安装、使用、维修和试验要求等技术文件;还应提供商检证明和中文的质量合格证明文件、规格、型号、性能检测报告以及中文的安装、使用、维修和试验要求等技术文件。

(3) 变压器、箱式变电所、高压电器及电瓷制品,应符合下列规定:

1) 查验合格证和随带技术文件,变压器有出厂试验记录;

2) 外观检查:有铭牌,附件齐全,绝缘件无缺损、裂纹,充油部分不渗漏,充气高压设备气压指示正常,涂层完整。

(4) 高低压成套配电柜、蓄电池柜、不间断电源柜、控制柜(屏、台)及动力、照明配电箱(盘),应符合下列规定:

1) 查验合格证和随带技术文件,实行生产许可证和安全认证制度的产品,有许可证编号和安全认证标志。不间断电源柜有出厂试验记录。

2) 外观检查:有铭牌,柜内元器件无损坏丢失、接线无脱落脱焊,蓄电池柜内电池壳体无碎裂、漏液,充油、充气设备无泄漏,涂层完整,无明显碰撞凹陷。

(5) 柴油发电机组应符合下列规定:

1)依据装箱单,核对主机、附件、专用工具、备品备件和随带技术文件,查验合格证和出厂试运行记录,发电机及其控制柜有出厂试验记录;

2)外观检查:有铭牌,机身无缺件,涂层完整。

(6)电动机、电加热器、电动执行机构和低压开关设备等,应符合下列规定:

1)查验合格证和随带技术文件,实行生产许可证和安全认证制度的产品,有许可证编号和安全认证标志;

2)外观检查:有铭牌,附件齐全,电气接线端子完好,设备器件无缺损,涂层完整。

(7)照明灯具及附件,应符合下列规定:

1)查验合格证,新型气体放电灯具随带技术文件。

2)外观检查:灯具涂层完整,无损伤,附件齐全。防爆灯具铭牌上有防爆标志和防爆合格证号,普通灯具有安全认证标志。

3)对成套灯具的绝缘电阻、内部接线等性能进行现场抽样检测。灯具的绝缘电阻值不小于$2M\Omega$,内部接线为铜芯绝缘电线,芯线截面积不小于$0.5mm^2$,橡胶或聚氯乙烯(PVC)绝缘电线的绝缘层厚度不小于$0.6mm$。对游泳池和类似场所灯

具(水下灯及防水灯具)的密闭和绝缘性能有异议时,按批抽样送有资质的试验室检测;

(8)开关、插座、接线盒和风扇及其附件,应符合下列规定:

1)查验合格证,防爆产品有防爆标志和防爆合格证号,实行安全认证制度的产品有安全认证标志。

2)外观检查:开关、插座的面板及接线盒盒体完整、无碎裂、零件齐全,风扇无损坏,涂层完整,调速器等附件适配。

3)对开关、插座的电气和机械性能进行现场抽样检测。检测规定如下:

①不同极性带电部件间的电气间隙和爬电距离不小于3mm;

②绝缘电阻值不小于5MΩ;

③用自攻锁紧螺钉或自切螺钉安装的,螺钉与软塑固定件旋合长度不小于8mm,软塑固定件在经受10次拧紧退出试验后,无松动或掉渣,螺钉及螺纹无损坏现象;

④金属间相旋合的螺钉螺母,拧紧后完全退出,反复5次仍能正常使用;

4)对开关、插座、接线盒及其面板等塑料绝缘材料阻燃性能有异议时,按批抽样送有资质的试验室检测。

（9）电线、电缆应符合下列规定：

1）按批查验合格证，合格证有生产许可证编号，按《额定电压 450/750V 及以下聚氯乙烯绝缘电缆》（GB 5023.1～5023.7）标准生产的产品查安全认证标志。

2）外观检查：包装完好，抽检的电线绝缘层完整无损，厚度均匀。电缆无压扁、扭曲，铠装不松卷。耐热、阻燃的电线、电缆外护层有明显标识和制造厂标。

3）按制造标准，现场抽样检测绝缘层厚度和圆形线芯的直径；线芯直径误差不大于标称直径的 1%；常用的 BV 型绝缘电线的绝缘层厚度不小于规范的规定。

4）对电线、电缆绝缘性能、导电性能和阻燃性能有异议时，按批抽样送有资质的试验室检测。

（10）导管的功能性检验项目及检验要求应符合下列规定：

1）按批查验合格证和材质证明书；有异议时，按批抽样送有资质的试验室检测。

2）外观检查：型钢表面无严重锈蚀，无过度扭曲、弯折变形；电焊条包装完整，拆包抽检，焊条尾部无锈斑。

（11）镀锌制品（支架、横担、接地极、避雷用型钢等）和外线金具，应符合下列规定：

1）按批查验合格证或镀锌厂出具的镀锌质量证明书；

2）外观检查：镀锌层覆盖完整、表面无锈斑，金具配件齐全，无砂眼；

3）对镀锌质量有异议时，按批抽样送有资质的试验室检测。

（12）电缆桥架、线槽应符合下列规定：

1）查验合格证。

2）外观检查：部件齐全，表面光滑、不变形；钢制桥架涂层完整，无锈蚀；玻璃钢制桥架色泽均匀，无破损碎裂；铝合金桥架涂层完整，无扭曲变形，不压扁，表面无划伤。

（13）封闭母线、插接母线应符合下列规定：

1）查验合格证和随带安装技术文件。

2）外观检查：防潮密封良好，各段编号标志清晰，附件齐全，外壳不变形，母线螺栓搭接面平整、镀层覆盖完整、无起皮和麻面；插接母线上的静触头无缺损、表面光滑、镀层完整。

（14）裸母线、裸导线应符合下列规定：

1）查验合格证。

2）外观检查：包装完好，裸母线平直，表面无明显划痕，测量厚度和宽度符合制造标准；裸导线表面无明显损伤，不松股、扭折和断股（线），测量线径符合制造标准。

（15）电缆头部件及接线端子应符合下列规定：

1）查验合格证；

2）外观检查：部件齐全，表面无裂纹和气孔，随带的袋装涂料或填料无泄漏。

13.3 施工过程检验

13.3.1 地基与基础工程

（1）地基处理检验见表13-9；

地基处理检验 表13-9

检验项目	检验要求	抽样数量
高压喷射注浆地基桩体强度或完整性检验	桩身强度及完整性符合设计要求	抽查20%
水泥土搅拌桩桩体强度		
水泥粉煤灰碎石桩复合地基		

(2) 桩基础检验见表 13-10;

桩基础检验　　　　　　　　表 13-10

检验项目	检验要求	抽样数量
承载力	符合设计要求	不应少于总数的 1%,且不应少于 3 根,当总桩数少于 50 根时,不应少于 2 根
桩身质量	符合设计要求	①设计等级为甲级或地质条件复杂,承载质量可靠性低的灌注桩不应少于总数的 30% 且不应少于 20 根; ②其他桩基不应少于总数的 20%,且不应少于 10 根; ③混凝土预制桩及地下水位以上且终孔后经过核验的灌注桩不应少于总数的 10%,且不应少于 10 根; ④每个柱子承台不少于 1 根

(3) 防水工程检验见表 13-11。

防水工程检验　　　　　　　　表 13-11

检验项目	检验要求	抽样数量
渗漏水调查与量测	符合防水等级标准要求	按施工规范要求

13.3.2 混凝土结构工程

(1) 结构实体检验见表 13-12;

结构实体检验　　　表 13-12

检验项目	检验要求	抽样数量
混凝土强度	符合设计要求 (同条件试块达到等效养护龄期时的强度试验,乘折算系数所得值)	同一强度等级的同条件养护试件,其留置的数量应根据混凝土工程量和重要性确定,不宜少于10组,且不应少于3组
钢筋保护层厚度	允许偏差:梁类构件为+10mm、-7mm;板类构件为+8mm、-5mm; ①当全部钢筋保护层厚度检验的合格点率为90%及以上时,应判为合格; ②当全部钢筋保护层厚度检验的合格点率小于90%但不小于80%,可再抽取相同数量的构件进行检验;当按两次抽样总和计算的合格点率为90%及以上时,应判为合格; ③每次抽样检验结果中不合格点的最大偏差均不应大于上述允许偏差的1.5倍	①梁板类构件,应各抽取构件数量的2%且不少于5个构件进行检验; ②当有悬挑构件时,抽取的构件中悬挑梁类、板类构件所占比例均不宜小于50%

(2) 砌体结构工程见表 13-13；

砌体结构工程检验　　　表 13-13

检验项目	检验要求	抽样数量
砂浆试块强度	同一验收批砂浆试块抗压强度平均值必须不小于设计强度等级所对应的立方体抗压强度；同一验收批砂浆试块抗压强度的最小一组平均值必须不小于设计强度等级所对应的立方体抗压强度的 0.75 倍	每一检验批且不超过 $250m^3$ 砌体的各种类型及强度等级的砌筑砂浆，每台搅拌机应至少抽检一次
对有裂缝的砌体	应按下列情况进行验收： ①对有可能影响结构安全性的砌体裂缝，应由有资质的检测单位检测鉴定，需返修或加固处理的，待返修或加固满足使用要求后进行二次验收； ②对不影响结构安全性的砌体裂缝，应予以验收，对明显影响使用功能和观感质量的裂缝，应进行处理	按施工规范要求

(3) 建筑给水、排水及采暖工程检验见表13-14。

建筑给水、排水及采暖工程检验　　表13-14

检验项目	检验要求	抽样数量
承压管道系统和设备及阀门水压试验	符合设计要求及施工规范要求	按有关标准规范执行

13.4 竣工验收前安全性及功能性检验

13.4.1 建筑装饰装修工程安全性及功能性检验（见表13-15）

建筑装饰装修工程安全性及功能性检验　表13-15

检验项目	检验要求	抽样数量
门窗工程	①建筑外墙金属窗的抗风压性能、空气渗透性能和雨水渗漏性能；②建筑外墙塑料窗的抗风压性能、空气渗透性能和雨水渗漏性能	符合设计要求及施工规范要求	按有关标准规范执行

续表

检验项目		检验要求	抽样数量
饰面板（砖）工程	①饰面板后置埋件的现场拉拔试验；②饰面砖样板件的粘结强度	符合设计要求及施工规范要求	按有关标准规范执行
幕墙工程	①硅酮结构胶的相容性试验；②幕墙后置埋件的现场拉拔试验；③幕墙的抗风压性能、空气渗透性能、雨水渗漏性能及平面变形性能		
室内环境空气检测：氡（Rn-222）、甲醛、氨、苯、总挥发性有机化合物（TVOC）		符合设计要求及《民用建筑工程室内环境污染控制规范》（GB 50325—2001）规定	按《民用建筑工程室内环境污染控制规范》（GB 50325—2001）的规定

13.4.2 建筑屋面工程安全性及功能性检验（见表13-16）

建筑屋面工程安全性及功能性检验　　表 13-16

检验项目	检验要求	抽样数量
检查屋面有无渗漏、积水，排水系统是否畅通	符合防水等级和设防要求及施工规范要求	应在雨后或持续淋水2h后进行。有可能做蓄水检验的屋面，其蓄水时间不应少于24h

13.4.3 建筑节能工程安全性及功能性检验（见表13-17）

建筑节能工程安全性及功能性检验　　表 13-17

	检验项目	检验要求	抽样数量
现场实体检验	外墙节能构造	符合设计及施工规范要求	3 处/种类、单位工程
	外窗气密性		3 樘/品种、类型、开启、单位工程
	传热系数		视条件抽查

续表

检验项目		检验要求	抽样数量
系统节能性能检测	室内温度	符合设计及施工规范要求	居住：卧室或起居室1间/户 其他建筑：房间总数10%
	供热系统室外管网水力平衡度		每个热源与换热站均不少于1个独立的供热系统
	供热系统的补水率		
	室外管网的热输送效率		
	各风口的风量		系统数量抽查10%，且不得少于1个系统
	通风与空调系统的总风量		
	空调机组的水流量		
	空调系统冷热水、冷却水总流量		全数
	平均照度与照明功率密度		同一功能区不少于2处

13.4.4 建筑给水、排水及采暖工程安全性及功能性检验（见表13-18）

建筑给水、排水及采暖工程安全性及功能性检验

表 13-18

检验项目	检验要求	抽样数量
排水管道灌水、通球及通水试验	符合设计要求及施工规范要求	按有关标准规范执行
雨水管道灌水及通水试验		
给水管道通水试验及冲洗、消毒检测		
卫生器具通水试验，具有溢流功能的器具满水试验		
地漏及地面清扫口排水试验		
消火栓系统测试		
采暖系统冲洗及测试		
安全阀及报警联动系统动作测试		
锅炉48h负荷试运行		

13.4.5 建筑电气工程安全性及功能性检验（见表13-19）

建筑电气工程安全性及功能性检验　　表13-19

检验项目	检验要求	抽样数量
变配电室通电后可抽测的项目主要是：各类电源自动切换或通断装置、馈电线路的绝缘电阻、接地（PE）或接零（PEN）的导通状态、开关插座的接线正确性、漏电保护装置的动作电流和时间、接地装置的接地电阻和由照明设计确定的照度等	抽测的结果应符合规范规定和设计要求	①大型公用建筑的变配电室，技术层的动力工程，供电干线的竖井，建筑顶部的防雷工程，重要的或大面积活动场所的照明工程，以及5%自然间的建筑电气动力、照明工程；②一般民用建筑的配电室和5%自然间的建筑电气照明工程，以及建筑顶部的防雷工程；③室外电气工程以变配电室为主，且抽检各类灯具的5%

13.4.6 智能建筑工程安全性及功能性检验（见表13-20）

智能建筑工程安全性及功能性检验　　表 13-20

检 验 项 目	检验要求	抽样数量
通信网络系统、信息网络系统、建筑设备监控系统、火灾自动报警及消防联动系统、安全防范系统、综合布线系统、智能化系统集成、电源与接地、环境、住宅（小区）智能化等系统检测	符合设计要求及施工规范要求	按有关标准规范执行

13.4.7 通风与空调工程安全性及功能性检验（见表13-21）

通风与空调工程安全性及功能性检验　　表 13-21

检 验 项 目	检验要求	抽样数量
通风与空调工程安装完毕，必须进行系统的测定和调整（简称调试）。系统调试应包括下列项目： ①设备单机试运转及调试； ②系统无生产负荷下的联合试运转及调试	符合设计要求及施工规范要求	按有关标准规范执行

续表

检验项目	检验要求	抽样数量
防排烟系统联合试运行与调试的结果（风量及正压）	符合设计要求及施工规范要求	按有关标准规范执行
净化空调系统		
通风与空调系统综合效能的测定与调整		

14 工程质量验收

14.1 工程质量验收的依据

作为工程质量验收依据的建筑工程施工质量验收规范（以下简称"验收规范"，目录详见表14-1）是我国的国家标准，属强制性标准，即在中华人民共和国的行政区域内，工程建设的参与各方都必须无条件地执行。

建筑工程施工质量验收规范目录　　　表 14-1

序号	标准编号	标准名称	实施日期
1	GB 50300—2001	建筑工程施工质量验收统一标准	2002-01-01
2	GB 50202—2002	建筑地基基础工程施工质量验收规范	2002-05-01
3	GB 50203—2002	砌体工程施工质量验收规范	2002-04-01

续表

序号	标准编号	标准名称	实施日期
4	GB 50204—2002	混凝土结构工程施工质量验收规范	2002-04-01
5	GB 50205—2001	钢结构工程施工质量验收规范	2002-03-01
6	GB 50206—2002	木结构工程施工质量验收规范	2002-07-01
7	GB 50207—2002	屋面工程质量验收规范	2002-06-01
8	GB 50208—2002	地下防水工程质量验收规范	2002-04-01
9	GB 50209—2002	建筑地面工程施工质量验收规范	2002-06-01
10	GB 50210—2001	建筑装饰装修工程质量验收规范	2002-03-01
11	GB 50242—2002	建筑给水排水及采暖工程施工质量验收规范	2002-04-01
12	GB 50243—2002	通风与空调工程施工质量验收规范	2002-04-01

续表

序号	标准编号	标准名称	实施日期
13	GB 50303—2002	建筑电气工程施工质量验收规范	2002-06-01
14	GB 50310—2002	电梯工程施工质量验收规范	2002-06-01
15	GB 50339—2003	智能建筑工程质量验收规范	2003-10-01
16	GB 50411—2007	建筑节能工程施工质量验收规范	2007-10-01

"验收规范"是由《建筑工程施工质量验收统一标准》（GB50300—2001）（以下简称《统一标准》）和15项建筑专业工程施工质量验收规范（以下简称"专业验收规范"）组成。"验收规范"适用于新建、改建和扩建的房屋建筑物和附属物、构筑物设施（含建筑设备安装工程）的施工质量验收。凡涉及工业设备、工业管道、电气装置、工业自动化仪表、工业炉砌筑等工业安装工程的质量验收，不适用于本套"验收规范"。各"专业验收规范"另有规定的应服从其

规定。各"专业验收规范"必须与《统一标准》配套使用。

14.2 建筑工程质量验收的划分

14.2.1 单位（子单位）工程划分的原则

（1）具备独立施工条件并能形成独立使用功能的建筑物及构筑物为一个单位工程，通常由结构、建筑与建筑设备安装工程共同组成。如一幢公寓楼、一栋厂房、一座泵房等，均单独作为一个单位工程。

（2）建筑规模较大的单位工程，可将其能形成独立使用功能的部分划为两个或两个以上子单位工程。如一个单位工程由塔楼与裙房组成，可根据建设方的需求，将塔楼与裙房划分为两个子单位工程，分别进行质量验收，按序办理竣工备案手续。子单位工程的划分应在开工前预先确定，并在施工组织设计中具体划定，并应采取技术措施，既要确保后验收的子单位工程顺利进行施工，又能保证先验收的子单位工程的使用功能达到设计的要求，并满足使用的安全。

一个单位工程中，子单位工程不宜划分得多，对于建设方没有分期投入使用要求的较大规模工程，不应划分子单位工程。

(3) 室外工程可按表 14-2 进行划分。

室外工程划分 表 14-2

单位工程	子单位工程	分部（子分部）工程
室外建筑环境	附属建筑	车棚，围墙，大门，挡土墙，收集站
	室外	建筑小品，道路，亭台，连廊，花坛，场坪绿化
室外安装	给水排水与采暖	室外给水系统，室外排水系统，室外供热系统
	电气	室外供电系统，室外照明系统

14.2.2 分部（子分部）、分项工程划分的原则

分部（子分部）、分项工程划分的原则见第 3～12 有关章节。

14.2.3 检验批的划分原则

分项工程划分成检验批进行验收有助于及时纠

正施工中出现的质量问题,确保工程质量,也符合施工实际需要。多层及高层建筑工程中主体结构分部的分项工程可按楼层或施工段来划分检验批,单层建筑工程中的分项工程可按变形缝等划分检验批;地基与基础分部工程中的分项工程一般划分为一个检验批,有地下层的基础工程可按不同地下层划分检验批;屋面分部工程中的分项工程,不同楼层屋面可划分为不同的检验批;其他分部工程的分项工程,可按楼层或一定数量划分检验批;对于工程量较少的分项工程可统一划为一个检验批。安装工程一般按设计系统或设备组别划分检验批。室外工程统一划分为一个检验批。散水、台阶、明沟等含在地面检验批中。

14.3 工程质量验收的实施

14.3.1 基本规定

14.3.1.1 依据

(1) 应符合国家标准、行业标准、地方标准及企业标准的要求;

(2) 应符合工程勘察、设计文件的要求;

(3) 应符合施工承发包合同中有关质量的特别

约定的要求。

14.3.1.2 资质与资格

(1) 建设参与各方参加质量验收的人员应具备规定的资格;

(2) 承担涉及结构安全和使用功能的重要分部工程的抽样检验以及承担见证取样检测的单位,应为经过省级以上建设行政主管部门对其资质认可和质量技术监督部门已通过对其计量认证的检测单位。

14.3.1.3 程序

(1) 工程质量的验收均应在施工单位自行检查评定合格的基础上,交由监理单位进行。并应按施工的顺序进行:检验批→分项工程→分部(子分部)工程→单位(子单位)工程。

(2) 隐蔽工程在隐蔽前应由施工单位通知有关单位进行验收,并应填写隐蔽工程验收记录。

(3) 涉及结构安全的试块、试件以及有关材料,应在监理单位或建设单位见证员的见证下,由施工单位取样员按规定进行取样,送至具有相应资质的检测单位检测。见证取样送检的比例不得低于检测数量的30%,具体按各地要求执行(上海地区规定为100%)。

(4) 检验批的质量应按主控项目和一般项目验收。

(5) 对涉及结构安全和使用功能的重要分部工程,应按专业规范的规定进行抽样检测(实体检测),用来验证工程的安全性和功能性。

(6) 单位工程完工后,施工单位应自行组织有关人员进行检查评定,并向建设单位提交工程验收报告。建设单位应及时组织有关各方进行验收。工程的观感质量应由验收人员通过现场检查共同确认。单位工程质量验收合格后,建设单位应在规定时间内将工程竣工验收报告和有关文件,报建设行政管理部门备案。

(7) 建筑工程质量验收的组织及参加人员见表14-3。

建筑工程质量验收组织及参加人员　　表14-3

序号	验收对象	组织者	参加人员
1	检验批	监理工程师	项目专业质量(技术)负责人
2	分项工程	监理工程师	项目专业质量(技术)负责人

续表

序号	验收对象	组织者	参加人员
3	分部（子分部）工程	总监理工程师	项目经理、项目技术负责人、项目质量负责人
	地基与基础、主体结构分部	总监理工程师	施工技术部门负责人、施工质量部门负责人、勘察项目负责人、设计项目负责人
4	单位（子单位）工程	建设单位（项目）负责人	施工单位（项目）负责人、设计单位（项目）负责人、监理单位（项目）负责人

参加质量验收的各方对工程质量验收意见不一致时，可采取协商、调解、仲裁和诉讼四种方式解决。

这四种解决质量争议的方式有各自的特点，采用哪种方式来解决争议，法律并没有强制规定，当事人可以根据争议的具体情况进行选择。

14.3.1.4 抽样方案与风险

对于重要的检验项目，且可采用简易快速的非破损检验方法时，宜选用全数检验。对于构件截面尺寸或外观质量等检验项目，宜选用考虑合格质量

水平的生产方风险 α 和使用方风险 β 的一次或二次抽样方案，也可选用经实践经验有效的抽样方案。

随机取样是一个统计学的专业术语，决不能混同于随意取样！如某项检验项目决定采取随机取样的抽样方法，考虑到生产方风险 α 和使用方风险 β，必须兼顾样件位于产品群中的均布性和代表性。如混凝土结构同条件试块留置方案的策划中，考虑到均布性可每层留置一组，考虑到代表性则宜选取不同类型且位于不同日照环境的构件。

14.3.2 检验批质量验收

检验批质量合格应符合下列规定：

（1）主控项目和一般项目的质量经抽样检验合格。主控项目中所有子项必须全部符合各专业验收规范规定的质量指标，方能判定该主控项目质量合格。一般项目的合格判定条件：抽查样本的80%及以上（个别项目为90%以上，如混凝土规范中梁、板构件上部纵向受力钢筋保护层厚度等）符合各专业验收规范规定的质量指标，其余样本的缺陷通常不超过规定允许偏差的1.5倍（个别规范规定为1.2倍，如钢结构验收规范等）。具体应根据各专业验收规范的规定执行。

(2) 具有完整的施工操作依据和质量检查记录。有关质量检查的内容、数据、评定,由施工单位项目专业质量检查员填写,检验批验收记录及结论由监理工程师填写完整。

(3) 上述两项均符合要求,该检验批质量方能判定为合格。若其中一项不符合要求,该检验批质量则不得判定为合格。

14.3.3 分项工程质量验收

(1) 分项工程是由所含性质、内容一样的检验批汇集而成,是在检验批的基础上进行验收的,实际上是一个汇总统计的过程,并无新的内容和要求,但验收时应注意:

1) 应核对检验批的部位是否覆盖分项工程的全部范围,有无缺漏部位;

2) 检验批验收记录的内容及签字人是否正确、齐全;

3) 分项工程质量验收按要求填写有关表式。

(2) 分项工程质量合格应符合下列规定:

1) 分项工程所含的检验批均应符合合格质量的规定;

2) 分项工程所含的检验批的质量验收记录应

完整。

14.3.4 分部（子分部）工程质量验收

（1）分部工程仅含有一个子分部时，应在分项工程质量验收基础上。直接对分部工程进行验收；当分部工程含有两个及两个以上子分部工程时，则应在分项工程质量验收的基础上，先对子分部工程进行验收，再将子分部工程汇总成分部工程。

（2）分部（子分部）工程质量验收合格应符合下列规定：

1）分部（子分部）工程所含分项工程质量均应验收合格。

① 分部（子分部）工程所含分项工程施工均已完成；

② 所含各分项工程划分正确；

③ 所含各分项工程均按规定通过了合格质量验收；

④ 所含各分项工程验收记录表内容完整，填写正确，收集齐全。

2）质量控制资料应完整

质量控制资料完善是工程质量合格的重要条件，在分部工程质量验收时，应根据各专业工程质量验收规范中对分部或子分部工程质量控制资料所作的具体规定，进行系统地检查，着重检查资料的齐全、项目的完整、内容的准确和签署的规范。另外在资料检查时，尚应注意以下几点：

① 有些龄期要求较长的检测资料，在分项工程验收时，尚不能及时提供，应在分部（子分部）工程验收时进行补查，如基础混凝土（有时按60d龄期强度设计）或主体结构后浇带混凝土施工等；

② 对在施工中质量不符合要求的检验批、分项工程按有关规定进行处理后的资料归档审核；

③ 对于建筑材料的复验范围，各专业验收规范都作了具体规定，检验时按产品标准规定的组批规则、抽样数量、检验项目进行，但有的规范另有不同要求，这一点在质量控制资料核查时需要注意。

3）地基与基础、主体结构和设备安装等分部工程的有关安全及功能的检验和抽样，检测结果应符合有关规定。

涉及结构安全及使用功能检验（检测）的要求，应按设计文件及专业工程质量验收规范中所作的具体规定执行。在验收时还应注意以下几点：

① 检查各专业验收规范所规定的各项检验（检测）项目是否都进行了测试；

② 查阅各项检验报告（记录），核查有关抽样方案、测试内容、检测结果等是否符合有关标准规定；

③ 核查有关检测机构的资质，取样与送样见证人员资格，报告出具单位责任人的签署情况等是否符合要求。

4）观感质量验收应符合要求。

观感质量验收系指在分部所含的分项工程完成后，在前三项检查合格的基础上，对已完工部分工程的质量，采用目测、触摸和简单量测等方法进行的一种宏观检查方式。由于其检查的内容和质量指标已包含在各个分项工程内，所以对分部工程进行观感质量检查和验收，并不增加新的项目，只不过是转换一下视角，采用一种更直观、便捷、快速的方法，对于工程质量从外观作一次重复的、扩大的、全面的检查，这是由建筑施工特点所决定的，也是十分必要的。

① 尽管其所包含的分项工程原来都经过检查与验收，但随着时间的推移、气候的变化、荷载的递增等，可能会出现质量变异情况，如材料裂缝、

建筑物的渗漏、变形等;

② 弥补受抽样方案局限造成的检查数量不足和后续施工部位（如施工洞、井架洞、脚手架洞等）原先检查不到的缺憾，扩大了检查面；

③ 通过对专业分包工程质量验收和评价，分清了质量责任，可减少质量纠纷，既促进了专业分包队伍技术素质提高，又增强了后续施工对产品的保护意识。

观感质量验收并不给出"合格"或"不合格"的结论，而是给出"好、一般或差"的总体评价，所谓"好"是指在质量符合验收规范的基础上，精度控制好，能达到流畅、均匀的要求；所谓"一般"是指经观感质量检查能符合验收规范的要求；所谓"差"是指勉强达到验收规范要求，但质量不够稳定，离散性较大，给人以粗疏的感觉。观感质量验收若发现有影响安全、功能的缺陷，有超过限值的偏差，或明显影响观感效果的缺陷，则应处理后再进行验收。

（3）分部（子分部）工程质量验收应在施工单位检查评定的基础上进行，勘察、设计单位应在有关的分部工程验收表上签署验收意见，并给出"合格"或"不合格"的结论。

14.3.5 单位（子单位）工程质量验收

单位工程未划分子单位工程时，应在分部工程质量验收的基础上，直接对单位工程进行验收；当单位工程划分为若干个子单位工程时，则应在分部工程质量验收的基础上，先对子单位工程进行验收，再将子单位工程汇总成单位工程。

单位（子单位）工程质量验收合格应符合下列规定：

（1）单位（子单位）工程所含分部（子分部）工程的质量均应验收合格。

1）设计文件和承包合同所规定的工程已全部完成；

2）各分部（子分部）工程划分正确；

3）各分部（子分部）工程均按规定通过了合格质量验收；

4）各分部（子分部）工程验收记录表内容完整，填写正确，收集齐全。

（2）质量控制资料应完整

尽管质量控制资料在分部工程质量验收时已检查过，但某些资料由于受试验龄期的影响，或受系统测试的需要等，难以在分部验收时到位。单位工程验收时,对所有分部工程资料的系统性和完整性,进行一次全面的核查,是十分必要的,只不过不再像以前那样进行微观检查,而是在全面梳理的基础上,重点检查有否需要拾遗补缺的,从而达到完整无缺的要求。

1)不同规范或同一规范对同一种材料的不同要求。

2)材料的取样批量要求。

3)材料的抽样频率要求。

4)材料的检验项目要求。

5)特殊规定:

如对无粘结预应力筋的涂包质量,一般情况应作复验,但当有工程经验,并经观察认为质量有保证时,可不作复验。又如对预应力张拉孔道灌浆水泥和外加剂,当用量较少,且有近期检验报告,可不进行复验等。

单位(子单位)工程质量控制资料的检查应在施工单位自查的基础上进行,施工单位应填上资料的份数,监理单位应填上核查意见,总监理工程师应给出质量控制资料"完整"或"不完整"的结论。

(3)单位(子单位)工程所含分部工程有关安

全和功能的检测资料应完整检查的内容按表 14-4 的要求进行。

单位（子单位）工程安全和功能检验资料核查及主要功能抽查记录　　　表 14-4

工程名称			施工单位		
序号	项目	资料名称	份数	核查意见	核查(抽查)人
1	建筑与结构	屋面淋水试验记录			
2		地下室防水效果检查记录			
3		有防水要求的地面蓄水试验记录			
4		建筑物垂直度、标高、全高测量记录			
5		抽气（风）道检查记录			
6		幕墙及外窗气密性、水密性、耐风压检测报告			
7		建筑物沉降观测测量记录			
8		节能、保温测试记录			
9		室外环境检测报告			
10					

续表

工程名称			施工单位		
序号	项目	资料名称	份数	核查意见	核查(抽查)人
1	给水排水与采暖	给水管道通水试验记录			
2		暖气管道、散热器压力试验记录			
3		卫生器具泛水试验记录			
4		消防管道、燃气管道压力试验记录			
5		排水干管通球试验记录			
6					
1	电气	照明全负荷试验记录			
2		大型灯具牢固性试验记录			
3		避雷接地电阻测试记录			
4		线路、插座、开关接地检验记录			
5					
1	通风与空调	通风、空调系统调试记录			
2		风量、温度测试记录			
3		洁净室洁净度测试记录			
4		制冷机组试运行调试记录			
5					

续表

工程名称			施工单位			
序号	项目	资 料 名 称		份数	核查意见	核查(抽查)人
1	电梯	电梯运行记录				
2		电梯安全装置检测报告				
1	建筑智能化	系统试运行记录				
2		系统电源及接地检测报告				
3						

结论：

总监理工程师

施工单位项目经理 年 月 日 （建设单位项目负责人） 年 月 日

(4) 主要功能项目的抽查结果应符合相关专业质量验收规范的规定。

(5) 观感质量验收应符合要求：

单位（子单位）工程质量验收完成后，按表14-5要求填写工程质量验收记录，其中：验收记录

表 14-5

单位（子单位）工程质量竣工验收记录

工程名称		结构类型		层数/建筑面积	
施工单位		技术负责人		开工日期	
项目经理		项目技术负责人		竣工日期	
序号	项 目	验 收 记 录			验 收 结 论
1	分部工程	共 分部，经查 分部 符合标准及设计要求 分部			
2	质量控制资料核查	共 项，经审查符合要求 项， 经核定符合规范要求 项			
3	安全和主要使用功能核查及抽查结果	共核查 项，符合要求 项， 共抽查 项，符合要求 项， 经返工处理符合要求 项			
4	观感质量验收	共抽查 项，符合要求 项， 不符合要求 项			

续表

工程名称		结构类型		层数/建筑面积	
施工单位		技术负责人		开工日期	
项目经理		项目技术负责人		竣工日期	
序号	项 目		验 收 记 录		验 收 结 论
5	综合验收结论				
	建设单位	监理单位	施工单位	设计单位	
参加验收单位	(公章) 单位(项目)负责人 年 月 日	(公章) 总监理工程师 年 月 日	(公章) 单位负责人 年 月 日	(公章) 单位(项目)负责人 年 月 日	

录由施工单位填写；验收结论由监理单位填写；综合验收结论由参加验收各方共同商定、建设单位填写，并应对工程质量是否符合设计和规范要求及总体质量水平作出评价。

14.4 工程质量验收中若干问题的处理规定

14.4.1 上道工序与下道工序的关系

上道工序未验收合格不得进入下道工序的施工，这是为了最大程度地减少企业由于不合格产品所带来的损失，必须严格执行。

14.4.2 不合格检验批的处理

（1）经返工重做或更换器具、设备的检验批，应重新进行验收。重新验收质量时，要对该检验批重新抽样、检查和验收，并重新填写检验批质量验收记录表。

（2）经有资质的检测单位检测鉴定能够达到设计要求的检验批，应予以验收。

（3）经有资质的检测单位检测鉴定达不到设计要求，但经原设计单位核算认为能够满足结构安全和使用功能的检验批,可予以验收。

以上三种情况都应视为符合验收规范规定的质量合格的工程。只是管理上出现了一些不正常的情况,使资料证明不了工程实体质量,经过检测或设计验收,满足了设计要求,给予通过验收是符合验收规范规定的。

14.4.3 单位工程不合格的处理

单位工程的不合格都是由于所含的分部、分项工程不合格造成的,一般有以下两种情况。

(1) 经返修或加固处理的分项、分部工程,虽改变外形尺寸但仍能满足安全使用要求,可按技术处理方案和协商文件进行验收。

这种情况是指某项质量指标达不到设计图纸的要求,经有资质的检测单位检测鉴定也未达到设计图纸要求,经过设计单位验算的确达不到原设计要求时,经分析,找出了事故原因,分清了质量责任,同时经过建设单位、施工单位、设计单位、监理单位等协商,同意进行加固补强,协商好加固费用的处理、加固后的验收等事宜。由原设计单位出具加固技术方案,虽然改变了建筑构件的外形尺寸,或留下永久性缺陷,包括改变工程的用途在内，按协商文件进行验收，这是有条件的验收，由责任方承担经济损失或赔偿等。其有关技术处理和协商文件应在质量控制资料核查记录表和单位（子单位）工程质量竣工验收记录表中载明。

（2）通过返修或加固处理仍不能满足安全使用要求的分项、分部工程，严禁验收。

这种情况通常是指不可救药者，或采取措施后得不偿失者。这种情况应坚决返工重做，严禁验收。

15 工程质量保证资料

15.1 地基与基础分部

(1) 工程验收时应提供下列技术文件和记录:
1) 原材料的质量合格证和质量鉴定文件;
2) 半成品如预制桩、钢筋笼等产品合格证书;
3) 施工记录及隐蔽工程验收文件;
4) 检测试验及见证取样文件;
5) 其他必须提供的文件或记录。

(2) 主控项目必须符合验收标准规定,发现问题应立即处理直至符合要求,一般项目应有80%合格。混凝土试件强度评定不合格或对试件的代表性有怀疑时,应采用钻芯取样,检测结果符合设计要求可按合格验收。

15.2 主体结构分部

15.2.1 混凝土结构子分部工程验收文件和记录

(1) 设计变更文件;

（2）原材料、构配件和器具等的产品合格证（中文质量合格证明文件、规格、型号及性能检测报告等）及进场复验报告；

（3）钢筋接头的试验报告；

（4）混凝土工程施工记录；

（5）混凝土试件的性能试验报告；

（6）装配式结构预制构件的合格证和安装验收记录；

（7）预应力筋用锚具、连接器的合格证和进场复验报告；

（8）预应力筋安装、张拉及灌浆记录；

（9）隐蔽工程验收记录；

（10）分项工程验收记录；

（11）混凝土结构实体检验记录（对涉及结构安全的材料、试件、施工工艺和结构的重要部位进行见证检测或结构实体检验）；

（12）工程的重大质量问题的处理方案和验收记录；

（13）其他必要的文件和记录。

15.2.2 钢结构子分部工程验收文件和记录

（1）钢结构工程竣工图纸及相关设计文件；

(2) 施工现场质量管理记录;

(3) 有关安全及功能的检验和见证检测项目检查记录;

(4) 有关观感质量检验项目检查记录;

(5) 分部工程所含各分项工程质量验收记录;

(6) 分项工程所含各检验批质量验收记录;

(7) 强制性条文检验项目检查记录及证明文件;

(8) 隐蔽工程检验项目检查验收记录;

(9) 原材料、成品质量合格证明文件、中文标志及性能检测报告;

(10) 不合格项的处理记录及验收记录;

(11) 重大质量、技术问题实施方案及验收记录;

(12) 其他有关文件和记录。

15.2.3 砌体结构子分部工程验收文件和记录

(1) 施工执行的技术标准;

(2) 原材料的合格证书、产品性能检测报告;

(3) 混凝土及砂浆配合比通知单;

(4) 混凝土及砂浆试件抗压强度试验报告单;

(5) 施工记录;

(6) 各检验批的主控项目、一般项目验收记录;

(7) 施工质量控制资料;

(8) 重大技术问题的处理或修改设计的技术文件;

(9) 其他必须提供的资料。

15.3 建筑装饰装修分部

15.3.1 建筑地面工程子分部工程验收文件和记录

(1) 建筑地面工程设计图纸和变更文件等。

(2) 原材料的出厂检验报告和质量合格保证文件、材料进场检(试)验报告(含抽样报告)。

(3) 各层的强度等级、密实度等试验报告和测定记录。

(4) 各类建筑地面工程施工质量控制文件。

(5) 各构造层的隐蔽验收及其他有关验收文件。

(6) 下列安全和功能项目:

1) 有防水要求的建筑地面子分部工程的分项工程施工质量的蓄水检验记录,并抽查复验认定;

2) 建筑地面板块面层铺设子分部工程和木面层铺设子分部工程采用的天然石材、胶粘剂和涂料等材料证明资料。

15.3.2 门窗子分部工程验收文件和记录

(1) 门窗工程的施工图、设计说明及其他设计文件。

(2) 材料的产品合格证书、性能检测报告、进场验收记录和复验报告。

(3) 特种门及其附件的生产许可文件。

(4) 隐蔽工程验收记录。

(5) 施工记录。

(6) 对下列材料及其他性能指标进行复验:

1) 人造木板的甲醛含量;

2) 建筑外墙金属窗、塑料窗的抗风压性能、空气渗透性能和雨水渗漏性能。

(7) 对下列隐蔽工程项目进行验收:

1) 预埋件和锚固件;

2) 隐蔽部位的防腐、填嵌处理。

15.3.3 吊顶子分部工程验收文件和记录

(1) 吊顶工程的施工图、设计说明及其他设计文件;

(2) 材料的产品合格证书、性能检测报告、进场验收记录和复验报告,并应对人造木板的甲醛含

量进行复验;

(3) 隐蔽工程验收记录;

(4) 施工记录。

15.3.4 轻质隔墙子分部工程验收文件和记录

(1) 轻质隔墙工程的施工图、设计说明及其他设计文件。

(2) 材料的产品合格证书、性能检测报告、进场验收记录和复验报告,并应对人造木板的甲醛含量进行复验。

(3) 隐蔽工程验收记录:

1) 骨架隔墙中设备管线的安装及水管试压;

2) 木龙骨防火、防腐处理;

3) 预埋件或拉结筋;

4) 龙骨安装;

5) 填充材料的设置。

(4) 施工记录。

15.3.5 饰面板(砖)子分部工程验收文件和记录

(1) 饰面板(砖)工程的施工图、设计说明及其他设计文件。

(2) 材料的产品合格证书、性能检测报告、进场验收记录和复验报告,并应对下列材料及其性能指标进行复验:

1) 室内用花岗石的放射性;
2) 粘贴用水泥的凝结时间、安定性和抗压强度;
3) 外墙陶瓷面砖的吸水率;
4) 寒冷地区外墙陶瓷面砖的抗冻性。

(3) 后置埋件的现场拉拔检测报告。

(4) 外墙饰面砖样板件的粘结强度检测报告。

(5) 隐蔽工程验收记录:

1) 预埋件(或后置埋件);
2) 连接节点;
3) 防水层。

(6) 施工记录。

15.3.6 幕墙子分部工程验收文件和记录

(1) 幕墙工程的施工图、结构计算书、设计说明及其他设计文件。

(2) 建筑设计单位对幕墙工程设计的确认文件。

(3) 幕墙工程所用各种材料、五金配件、构件及组件的产品合格证书、性能检测报告、进场验收记录和复验报告,并应对下列材料及其性能指标进行复验：

1）铝塑复合板的剥离强度。

2）石材的弯曲强度；寒冷地区石材的耐冻融性；室内用花岗石的放射性。

3）玻璃幕墙用结构胶的邵氏硬度、标准条件拉伸粘结强度、相容性试验；石材用结构胶的粘结强度；石材用密封胶的污染性。

(4) 幕墙工程所用硅酮结构胶的认定证书和抽查合格证明；进口硅酮结构胶的商检证；国家指定检测机构出具的硅酮结构胶相容性和剥离粘结性试验报告；石材用密封胶的耐污染性试验报告。隐框、半隐框幕墙所采用的结构粘结材料必须是中性硅酮结构封胶，其性能必须符合《建筑用硅酮结构密封胶》（GB 16776—2005）的规定；硅酮结构密封胶必须在有效期内使用。

(5) 后置埋件的现场拉拔强度检测报告。

(6) 幕墙的抗风压性能、空气渗透性能、雨水渗漏性能及平面变形性能检测报告。

(7) 打胶、养护环境的温度、温度记录；双组分硅酮结构胶的混匀性试验记录及拉断试验记录。

(8) 防雷装置测试记录。

(9) 隐蔽工程验收记录：

1）预埋件（后置埋件）；
2）构件的连接节点；
3）变形缝及墙面转角处的构造节点；
4）幕墙防雷装置；
5）幕墙防火构造。

（10）幕墙构件和组件的加工制作记录；幕墙安装施工记录。

（11）各分项工程的检验批应按下列规定划分：

1）相同设计、材料、工艺和施工条件的幕墙工程每 500～1000m^2 应划分为一个检验批，不足 500m^2 也应划分为一个检验批。

2）同一单位工程的不连续的幕墙工程应单独划分检验批。

3）对于异型或有特殊要求的幕墙工程，检验批的划分应根据幕墙的结构、工艺特点及幕墙工程规模，由监理单位（或建设单位）和施工单位协商确定。

4）检查数量应符合下列规定：

① 每个检验批每 100m^2 应至少抽查一处，每处不得小于 10m^2；

② 对于异型或有特殊要求的幕墙工程，应根据幕墙的结构和工艺特点，由监理单位（或建设单

位)和施工单位协商确定。

15.3.7 涂饰子分部工程验收文件和记录

(1) 涂料工程的施工图、设计说明及工程设计文件。

(2) 材料的产品合格书、性能检测报告和进场验收记录。

(3) 施工记录。

(4) 各分项工程的检验批应按下列规定划分:

1) 室外涂饰工程每一栋楼的同类涂料涂饰的墙面每 500~1000m^2 应划分为一个检验批,不足 500m^2 也应划分为一个检验批;

2) 室内涂饰工程同类涂料涂饰的墙面每 50 间(大面积房间和走廊按涂饰面积 30m^2 为一间)应划分为一个检验批。

15.3.8 细部子分部工程验收文件和记录

(1) 施工图、设计说明及其他设计文件。

(2) 材料的产品合格证书、性能检测报告、进场验收记录和复验报告,并应对人造木板的甲醛含量进行复验。

(3) 隐蔽工程验收记录:

1）预埋件（或后置埋件）；
2）护栏与预埋件的连接节点。
（4）施工记录。
（5）各分项工程的检验批应按下列规定划分：
1）同类制品每50间（处）应划分为一个检验批，不足50间（处）也应划分一个检验批；
2）每部楼梯应划分为一个检验批。

15.3.9 民用建筑工程及其室内装修工程验收资料

（1）工程地质勘察报告、工程地点土壤中氡浓度检测报告、工程地点土壤天然放射性核素镭-226、钍-232、钾-40含量检测报告。

（2）涉及室内环境污染控制的施工图设计文件及工程设计变更文件。

（3）建筑材料和装修材料的污染物含量检测报告、材料进场检验记录、复验报告：

1）民用建筑工程中所采用的无机非金属建筑材料和装修材料必须有放射性指标检测报告，并应符合规范的规定。

2）民用建筑工程室内饰面采用的天然花岗石或瓷质砖使用面积大于 $200m^2$ 时，应对不同产品、不同批次材料分别进行放射性指标复验。

3）民用建筑工程室内装修中所采用的人造木板，必须有游离甲醛含量或游离甲醛释放量检测报告，并应符合设计要求和规范的规定。当采用的某一种人造木板面积大于 $500m^2$ 时，应对不同产品、不同批次材料的游离甲醛含量或游离甲醛释放量分别进行复验。

4）民用建筑工程室内装修中所采用的水性涂料、水性胶粘剂、水性处理剂必须有同批次产品的挥发性有机化合物（VOCs）和游离甲醛含量检测报告；溶剂型涂料、溶剂型胶粘剂必须有同批次产品的挥发性有机化合物（VOCs）、苯、游离甲苯二异氰酸酯（TDI）（聚氨酯类）含量检测报告，并应符合设计要求和规范的规定。

（4）与室内环境污染控制有关的隐蔽工程验收记录、施工记录。

（5）样板间室内环境污染物浓度检测记录（不做样板间的除外）。

15.4 建筑屋面分部

（1）防水设计：设计图纸及会审记录，设计变更通知单和材料代用核定单。

（2）施工方案：施工方法、技术措施、质量保证措施。

（3）技术交底记录：施工操作要求及注意事项。

（4）材料质量证明文件：出厂合格证、质量检验报告和试验报告。

（5）中间检查记录：分项工程质量验收记录、隐蔽工程验收记录、施工检验记录、淋水或蓄水检验记录、屋面工程隐蔽验收记录应包括以下主要内容：

1）卷材、涂膜防水层的基层；

2）密封防水处理部位；

3）天沟、檐沟、泛水和变形缝等细部做法；

4）卷材、涂膜防水层的搭接宽度和附加层；

5）保护层与卷材、涂膜防水层之间设置的隔离层。

（6）施工日志：逐日施工情况。

（7）工程检验记录：抽样质量检验及观察检查。

（8）其他技术资料事故处理报告、技术总结。

15.5 建筑给水、排水分部

（1）开工报告。

（2）图纸会审记录、设计变更及洽商记录。

（3）施工组织设计或施工方案。

(4) 建筑给水、排水工程所使用的主要材料、成品半成品、配件、器具和设备必须具有中文质量合格证明文件，规格、型号及性能检测报告应符合国家技术标准或设计要求。进场时应做检查验收，并经监理工程师核查确认。

(5) 主要器具和设备必须有完整的安装使用说明书。

(6) 隐蔽工程验收及中间试验记录，并应包括下列主要内容：

1) 承压管道系统和设备及阀门水压试验：

阀门安装前，应做强度和严密性试验。试验应在每批（同牌号、同型号、同规格）数量中抽查10%，且不应少于1个。对于安装在主干管上起切断作用的闭路阀门，应逐个做强度和严密性试验。

2) 排水管道灌水、通球及通水试验。

3) 雨水管道灌水及通水试验。

4) 给水管道通水试验及冲洗、消毒检测。

5) 卫生器具通水试验，具有溢流功能的器具满水试验。

6) 地漏及地面清扫口排水试验。

7) 消火栓系统测试。

8) 安全阀及报警联动系统动作测试。

(7) 设备试运转记录。

(8) 安全、卫生和使用功能检验和检测记录。

(9) 检验批、分项、分部（子分部）工程质量验收记录。

(10) 竣工图。

15.6 建筑电气分部

(1) 建筑电气工程施工图设计文件和图纸会审记录及洽商记录；

(2) 主要设备、器具、材料的合格证和进场验收记录；

(3) 隐蔽工程记录；

(4) 电气设备交接试验记录；

(5) 接地电阻、绝缘电阻测试记录；

(6) 空载试运行和负荷试运行记录；

(7) 建筑照明通电试运行记录；

(8) 工序交接合格等施工安装记录。

15.7 智能建筑分部

(1) 智能建筑工程施工图设计文件和图纸会审记录及洽商记录；

(2) 主要设备，材料和软件产品的合格证和进场验收记录；

（3）隐蔽工程记录；

（4）系统检测记录；

（5）工序交接合格等施工安装记录。

15.8 通风与空调分部

（1）图纸会审记录、设计变更通知书和竣工图；

（2）主要材料、设备、成品、半成品和仪表的出厂合格证明及进场检（试）验报告；

（3）隐蔽工程检查验收记录；

（4）工程设备、风管系统、管道系统安装及检验记录；

（5）管道试验记录；

（6）设备单机试运转记录；

（7）系统无生产负荷联合试运转与调试记录；

（8）分部（子分部）工程质量验收记录；

（9）观感质量综合检查记录；

（10）安全和功能检验资料的核查记录。

15.9 建筑节能分部

（1）设计文件、图纸会审记录、设计变更和洽商记录；

(2) 主要材料、设备和构件的质量证明文件、进场检验记录、进场核查记录、进场复验记录、见证试验报告；

(3) 隐蔽工程检查验收记录和相关图像资料；

(4) 分项工程质量验收记录，必要时应核查检验批验收记录；

(5) 建筑维护结构节能构造现场实体检验记录；

(6) 夏热冬冷地区的外窗气密性现场检测报告；

(7) 风管及系统严密性检验记录；

(8) 现场组装的组合式空调机组的漏风量测试记录；

(9) 设备单机试运转及调试记录；

(10) 系统联合试运转及调试记录；

(11) 系统节能性能检验报告；

(12) 其他对工程质量有影响的重要技术资料。

16 建筑工程施工质量评价

16.1 评价的引入

为统一建筑工程施工质量评价的基本指标和方法,鼓励施工企业创优,规范创优活动,建设部联合国家质量监督检验检疫总局制定了《建设工程施工质量评价标准》(GB/T50375—2006),于2006年7月20日发布,同年11月1日实施。工程创优活动应在优良评价的基础上进行。标准规定了建筑工程施工质量优良评价应分为工程结构和单位工程两个阶段分别进行评价。

16.2 评价的基本规定

16.2.1 评价的基础

(1)建筑工程质量应实施目标管理,施工单位在工程开工前应制定质量目标,进行质量策划。

(2)被评价的工程项目要开展有效的质量

管理。

（3）建筑工程质量控制的重点应突出原材料、过程工序质量控制及功能效果测试。

（4）建筑工程施工质量优良评价应综合检查评价结构的安全性、使用功能和观感质量效果等。

（5）建筑工程施工质量优良评价应注重科技进步、环保和节能等先进技术的应用。在注重高新技术运用，确保工程质量的同时，应注重保护生态环境、施工环境，防止施工对环境造成污染。对保障工程质量的先进技术，作为特色工程给予加分。

（6）建筑工程施工质量优良评价，应在工程质量按《建筑工程施工质量验收统一标准》（GB 50300—2001）及其配套的各专业工程质量验收规范验收合格的基础上评价优良等级。

16.2.2 评价的框架

（1）进行工程施工质量评价，首先要按专业性质和建筑部位将其划分为5个部分，其框架体系应符合图16-1的规定。每个工程部位、系统应根据其在整个工程中所占工作量大小及重要程度给出相应的权重值，工程部位、系统权重值分配应符合表16-1的规定。

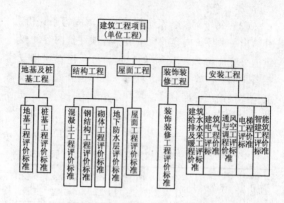

图 16-1 工程质量评价框架体系

工程部位、系统权重值分配表 表 16-1

工程部位	权重分值
地基及桩基工程	10
结构工程	40
屋面工程	5
装饰装修工程	25
安装工程	20

(2) 每个部位、系统划分为 5 项内容来评价,并给出每项评价内容的权重值。各项评价内容的权重值分配应符合表 16-2 的规定。每个检查项目包括若干项具体检查内容,对每一具体检查内容应按其重要性给出标准分值,其判定结果有一、二、三共三个档次。一档为 100% 的标准分值;二档为 85% 的标准分值;三档为 70% 的标准分值。

评价项目权重值分配表　　　表 16-2

序号	评价项目	地基及桩基工程	结构工程	屋面工程	装饰装修工程	安装工程
1	施工现场质量保证条件	10	10	10	10	10
2	性能检测	35	30	30	20	30
3	质量记录	35	25	20	10	30
4	尺寸偏差及限值实测	15	20	20	20	10
5	观感质量	5	15	20	40	20

16.2.3 评价的相关规定

(1) 建筑工程实行施工质量优良评价的工程,

应在施工组织设计中制定具体的创优措施。

（2）建筑工程施工质量优良评价，应先由施工单位按规定自行检查评定，然后由监理或相关单位验收评价。评价结果应以验收评价结果为准。

（3）工程结构和单位工程施工质量优良评价均应出具评价报告。

（4）工程结构施工质量优良评价应在地基及桩基工程、结构工程以及附属的地下防水层完工，且主体工程质量验收合格的基础上进行。

（5）工程结构施工质量优良评价，除了检查资料外，还应对实物工程质量进行抽查。应在施工过程中对施工现场进行必要的抽查，以验证其验收资料的准确性。多层建筑至少抽查一次，高层、超高层、规模较大工程及结构较复杂的工程应增加抽查次数。现场抽查应做好记录，对抽查项目的质量状况进行详细记载。现场抽查采取随机抽样的方法。

（6）单位工程施工质量优良评价应在工程结构施工质量优良评价的基础上，经过竣工验收合格之后进行，工程结构质量评价达不到优良的，单位工程施工质量不能评为优良。

（7）单位工程施工质量优良的评价，既要对工程实体质量进行全面的检查，又要对工程档案资料进行全面的核查。

16.2.4 评价的内容

(1) 工程结构、单位工程施工质量优良评价的内容应包括工程质量评价得分，科技、环保、节能项目会加分和否决项目。

(2) 工程结构施工质量优良评价应按施工现场质量保证条件、地基及桩基工程、结构工程的评价内容逐项检查后填写规定表式。结合施工现场的抽查记录和各检验批、分项、分部（子分部）工程质量验收记录，进行统计分析，按规定对相应表格的各项检查项目给出评分。单位工程施工质量优良评价应按各分部工程和质量保证体系的评价表格的具体项目逐项检查，对工程的抽查记录和验收记录，进行统计分析，按规定对相应表格的各项检查项目给出评分。

(3) 工程结构、单位工程施工质量凡出现下列情况之一的不得进行优良评价：

1) 使用国家明令淘汰的建筑材料、建筑设备、耗能高的产品，及在民用建筑中使用挥发性有害物质含量释放量超过国家规定的产品。

2) 地下工程渗漏超过有关规定、屋面防水出现渗漏、超过标准的不均匀沉降、超过规范规定的结构裂缝，存在加固补强工程以及施工过程出现重大质量事故的。

3）评价项目中设置否决项目，确定否决的条件是：其评价得分达不到二档，实得分达不到85%的标准分值；没有二档的为一档，实得分达不到100%的标准分值。设置的否决项目为：

地基及桩基工程：地基承载力、复合地基承载力及单桩竖向抗压承载力；

结构工程：混凝土结构工程实体钢筋保护层厚度、钢结构工程焊缝内部质量及高强度螺栓连接副紧固质量；

安装工程：给水排水及采暖工程承压管道、设备水压试验，电气安装工程接地装置、防雷装置的接地电阻测试，通风与空调工程通风管道严密性试验，电梯安装工程电梯安全保护装置测试，智能建筑工程系统检测等。

(4) 有以下特色的工程可适当加分，加分为权重值计算后的直接加分，加分只限一次。

1）获得部、省级及其以上科技进步奖，以及使用节能、节地、环保等先进技术获得部、省级奖的工程可加 0.5~3 分；

2) 获得部、省级科技示范工程或使用先进施工技术并通过验收的工程可加 0.5~1 分。

16.2.5 评价的方法

(1) 性能检测检查评价方法应符合下列规定：

检查标准：检查项目的检测指标（参数）一次检测达到设计要求及规范规定的为一档，取 100% 的标准分值；按有关规范规定，经过处理后达到设计要求及规范规定的为三档，取 70% 的标准分值。

检查方法：现场检测或检查检测报告。

(2) 质量记录检查评价方法应符合下列规定：

检查标准：材料、设备合格证（出厂质量证明书）、进场验收记录、施工记录、施工试验记录等资料完整、数据齐全并能满足设计及规范要求，真实、有效、内容填写正确，分类整理规范，审签手续完备的为一档，取 100% 的标准分值；资料完整、数据齐全并能满足设计及规范要求，真实、有效，整理基本规范，审签手续基本完备的为二档，取 85% 的标准分值；资料基本完整并能满足设计及规范要求，真实、有效，内容审签手续基本完备的为三档，取 70% 的标准分值。

检查方法：检查资料的数量及内容。

(3) 尺寸偏差及限值实测检查评价方法应符合下列规定:

检查标准:检查项目为允许偏差项目时,项目各测点实测值均达到规范规定值,且有80%及其以上的测点平均实测值小于等于规范规定值0.8倍的为一档,取100%的标准分值;检查项目各测点实测值均达到规范规定值,且有50%及其以上,但不足80%的测点平均实测值小于等于规范规定值0.8倍的为二档,取85%的标准分值;检查项目各测点实测值均达到规范规定的为三档,取70%的标准分值。

检查项目为双向限值项目时,项目各测点实测值均能满足规范规定值,且其中有50%及其以上测点实测值接近限值的中间值的为一档,取100%的标准分值;各测点实测值均能满足规范规定限值范围的为二档,取85%的标准分值;凡有测点经过处理后达到规范规定的为三档,取70%的标准分值。

检查项目为单向限值项目时,项目各测点实测值均能满足规范规定值的为一档,取100%的标准分值;凡有测点经过处理后达到规范规定的为三档,取70%的标准分值。当允许偏差、限值两者都有时,取较低档项目的判定值。

检查方法：在各相关同类检验批或分项工程中，随机抽取10个检验批或分项工程，不足10个的取全部进行分析计算。必要时，可进行现场抽测。

（4）观感质量检查评价方法应符合下列规定：

检查标准：每个检查项目的检查点按"好"、"一般"、"差"给出评价，项目检查点90%及其以上达到"好"，其余检查点达到一般的为一档，取100%的标准分值；项目检查点"好"的达到70%及其以上但不足90%，其余检查点达到"一般"的为二档，取85%的标准分值；项目检查点"好"的达到30%及其以上但不足70%，其余检查点达到"一般"的为三档，取70%的标准分值。

检查方法：观察辅以必要的量测和检查分部（子分部）工程质量验收记录，并进行分析计算。

16.3 质量保证体系评价

16.3.1 评价的项目

16.3.1.1 制度要求

（1）现场项目部组织机构健全，建立质量保证体系并有效运行；

(2) 材料、构件、设备的进场验收制度和抽样检验制度;

(3) 岗位责任制度及奖罚制度。

16.3.1.2 标准及规范配备

(1) 建筑工程施工质量验收规范的配置;

(2) 施工工艺标准(企业标准、操作规程)的配置。

16.3.1.3 施工前应制定较完善的施工组织设计、施工方案

16.3.1.4 施工前应制定质量目标及措施

16.3.2 评价的方法

(1) 施工现场质量保证条件应符合下列检查标准:

1) 质量管理及责任制度健全,能落实的为一档,取100%的标准分值;质量管理及责任制度健全,能基本落实的为二档,取85%的标准分值;有主要质量管理及责任制度,能基本落实的为三档,取70%的标准分值。

2) 施工操作标准及质量验收规范配置。工程所需的工程质量验收规范齐全、主要工序有施工工艺标准(企业标准、操作规程)的为一档,取100%的标准分值;工程所需的工程质量验收规范齐全、1/2及其以上主要工序有施工工艺标准（企业标准、操作规程）的为二档，取85%的标准分值；主要项目有相应的工程质量验收规范、主要工序施工工艺标准（企业标准、操作规程）达到1/4不足1/2为三档，取70%的标准分值。

3）施工组织设计、施工方案编制审批手续齐全、可操作性好、针对性强，并认真落实的为一档，取100%的标准分值；施工组织设计、施工方案、编制审批手续齐全，可操作性、针对性较好，并基本落实的为二档，取85%的标准分值；施工组织设计、施工方案经过审批，落实一般的为三档，取70%的标准分值。

4）质量目标及措施明确、切合实际、措施有效性好，实施好的为一档，取100%的标准分值；实施较好的为二档，取85%的标准分值；实施一般的为三档，取70%的标准分值。

（2）施工现场质量保证条件检查方法应符合下列规定：

检查有关制度、措施资料，抽查其实施情况，综合进行判定。

（3）施工现场质量保证条件评分应符合表16-3的规定。

施工现场质量保证条件评分表　表16-3

工程名称		施工阶段		检查日期		年 月 日
施工单位			评价单位			

序号	检查项目		应得分	判定结果			实得分	备注
				100%	85%	70%		
1	施工现场质量管理及质量责任制度	现场组织机构、质保体系,材料、设备进场验收制度、抽样检验制度,岗位责任制及奖罚制度	30					
2	施工操作标准及质量验收规范配置		30					
3	施工组织设计、施工方案		20					
4	质量目标及措施		20					

检查结果	权重值10分。 应得分合计: 实得分合计: 施工现场质量保证条件评分 = $\dfrac{实得分}{应得分} \times 10 =$ 　　　　　　评价人员:　　年 月 日

16.4 分部工程评价

分部工程的评价分性能检测、质量记录、尺寸偏差及限值实测及观感质量四部分的内容,下面就以地基及桩基工程为例进行介绍。

16.4.1 性能检测:

(1) 地基及桩基工程性能检测检查评价项目,是依据现行国家标准《建筑地基基础工程施工质量验收规范》(GB 50202—2002)和《建筑地基基础设计规范》(GB 50007—2002)确定的。各种指标和检验方法按现行行业标准《建筑地基处理技术规范》(JGJ 79—2002)及《建筑基桩检测技术规范》(JGJ 106—2003)规定执行。地基及桩基工程性能检测应检查的项目包括:

1) 地基强度、压实系数、注浆体强度;
2) 地基承载力;
3) 复合地基桩体强度(土和灰土桩、夯实水泥土桩测桩体干密度);
4) 复合地基承载力;
5) 单桩竖向抗压承载力;
6) 桩身完整性。

(2) 地基及桩基工程性能检测检查评价方法应符合下列规定：

1) 检查标准：

①地基强度、压实系数、承载力；复合地基桩体强度或桩体干密度及承载力；桩基承载力。检查标准和方法应符合本书第 16.2.5（1）条的规定。

② 桩身完整性。桩身完整性一次检测 95% 及以上达到 I 类桩，其余达到 II 类桩时为一档，取 100% 的标准分值；一次检测 90% 及以上，不足 95% 达到 I 类桩，其余达到 II 类桩时为二档，取 85% 的标准分值；一次检测 70% 及以上不足 90% 达到 I 类桩，且 I、II 类桩合计达到 98% 及以上，且其余桩验收合格的为三档，取 70% 的标准分值。

2) 检查方法：检查有关检测报告。

(3) 地基及桩基工程性能检测评分应按表 16-4 的规定逐项进行评价，评出各项目的应得分、实得分及项目评分及评价得分，评价人员签字负责。

16.4.2 质量记录

(1) 地基及桩基工程质量记录应检查的项目包括：

1) 材料、预制桩合格证（出厂试验报告）及进场验收记录及水泥、钢筋复试报告。

地基及桩基工程性能检测评分表　表16-4

工程名称		施工阶段			检查日期		年 月 日	
施工单位				评价单位				
序号	检查项目		应得分	判定结果			实得分	备注
				100%	85%	70%		
1	地基	地基强度、压实系数、注浆体强度	50					
		地基承载力	50					
2	复合地基	桩体强度、桩体干密度	(50)					
		复合地基承载力	(50)					
3	桩基	单桩竖向抗压承载力	(50)					
		桩身完整性	(50)					
检查结果	权重值35分。 应得分合计： 实得分合计： 　　地基及桩基工程性能检测评分 = $\dfrac{实得分}{应得分} \times 35 =$ 　　　　　　　　评价人员：　　　年 月 日							

2) 施工记录：

①地基处理、验槽、钎探施工记录；

②预制桩接头施工记录；

③打（压）桩试桩记录及施工记录；

④灌注桩成孔、钢筋笼及混凝土灌注检查记录及施工记录；

⑤检验批、分项、分部（子分部）工程质量验收记录。

3) 施工试验：

①各种地基材料的配合比试验报告；

②钢筋连接试验报告；

③混凝土强度试验报告；

④预制桩龄期及强度试验报告。

(2) 地基及桩基工程质量记录检查评价方法应符合本书第 16.2.5 (2) 条的规定。

(3) 地基及桩基工程质量记录评分应按表 16-5 的规定逐项进行评价，评出各项目的应得分、实得分及项目评分，评价人员签字负责。

16.4.3 尺寸偏差及限值实测

(1) 地基及桩基工程尺寸偏差及限值实测评价项目，是从验收规范中摘出的主要的允许偏差项目

地基及桩基工程质量记录评分表　表16-5

工程名称		施工阶段		检查日期	年　月　日	
施工单位				评价单位		
序号	检查项目		应得分	判定结果			实得分	备注

序号	检查项目		应得分	100%	85%	70%	实得分	备注
1	材料、预制桩合格证（出厂试验报告）及进场验收记录	材料合格证（出厂试验报告）及进场验收记录及钢筋、水泥复试报告	30					
		预制桩合格证（出厂试验报告）及进场验收记录	(30)					
2	施工记录	地基处理、验槽、钎探施工记录	30					
		预制桩接头施工记录	(10)					
		打（压）桩试桩记录及施工记录	(20)					

续表

工程名称			施工阶段		检查日期	年 月 日	
施工单位				评价单位			
序号	检查项目		应得分	判定结果			实得分	备注
				100%	85%	70%		
2	施工记录	灌注桩成孔、钢筋笼、混凝土灌注检查记录及施工记录	(30)					
		检验批、分项、分部（子分部）工程质量验收记录	10					
3	施工试验	灰土、砂石、注浆桩及水泥、粉煤灰、碎石桩配合比试验报告	30					
		钢筋连接试验报告	(15)					
		混凝土试件强度试验报告	(15)					

续表

工程名称		施工阶段		检查日期	年 月 日	
施工单位			评价单位			
序号	检查项目		应得分	判定结果		实得分	备注

序号	检查项目		应得分	100%	85%	70%	实得分	备注
3	施工试验	预制桩龄期及试件强度试验报告	(30)					

检查结果	权重值35分。 应得分合计： 实得分合计： 　　地基及桩基工程质量记录评分 = $\dfrac{实得分}{应得分} \times 35 =$ 　　　　　　　　　　　　　评价人员：　　年 月 日

来作为评价的项目。地基及桩基工程尺寸偏差及限值实测应检查的项目包括：

1）天然地基基槽工程尺寸偏差及限值实测检查项目：基底标高允许偏差-50mm；长度、宽度允许偏差+200mm，-50mm。

2）复合地基工程尺寸偏差及限值实测检查项目：桩位允许偏差：振冲桩允许偏差不大于100mm；高压喷射注浆桩允许偏差不大于0.2D；水泥土搅拌桩允许偏差小于50mm；土和灰土挤密桩、水泥粉煤灰碎石桩、夯实水泥土桩的满堂桩允许偏差不大于0.4D。D为桩体直径或边长。

3）打（压）入桩工程尺寸偏差及限值实测检查项目：桩位允许偏差应符合表16-6的规定。

预制桩（钢桩）桩位允许偏差　　表16-6

序号	项　　目	允许偏差（mm）
1	有基础梁的桩： ①垂直基础梁的中心线 ②沿基础梁的中心线	$100+0.01H$ $150+0.01H$
2	桩数为1~3根桩基中的桩	100
3	桩数为4~16根桩基中的桩	1/2桩径或边长
4	桩数大于16根桩基中的桩： ①最外边的桩 ②中间桩	1/3桩径或边长 1/2桩径或边长

注：H为施工现场地面标高与桩顶设计标高的距离。

4) 灌注桩工程尺寸偏差及限值实测检查项目：灌注桩允许偏差应符合表 16-7 的规定。

灌注桩桩位允许偏差（mm） 表 16-7

序号	成孔方法		1~3 根、单排桩基垂直于中心线方向和群桩基础的边桩	条形桩基沿中心线方向和群桩基础的中间桩
1	泥浆护壁钻孔桩	$D \leqslant 1000mm$	$D/6$，且不大于 100	$D/4$，且不大于 150
		$D > 1000mm$	$100 + 0.01H$	$150 + 0.01H$
2	套管成孔灌注桩	$D \leqslant 500mm$	70	150
		$D > 500mm$	100	150
3	人工挖孔桩	混凝土护壁	50	150
		钢套管护壁	100	200

注：1. D 为桩径。
    2. H 为施工现场地面标高与桩顶设计标高的距离。

(2) 地基及桩基工程尺寸偏差及限值实测检查评价方法应符合本书第 16.2.5（3）条的规定。

(3) 地基及桩基工程尺寸偏差及限值实测检查评分应按表 16-8 的规定逐项进行评分，评出各项目应得分、实得分及项目评分，评价人员签字负责。

地基及桩基工程尺寸偏差及限值实测评分表

表 16-8

工程名称		施工阶段			检查日期	年 月 日
施工单位			评价单位			

序号	检查项目	应得分	判定结果			实得分	备注
			100%	85%	70%		
1	天然地基标高及基槽宽度偏差	100					
2	复合地基桩位偏差	(100)					
3	打（压）桩桩位偏差	(100)					
4	灌注桩桩位偏差	(100)					
检查结果	权重值 15 分。 应得分合计： 实得分合计： 地基及桩基工程尺寸偏差及限值实测评分 = $\dfrac{实得分}{应得分} \times 15 =$ 　　　　　　　　评价人员：　　　年　月　日						

16.4.4 观感质量

(1) 地基及桩基工程观感质量检查评价项目,是依据验收规范的观感质量项目进行宏观检查。地基及桩基工程观感质量应检查的项目包括:

1) 地基、复合地基:标高、表面平整、边坡等;

2) 桩基:桩头、桩顶标高、场地平整等。

(2) 地基及桩基工程观感质量检查评价方法,主要是观察检查并辅以必要的量测,每个检查点按"好、一般、差"给出评价,然后再依据各点评价好的项目比例给出三个等级,其得分值分别为100%、85%、70%的标准分值。

(3) 地基及桩基工程观感质量检查评分应按表16-9的规定逐项进行评价,评出各项目应得分、实得分及项目评分,评价人员签字负责。

16.5 单位工程质量综合评价

16.5.1 工程结构质量评价

(1) 工程结构质量评价包括地基及桩基工程、结构工程(含地下防水层),应在主体结构验收合

地基及桩基工程观感质量评分表 表16-9

工程名称		施工阶段		检查日期	年 月 日		
施工单位			评价单位				
序号	检查项目		应得分	判定结果			实得分	备注
				100%	85%	70%		
1	地基、复合地基	标高、表面平整、边坡	100					
2	桩基	桩头、桩顶标高、场地平整	(100)					
检查结果	权重值5分。 应得分合计： 实得分合计： 地基及桩基工程观感质量评分 = $\dfrac{实得分}{应得分} \times 5 =$ 评价人员： 年 月 日							

格后进行。

（2）评价人员应在结构抽查的基础上，按有关评分表格内容进行核查，逐项作出评价。

（3）工程结构凡出现本书第16.2.4（3）条规定否决项目之一的不得评优。

（4）工程结构凡符合本书第16.2.4（4）条特

色工程加分项目的,可按规定在综合评价后直接加分。加分只限一次。

(5) 工程结构质量综合评价应符合下列规定:

工程结构质量评价评分应按表 16-10 内容进行逐项评分,并计算分值,评价人员签字负责。

工程结构评价得分应符合下式规定:

$$P_{结} = \frac{A+B}{0.50} + F$$

式中　$P_{结}$——工程结构评价得分;

　　　A——地基与桩基工程权重值实得分;

　　　B——结构工程权重值实得分;

　　　F——工程特色加分。

0.5 系地基与桩基工程、结构工程在工程权重值中占的比例 10%、40% 之和。

(6) 当工程结构含有混凝土结构、钢结构和砌体结构工程中的两种或三种时,工程结构评价得分应按每种结构在工程中占的比重及重要程度来综合评分。

如:某工程结构中有混凝土结构、钢结构及砌体结构三种结构工程,其中混凝土结构工程量占 70%,钢结构占 15%、砌体(填充墙)占 15%,按标准规定,按砌体工程只能占 10%、混凝土工程占 70%、钢结构占 20% 的比重来综合结构工程的评分。即：

工程结构质量综合评价表　　表 16-10

序号	检查项目	地基与桩基工程评价得分		结构工程评价得分（含地下防水层）		备注
		应得分	实得分	应得分	实得分	
1	现场质量保证条件	10		10		
2	性能检测	35		30		
3	质量记录	35		25		
4	尺寸偏差及限值实测	15		20		
5	观感质量	5		15		
6	合计	(100)		(100)		
7	各部位权重值实得分	A = 地基与桩基工程评分 ×0.10		B = 结构工程评分 ×0.40		
8	工程结构质量评分（$P_{结}$）： 特色工程加分项目加分值（F）： $P_{结} = \dfrac{A+B}{0.50} + F$ $P_{结} = \dfrac{A + (0.7B_1 + 0.2B_2 + 0.1B_3)}{0.5} + F$ $P_{结} = \dfrac{A+B}{0.50} \times 0.95 + G \times 0.05 + F$ 　　　　　　　　　评价人员：　　　　年　月　日					

$$P_{结} = A + (0.7B_1 + 0.2B_2 + 0.1B_3)/0.5 + F$$

式中 B_1——混凝土结构工程评价得分;

B_2——钢结构工程评价得分;

B_3——砌体结构工程评价得分。

(7) 当有地下防水层时,工程结构评价得分应符合下式规定:

$$P_{结} = (A + B)/0.5 \times 0.95 + G \times 0.05 + F$$

式中 G——地下防水层评价得分。

16.5.2 单位工程质量评价

(1) 单位工程质量评价包括地基工程、结构工程(含地下防水层)、屋面工程、装饰装修工程及安装工程,应在工程竣工验收合格后进行。

(2) 评价人员应在工程实体质量和工程档案资料全面检查的基础上,分别按有关表格内容进行查对,逐项作出评价。

(3) 单位工程凡出现本书第 16.2.4(3)条规定否决项目之一的不得评优。

(4) 单位工程凡符合本书第 16.2.4(4)条特色工程加分项目的,可在单位工程质量评价后按规定直接加分。工程结构和单位工程特色加分,只限加一次,选取一个最大加分项目。

(5) 单位工程质量综合评价应符合下列规定：

单位工程质量评价评分应按表 16-11 内容进行逐项评分，并计算分值，评价人员签字负责。

单位工程质量评价评分应符合下式规定：

$$P_{竣} = A + B + C + D + E + F$$

式中 $P_{竣}$——单位工程质量评价得分；

　　A——地基与桩基工程权重值实得分；

　　B——结构工程权重值实得分；

　　C——屋面工程权重值实得分；

　　D——装饰装修工程权重值实得分；

　　E——安装工程权重值实得分；

　　F——特色工程加分。

(6) 安装工程权重值得分计算与调整应符合下列规定：

安装工程包括 5 项内容，当工程安装项目全有时每项权重值为 4 分；当安装工程项目有缺项时可按安装项目的工作量进行调整，调整时总分值为 20 分，但各项应当为整数。

16.5.3 评分汇总及分析

(1) 单位工程各工程部位、系统评分汇总应符合下列规定：

表 16-11

单位工程质量综合评价表

序号	检查项目	地基及桩基工程评价得分		结构工程评价得分（含地下防水层）		屋面工程评价得分		装饰装修工程评价得分		安装工程评价得分		备注
		应得分	实得分	应得分	实得分	应得分	实得分	应得分	实得分	应得分	实得分	
1	现场质量保证条件	10		10		10		10		10		
2	性能检测	35		30		30		20		30		
3	质量记录	35		25		20		20		30		
4	尺寸偏差及限值实测	15		20		20		10		10		
5	观感质量	5		15		20		40		20		
6	合计	(100)		(100)		(100)		(100)		(100)		
7	各部位权重值实得分	A = 地基及桩基工程评分 × 0.10		B = 结构工程评分 × 0.40		C = 屋面工程评分 × 0.05		D = 装饰装修工程评分 × 0.25		E = 安装工程评分 × 0.20		

续表

序号	检查项目	地基及桩基工程评价得分		结构工程评价得分（含地下防水层）		屋面工程评价得分		装饰装修工程评价得分		安装工程评价得分		备注
		应得分	实得分	应得分	实得分	应得分	实得分	应得分	实得分	应得分	实得分	
8	单位工程质量评分（$P_{检}$）：特色工程加分项目加分值（F）：$P_{检}=A+B+C+D+E+F$											

评价人员：　　　　　　　　　　　　　　年　月　日

各项目评价得分应按表 16-12 进行汇总。

单位工程质量各项目评价得分汇总表

表 16-12

序号	检查项目	地基及桩基工程	结构工程（含地下防水层）	屋面工程	装饰装修工程	安装工程	合计	备注
1	现场质量保证条件							
2	性能检测							
3	质量记录							
4	尺寸偏差及限值实测							
5	观感质量							
	合计							

（2）单位工程各部位、系统评分及分析应符合下列规定：

工程部位、系统的评价项目实际得分（即竖向部分）相加，可根据得分情况评价分析工程部位、系统的质量水平程度。

（3）单位工程各项目评价得分及评价分析应符合下列规定：

各工程部位、系统相同项目实际评价得分（即横向部分）相加，可根据得分情况评价分析项目的质量水平程度；各项目实际评价得分（即竖向部分）相加，可根据得分情况评价分析工程部位、系统的质量水平程度。

16.5.4 评价报告

（1）工程结构、单位工程质量评价后均需出具评价报告，评价报告应由评价机构编制，应包括下列内容：

1) 工程概况；
2) 工程评价情况；
3) 工程竣工验收情况；附建设工程竣工验收备案表和有关消防、环保等部门出具的认可文件；
4) 工程结构质量评价情况及结果；
5) 单位工程质量评价情况及结果。

（2）工程质量评价报告应符合下列要求：

1) 工程概况中应说明建设工程的规模、施工工艺及主要的工程特点、施工过程的质量控制情况；

2）工程质量评价情况应说明委托评价机构，在组织、人员及措施方面所进行的准备工作和评价工作过程；

3）说明建设、监理、设计、勘察、施工等单位的竣工验收评价结果和意见，并附评价文件；

4）工程结构和单位工程评价应重点说明工程评价的否决条件及加分条件等审查情况；

5）工程结构和单位工程质量评价得分及等级情况。

17 工程质量通病的防治

17.1 质量通病的概念

17.1.1 质量通病的定义

工程质量通病是指工程中经常发生的、普遍存在的一些工程质量问题。由于其量大面广,因此对建筑工程影响很大,是进一步提高工程质量的主要障碍。

根据质量通病的危害程度,危害大的可引发工程质量事故,而一些危害小的质量通病仅会影响建筑物观感美观程度。由于质量通病存在于工程的每个分部分项中,涉及的种类繁多,因此在本章中主要围绕由于施工或使用不当等原因造成的一些不影响建筑物结构安全和使用功能或轻微影响使用功能的质量通病开展讨论。如建筑物外墙或外窗渗水、现浇楼板非结构性裂缝、墙面粉刷壳裂等。

17.1.2 质量通病的分类

质量通病根据其存在于工程建设过程的不同阶段,可分为:

(1) 结构施工阶段产生的质量通病,如混凝土结构蜂窝、麻面、胀模,及在一定范围内的孔洞露筋,外墙砌体工程竖向灰缝不饱满,现浇楼板非结构性裂缝等;

(2) 装饰施工阶段产生的质量通病,如墙面抹灰起壳、裂缝、不平整,地面及楼面起砂、起壳、开裂,门窗变形、缝隙过大、密封不严;

(3) 安装施工阶段产生的质量通病,如排水管道堵塞,给水排水管道及卫生器具渗漏水,开关插座面板安装不牢等;

(4) 房屋交付使用后发生的质量通病,如混凝土框架结构与填充墙之间产生裂缝,房屋在规范允许范围内的沉降和倾斜,外墙及外门窗的渗漏等。

17.2 常见质量通病

工程项目中有些质量问题,如"渗、漏、堵、砂、壳、裂"等,由于经常发生,犹如"多发病"、"常见病"一样,而成为质量通病。较常见

的质量通病有:

(1) 基础出现未超出规范规定沉降或差异沉降;

(2) 现浇钢筋混凝土工程出现蜂窝、麻面或轻微露筋;

(3) 墙体、楼地面等裂缝;

(4) 墙面及楼地面等起壳;

(5) 屋面、外墙、楼地面、管道及门窗渗漏;

(6) 楼地面起砂;

(7) 给水排水管道堵塞;

(8) 金属栏杆、管道、配件锈蚀;

(9) 室内电气管内穿线质量问题;

(10) 风管安装不直、漏风;

(11) 卫生器具安装不牢固;

(12) 室内电气回路各种不同绝缘层颜色的导线敷设混乱;

(13) 建筑节能工程的质量通病。

17.3 质量通病的成因及防治措施

17.3.1 基础出现较大的沉降或差异沉降

(1) **症状** 此类质量通病主要表现为建筑物室

外附属的围墙、台阶、踏步、明沟、散水坡等与建筑物外墙间被拉裂,与沉降方向一致的墙体出现开裂现象,出建筑物的排水管道等出现坡向不足甚至倒坡现象。

(2) **成因** 出现此类质量通病除勘察设计原因外主要是由施工单位在地基处理时施工质量差或使用单位在建筑物使用过程中擅自增加荷载,造成地基承载力不足或不均匀,引起建筑物建成后出现较大的沉降或差异沉降,虽未超出规范规定,但会给建筑物实际使用中造成影响。

(3) **防治** 要避免此类质量通病,施工单位应严格按设计要求及施工技术标准组织施工,过程中应保证地基处理的工程质量;监理单位应严格按有关技术标准和设计文件的要求实施监理,以公正的第三方监控地基处理工程质量;房屋使用单位应根据设计提供的许用荷载要求使用房屋,严禁未经设计同意擅自在建筑物内增加各类超出允许范围的荷载。

17.3.2 现浇钢筋混凝土工程出现蜂窝、麻面及轻微露筋

(1) **症状** 此类质量通病主要表现为混凝土局

部疏松，砂浆少石子多，石子间出现空隙，形成蜂窝状的孔洞；或混凝土表面局部缺浆粗糙，有许多小凹坑，但无钢筋外露；或钢筋混凝土结构内的箍筋没有被混凝土完全包裹而外露。

（2）**成因** 造成蜂窝、麻面、露筋这类质量通病的主要原因是由于模板内侧面平整度差、拼缝不严密、模板支撑变形不符合要求，模板与混凝土脱模处理不到位，浇筑混凝土时振捣不均匀存在漏振或过振现象，混凝土拆模时间过早，混凝土内钢筋位置不准确或钢筋保护层不足等。

（3）**防治** 要避免此类质量通病，应从钢筋混凝土工程的各个分项入手，严格控制工程质量，确保浇筑完成的混凝土质量。首先应根据工程实际编制混凝土施工方案和模板支撑方案，经审批同意后严格按方案操作；其次应选择好模板和支撑的材料，在模板制作时应确保其标高、几何尺寸及内侧的平整度，控制模板拼缝的严密，如有缝隙应采用相应的材料加以填塞；模板支撑应具有足够的刚度，确保在混凝土浇筑和振捣时不出现变形；钢筋制作时应控制其几何尺寸，安装时应控制其位置准确，应用垫块等材料固定位置和控制好保护层厚度。在通过隐蔽验收后，应及时浇筑混凝土，并严格控制振捣质量，严禁漏振或过振。

17.3.3 裂缝质量问题：包括框架、框剪结构与填充墙交接处裂缝，楼地面裂缝，内外墙粉刷裂缝等

17.3.3.1 框架、框剪结构与填充墙交接处裂缝

（1）**症状** 此类质量通病主要表现为填充墙砌体与框架或框剪结构混凝土之间产生裂缝，一般呈门字形开展，在建筑物中两侧山墙较多，出现频率自屋面向下逐步递减。

（2）**成因** 此类裂缝的原因有多个方面，主要包括：

1) 材料原因：砌体材料干缩的影响，砌块干缩值一般小于 0.4mm/m，试验证明，在常温下养护1个月完成总收缩率的30%~40%，养护2个月左右，其收缩率约完成95%，如在施工时速度过快，使用陈伏期不足28d的砌块，就会产生砌块墙的收缩裂缝。

2) 施工工艺、质量控制原因：砌筑砂浆不饱满，砌块壁肋较窄，如不精心施工难以保证砂浆饱满和均匀，墙体一旦受到应力的作用就会在砂浆不饱满处产生沿灰缝的裂缝。由于外墙内外温差造成

变形不一致而产生裂缝，如梁下水平缝处裂缝。由于抹灰常用的水泥砂浆或水泥白灰混合砂浆，其收缩值一般为 0.6~0.8mm/m，且保水和易性差，时常在抹灰时界面处产生泌水，下滑而导致空鼓开裂。由于不同材料的砌体交接处未设构造柱，砌块的收缩变形是黏土砖的 2~3 倍左右，砌块与黏土砖，砌块与梁柱混用时极易产生裂缝。

（3）**防治** 要解决此类质量通病，经过上述原因分析，需要从施工及材料等多方面加以控制。施工单位应加强砌体材料的进场质量把关，未达到陈伏期要求的材料应严加控制，在砌体砌筑时应保证灰缝砂浆的饱满度，填充墙顶皮斜砖应待下部砌体自然压缩干燥变形完成后再行砌筑，在墙面粉刷前应再次检查砌筑质量，对灰缝不饱满处应进行修补，并应在砌体与混凝土间或不同的砌体材料间采用钢板网处理，增强抹灰层抵抗裂缝的能力。

17.3.3.2 楼地面裂缝

（1）现浇楼板裂缝

1）**症状** 主要表现为建筑物边跨楼板外角的 45°裂缝或沿边跨楼板对角 45°裂缝或沿楼板内预埋管线方向的裂缝，可贯穿楼板。

2）**成因** 造成此类质量通病的原因有多个方

面，主要包括：**材料原因**：商品混凝土水灰比大，水泥用量大。高效缓凝剂用量过大，在未凝固前石子下沉，产生沉缩裂缝，常发生在梁板交接处。砂石质量不好，级配不好，含泥量大，含粉量大。粉煤灰掺量超标，混凝土后期收缩过大。**施工工艺、质量控制原因**：养护不到位，强制性规范要求混凝土养护要苫盖并浇水，实际施工中大多数不苫盖，浇水也不能保证经常性湿润。施工速度过快，上荷早，特别是砖混住宅楼板，前一天浇筑完楼板，第二天即上砖、走车，造成早期混凝土受损。冬季期间受冻、拆模过早或模板支撑系统刚度不够。混凝土表面浮浆过厚，表面强度不够。施工时楼板混凝土上层钢筋被踩弯，保护层过厚，承载力下降。在敷设线管的时候、由于线管与底筋没有间距，使得线管紧贴楼板的底筋，造成保护层的厚度不够。由于楼板的下部受拉应力的影响，很容易在线管下方产生细小裂缝。

3）**防治** 要解决此类质量通病，根据上述原因的分析，应从材料和施工两个方面采取有针对性的措施：首先对材料来说混凝土或商品混凝土的用水量应控制在$180kg/m^3$，商品混凝土现场浇捣时的坍落度高层应控制在18cm以下、多层和中高层应控制在15cm以下，同时应控制好混凝土掺合料的用量，不得使用细砂和特细砂作为细骨料。其次在施工过程中施工单位应对商品混凝土的坍落度进行逐车检查，不符合要求的不得使用，在混凝土浇捣过程中应采取有效措施保证楼板厚度和楼板中钢筋的保护层厚度，楼板中的线管必须布置在钢筋网片之上（双层双向配筋时应布置在下层钢筋之上），出现交叉线管时可采用线盒，线管不宜立体交叉穿越，预埋线管处应采用增设钢筋网等措施加强。另外还要注意在施工过程中确保现浇楼板的养护期和养护工作质量，确保在楼板达到一定强度前不增加施工荷载。

（2）预制楼板裂缝

1）**症状**　主要表现为沿楼板拼缝位置的通长裂缝，可贯穿楼板。

2）**成因**　材料原因：预制楼板自身翘曲情况较严重，造成搁置不平或板底抹灰层厚度不一引起裂缝。施工工艺、质量控制原因：楼板安装时硬找平软坐灰不到位或楼板缝细石混凝土灌缝不密实，造成楼板安装完毕后一段时间内出现裂缝。

3）**防治**　要防治此类质量通病，应加强对预制楼板进场质量的控制，不符合要求的楼板不得用于工程实体,在施工中应严格控制找平层的平整度,楼板安装前坐灰应饱满,确保楼板搁置面的受力均匀,在进行板缝处理时,细石混凝土灌缝应采用小型工具振插,确保板缝混凝土饱满密实。

17.3.3.3 内外墙粉刷裂缝

(1) **症状** 此类质量通病主要表现为在墙面粉刷完成一段时间后墙面出现不规则的毛细裂缝,或在不同材料交接处的通长细裂缝。

(2) **成因** 造成此类质量通病的原因在于粉刷所使用的砂浆强度偏高(砂浆中水泥用量过大),引起抹灰层材料收缩产生裂缝;或由于结构基层平整度垂直度偏差过大,较厚的抹灰一次施工完成,引起抹灰层干缩或流坠产生裂缝。

(3) **防治** 要防治此类质量通病主要在于:抹灰所使用的砂浆强度不宜过高,并应具备良好的和易性,同时应掌握分层抹灰的砂浆强度自底向面逐步递减的原则;当结构基层平整度垂直度偏差较大时,应采用分层抹灰,一般每次抹灰厚度应控制在 8~10mm 为宜。

17.3.4 楼地面及墙面面层起壳

(1) **症状** 此类质量通病主要表现为楼地面及

墙面面层与基层之间脱开,出现大小、形状不一的空鼓,部分会伴有裂缝。

(2) **成因** 造成此类质量通病原因主要为:在施工楼地面或墙面面层前,对基层的清理不到位或界面处理不当,或因基层浇水湿润不够,面层施工后混凝土或砂浆中的水分很快被吸收,影响了面层与基层的粘结力。

(3) **防治** 要防治此类质量通病,应注意在楼地面或墙面面层施工前,将基层表面清理干净,对混凝土等基层表面应采取凿毛结浆或喷涂界面剂等方式进行处理;面层施工前还应对基层进行浇水湿润以避免刚施工的面层水分被基层吸走引起空鼓。

17.3.5 楼地面面层起砂

(1) **症状** 此类质量通病主要表现为楼地面面层表面在施工完成一段时间后由于受摩擦损伤,造成地面表面粗糙,光洁度差,不坚实,有松散的水泥灰离析,时间稍长后进一步有砂粒或成片水泥硬壳剥落,露出松散的水泥和砂石。

(2) **成因** 这类质量通病主要原因是由于楼地面面层的细石混凝土或砂浆的水灰比过大,在施工中造成混凝土或砂浆泌水,进而降低地面的表面强度引起起砂；或楼地面面层施工工序安排不当，压光过早或过迟，降低面层的强度和抗磨能力从而造成起砂；或因楼地面面层施工完成后养护不当，在养护过程中即上人行走，导致地面起砂；或在冬期施工时楼地面面层受冻引起起砂；或因原材料质量问题（如水泥强度等级低或过期，砂粒度过细等）也会引起起砂。

（3）**防治** 要避免此类质量通病，应严格控制原材料质量和面层细石混凝土或砂浆的水灰比，掌握好面层的压光时间，待面层达到一定强度后进行压光收头（注意在压光时严禁用干水泥进行拔干），压光后一般在一昼夜后进行洒水养护，在养护期间应禁止上人，如遇冬期施工应采取防冻措施。

17.3.6 排水管道堵塞

（1）**症状** 此类质量通病主要表现为：管道通水后，卫生器具（面盆、水斗、马桶等）排水不畅。

（2）**成因** 造成此类质量通病的原因在于：管道甩口封堵不及时或方法不当，造成砂浆等杂物掉入管道中；或管道和卫生器具安装时，未认真清除管内杂物；或管道安装坡度不到位，甚至局部倒坡；或管道接口零件使用不当，造成管道局部阻力过大。

（3）**防治** 要防治此类质量通病，应在卫生器具或管道安装前，认真检查并清理干净管内杂物，安装时应注意控制管道坡度（应不小于1%），严禁倒坡，合理正确使用管道零件，施工时应避免杂物掉入管内，施工完成后应及时封堵管道甩口，防止杂物掉入。

17.3.7 各类渗漏问题

建筑物渗漏的质量通病包括：屋面渗漏、外墙渗漏、门窗渗漏、楼地面渗漏和管道渗漏。

17.3.7.1 屋面渗漏

（1）**症状** 此类质量通病主要表现为：由于防水材料质量问题，屋面女儿墙、天沟、檐口、变形缝及出屋面的管道、落水洞口等细部防水处理不到位，造成雨水渗入防水层之下，引起屋面楼板下的雨水滴漏现象。

（2）**成因** 造成此类质量通病的原因主要有：

1）材料原因：进场的防水材料和粘结材料为假冒伪劣产品，不具备合格证及产品识别标志，未进行随机见证抽样复核。对基层处理剂选择不当，未考虑与选择卷材的材性是否相容。

2）施工工艺、质量控制原因：屋面工程施工前未编制详细的施工方案。防水层收头固定错误，收头处未用密封材料将上下口封严，钉距偏大。在屋面各道防水层或隔汽层施工时，伸出屋面管道、井（烟）道及高出屋面的结构处及管道穿楼板处未采用柔性防水材料做泛水，或其高度不足，小于规定的250 mm（管道泛水不小于300 mm）；最后一道泛水材料采用卷材时，未用管箍或压条将卷材上口压紧再用密封材料封口。刚性防水层与山墙、女儿墙以及突出屋面结构的交接处未留缝隙或缝隙留置过小，或柔性密封处理不当。

（3）**防治** 要解决此类质量通病，应严格控制防水材料的质量，严禁不合格的材料用于工程。同时在施工过程中应加强质量控制，尤其是在防水层施工时应注意涂刷粘结牢固，在管道等部位的细部收头应严格按技术标准要求施工，防水层施工完毕后，下道工序施工时应注意对防水层的保护，严禁在后续施工过程中破坏防水层。

17.3.7.2 外墙渗漏

（1）**症状** 此类质量通病主要表现为：由于建筑物外围护结构墙体（混凝土或砌体）或外表面装

饰面层原材料及施工质量问题，造成雨水渗入墙体内表面，形成内表面水渍或引起面层起皮脱落等情况的质量通病。

（2）**成因** 造成此类质量问题原因包括：

1）材料原因：外墙选材不当，采用了吸水率大的轻质砌块。砂浆强度达不到设计要求，密实度差，容易渗水。砌筑砂浆控制不严，用细砂及建筑粉料代替中砂拌制砂浆，黏性大、和易性差、收缩大、强度低，导致砂浆的密实度差。饰面砖质量达不到使用要求，存在外形歪斜、缺棱掉角、脱边、翘曲和裂缝现象，吸水率和干缩变形大，遇到风吹雨打日晒，产生开裂。

2）施工工艺、质量控制原因：

①施工时图方便，砌块未经挑选，将缺棱掉角、翘曲变形的砌块用于外围护填充墙；反手砌筑，使外墙平整度差，造成表面凹凸不平，使外粉刷厚薄不匀，产生干缩应力，使外粉刷面开裂，甚至出现起壳现象，雨水极易渗入砌体。

②干砖砌墙，砌体质量较差。由于干砖易吸水，使砂浆强度降低，造成砂浆与砖体粘结性差，从而在灰缝与砖之间产生肉眼看不到的渗水缝隙，不易修复，造成长期渗水。

③砌体组砌方法不当,形成通缝。砌体的水平及竖向灰缝中的砂浆不饱满,在砌体中形成许多空隙,渗水机会多,流向复杂,难以查找。

④抹灰前基层处理不当,砌墙脚手洞、模板挑担洞、穿管洞等未按规定嵌补密实;混凝土墙体与砌块搭接处没有处理好,造成外墙渗水。

⑤砌体浮灰清理不干净,没有浇水湿润,砌块界面没有"毛化处理",造成粉刷层空鼓、裂缝、脱落,引起渗水。

⑥突出墙面的腰线、门窗、阳台的滴水线处理不当,外墙饰面分格条采用木制分格条,宽厚不一或分格条变形,起条时间不当,起条方法不对,使分格条边棱受损,缝底没有用水泥砂浆勾平抹光等,致使外粉刷和腰线有砂眼空洞,进而造成渗水。

⑦穿外墙管道周围砂浆堵塞不严,造成渗水。

⑧外墙抹灰时,两步脚手架接搓处处理不当,擀压不实,亦会留下渗漏隐患。

⑨外墙打底砂浆不论厚薄均一次成形,造成开裂,引起渗水。

⑩外墙面砖镶贴不牢,出现空鼓,形成储水囊。面砖勾缝砂浆强度太低或勾缝不认真,形成很

多毛细孔或缝隙，遇到台风暴雨会从毛细孔或缝隙渗入。面砖镶贴时压住门窗框，玻璃胶打得不严密，玻璃胶质量差，不到一年就老化，失去防水功效。

⑪框架、框剪结构与填充墙交接处受温度影响收缩不匀，产生开裂而渗漏。

⑫框架、框剪结构产生不均匀沉降或温度应力变化，在填充墙阴阳角或门窗洞口、窗下墙体及一些薄弱部位，产生水平或45°方向裂缝导致渗漏。

⑬伸缩缝、沉降缝未按要求处理，特别是水平缝和竖向缝交接处最易渗水。框架或框剪屋面板与女儿墙交接处防水未处理好，屋面积水从墙板交接处渗入。

⑭有些框架、框剪结构主裙楼交接处，裙房屋面防水处理不当，裙房屋面积水渗入主楼内。

⑮外墙脚手架连墙杆，悬挑脚手架拆架时只用氧乙炔割除，有一截连墙杆留在墙内形成渗水通道。现浇混凝土外墙，固定模板用的螺杆孔未作处理，或处理不当。建筑施工井架口、上人电梯口、塔吊附墙处预留施工洞封闭不严，留下渗水隐患。

⑯外挑预制空调器洞与墙交接处处理不好及空调洞内泛水不明显。

⑰住户进行室内装饰时破坏了外墙面,形成渗漏。

(3) **防治** 通过原因分析可见,造成外墙渗漏的原因有多个方面,但究其主要应为施工中诸多环节质量控制不严而引发,因此要解决此类质量通病,首先应严格控制原材料质量,杜绝不合格的材料用于工程;其次应从施工入手,针对每项原因,狠抓工序控制和细部处理,如在外墙砌体结构施工时应保证灰缝饱满、密实,抹灰应平整并有适当的厚度,对一些后镶嵌处理部位(支模洞、脚手洞、施工洞、穿墙螺杆洞、空调器出墙洞等)的封堵应到位,力争将渗漏隐患降到最低程度。

17.3.7.3 门窗渗漏(包括幕墙渗漏)

(1) **症状** 此类质量问题主要表现为门窗型材拼缝处及门窗框四周由于防水处理不当造成雨水渗透现象。

(2) **成因** 造成此类质量问题的主要原因包括:

1)外墙门窗框受温度变化而产生翘曲变形,使门窗框与墙体间产生缝隙,造成渗水;

2)外墙门窗洞口留得太大,门窗框四周塞缝不严或未做塞缝处理,窗台未做泛水,门窗天盘滴

水线不到位等,造成渗漏;

3) 外墙门窗型材拼缝处密封胶密封处理不到位,造成拼缝处渗漏;

4) 推拉窗下槛出水口少或堵塞,遇到台风暴雨时,形成积水渗入室内;

5) 幕墙密封胶打注不严密,或打得太薄、有气泡针眼,或胶老化失去防水性能而渗漏。

(3) **防治** 要防治此类质量问题,首先应在门窗框安装完毕后进行四周嵌缝处理,钢门窗可采用1:2~3的水泥砂浆进行嵌缝,铝合金或塑料门窗可采用发泡聚氨酯进行嵌缝处理,嵌缝必须饱满密实;其次门窗框型材拼缝亦应进行封堵,钢门窗框之间如采用拼管或拼铁拼装时,应预先在拼合处嵌满油灰再行拼装,铝合金或塑料型材拼缝处应采用耐候密封胶进行封堵。各类幕墙型材与结构间或材料拼缝间的缝隙均应采用耐候密封胶进行封堵处理,密封胶打注应连续饱满。

17.3.7.4 楼地面渗漏

(1) **症状** 此类质量通病主要表现为厨房、厕所等存在湿作业的房间由于管道穿越楼板处或楼板自身防水处理不当,造成上一楼层的水渗透到下一楼层的现象。

(2) **成因** 造成此类质量通病的原因主要包括：

1) 给水排水、燃气等管道穿越楼板，预留洞二次封堵混凝土浇捣不密实，一旦楼板表面有水即会造成渗漏；

2) 厨房、厕所等湿作业房间由于防水处理不到位，或地漏四周防水处理不到位，造成渗漏。

(3) **防治** 要防治此类质量通病，首先在楼板预留管道洞二次封堵时，混凝土应分二次浇捣，封好后可采取盛水试验检验是否有渗漏现象，确认无渗漏后再进入下道工序施工；其次如设计对楼板有防水要求的，在把好防水材料质量关的同时，应在楼板表面均匀涂刷防水材料，并在四周墙体上做一定高度的翻起，控制好防水层施工质量。

17.3.7.5 管道渗漏

(1) **症状** 此类质量通病主要表现为，给水排水管道由于原材料质量、接头处理不当造成管道内的水漏出的现象。

(2) **成因** 造成此类质量通病的原因主要包括：

1) 给水排水管道、接头等原材料存在裂缝、砂眼等质量问题，一旦用于工程上即会引起渗漏；

2) 管道接头部位在密封处理时不到位，造成渗漏。

（3）**防治** 要防治此类质量通病，要在严格控制管道原材料质量的同时，加强施工中对管道接口处理的质量控制，并在管道安装完成后进行通水试压试验，确保给水排水管道不出现渗漏。

17.3.8 金属栏杆、管道、配件锈蚀

此类质量通病主要表现为金属构件的返锈及由锈蚀引起的油漆剥落等现象。造成此类质量通病主要是由于对金属栏杆、管道及配件的防锈处理不到位，或一部分本应采用不锈钢材料的原材料质量存在问题。在施工中应对原材料质量严格把关，不符合要求的材料应禁止进入现场，同时在施工中应加强对原材料的除锈处理，处理完毕后应完整的涂刷防锈剂，防锈剂涂刷的遍数应符合要求，在施工中因焊接等需要造成的防锈处理被破坏的部位，应及时进行后补处理。

17.3.9 室内电气管内穿线质量问题

（1）**症状** 此类质量通病主要表现为：由于先穿线后戴护口或不戴护口，造成导线背扣或死扣，损伤绝缘层。

（2）**成因** 造成此类质量通病的原因在于：穿线前放线时，将整盘线往外抽拉，引起螺旋形圈集中，出现背扣；在穿线时由于无护口，造成导线在毛糙的线管口拖拉，引起绝缘层破坏。

（3）**防治** 要防治此类质量通病，需要在穿线前严格戴好护口，管口无丝扣的可戴塑料内护口；放线时应将整盘导线放在线盘上，自然转动线轴放出导线，可防止出现螺圈死扣。

17.3.10 风管安装不直、漏风

（1）**症状** 此类质量通病主要表现为，风管不平、不直、不正、中心偏移，法兰口连接不严密，风管系统风量减少。

（2）**成因** 造成此类质量通病的原因包括：

1）各风管支架、吊卡位置标高不一致，间距不相等，受力不均匀，风管因自重影响，安装后产生弯曲；

2）矩形风管法兰对角线不相等，法兰与风管中心轴线不垂直；

3）法兰互换性差，平整度差，螺栓间距大，螺栓松紧度不一致；

4）法兰垫料薄，接口有缝隙，管口翻边宽度小；

5) 风管咬口开裂,室外风管咬口缝漏雨。

(3) **防治** 要防治此类质量通病,需要从以下几点入手:

1) 按质量标准调整风管支架和吊卡位置高低,加长吊杆丝扣长度,使托、吊卡受力均匀。

2) 调整或更换矩形法兰,使其对角线相等,控制风管表面平整度。

3) 法兰与风管垂直度偏差小时,可加厚法兰垫控制法兰螺栓松紧度;当偏差大时,则需对法兰重新找方铆接。

4) 增加法兰螺栓孔数量,螺栓孔可扩孔 1~2mm。

5) 加厚法兰垫,以调整螺栓松紧度,弹性小的垫料可作整体垫或做成45°对接并用密封胶粘结,弹性大的垫料可搭接。

6) 风管与法兰周圈缝隙用密封胶封闭。

7) 咬口开裂处用铆钉铆接后,再用密封胶封闭或焊接。

8) 室外风管安装,咬口应在底部。

17.3.11 卫生器具安装不牢固

(1) **症状** 此类质量通病主要表现为:卫生器

具使用时松动不稳,甚至引起管道连接零件损坏或漏水,影响正常使用。

(2) **成因** 造成此类质量问题的主要原因包括:

1) 土建墙体施工时,没有预埋木砖;

2) 安装卫生器具的螺栓规格不合适,或未完全拧紧;

3) 卫生器具与墙面依附不严。

(3) **防治** 要防治此类质量通病,需要从以下几方面入手:

1) 固定卫生器具的木砖应做好防腐处理后,在墙体施工时预埋好,严禁后装木砖或木塞;

2) 安装卫生器具宜尽量采用合适的机螺栓;

3) 安装洗脸盆可采用管式支架或圆钢支架。

17.3.12 室内电气回路各种不同绝缘层颜色的导线敷设混乱

施工单位应按规范要求配线或按图纸的要求计算好各种色线的数量,严格按相应规范要求施工,当采用多相供电时,同一建筑物、构筑物的电线绝缘层颜色选择应一致,可采取保护地线(PE线)用黄绿相间色,零线用淡蓝色;相线用:A相——

黄色，B 相——绿色，C 相——红色。

17.3.13 建筑节能工程的质量通病

由于我国大量推广应用建筑节能措施时间并不长，节能工程中的质量通病还未完全显现，目前而言主要有墙面裂缝和结露两大问题。

17.3.13.1 外墙内保温系统内墙面裂缝

（1）**症状** 此类质量通病主要表现为内墙面沿保温板接缝部位的裂缝。

（2）**成因** 造成此类质量通病主要是由于外墙体由于昼夜和季节变化，受室外气温和太阳辐射的影响而发生胀缩，而内墙保温板基本不受室外影响，当室外温度低于室内温度时，外墙收缩的幅度比内保温板的速度快，当室外气温高于室内气温时，外墙膨胀的速度也高于内保温板，这种反复变化，使内保温板始终处在不稳定的基础上，裂缝就容易产生。据实验证明，3m 宽的混凝土墙面在 20℃ 的温差变化条件下约发生 0.6mm 的形变，这样无疑会逐一拉开所有内保温板缝。因此，采用外墙内保温技术出现裂缝是一种比较普遍的现象。

（3）**防治** 为防治此类质量通病，首先可采用外墙外保温系统，这样可尽量避免由保温墙体不同层面热胀冷缩所引起的不同变形量,减少裂缝的成因;其次可在内保温系统护面层中增设抗裂网片并在抹面时采用抗裂腻子,增加面层抵抗裂缝的能力。

17.3.13.2 外墙内保温墙面的结露现象

(1) **症状** 此类质量通病主要表现为,冬季在内外墙交接处出现的冷凝水结露现象,并可引起内墙面的霉变。

(2) **成因** 产生此类质量通病的原因在于结构冷(热)桥的存在使局部温差过大所致。由于内保温保护的位置仅仅在建筑的墙及梁内侧,内墙及板对应的外墙部分得不到保温材料的保护,因此,此部分形成的冷(热)桥,冬天室内的墙体温度与室内墙角(保温墙体与不保温板交角处)温度差约在10℃左右,与室内的温度差可达到15℃以上,一旦室内的湿度条件适合,在此处即可形成结露现象。而结露水的浸渍或冻融极易造成保温隔热墙面发霉、开裂。

(3) **防治** 要防治此类质量通病,主要应从减少冷(热)桥入手,可在内保温无法顾及的柱、墙、梁、板外侧采取附加的外保温措施加以补强,从而尽量减少冷(热)桥部位及效应,起到减少结露现象的作用。

18 工程质量事故处理

18.1 质量事故的定义

根据我国有关质量、质量管理和质量保证方面的国家标准的定义,凡工程产品质量没有满足某个规定的要求,就称之为质量不合格;而没有满足某个预期的使用要求或合理的期望(包括安全性的要求),称之为质量缺陷。在建设工程中将不合格定义为:工程质量或质量管理活动未满足规定的要求。而工程质量缺陷,一般是指工程不符合国家、行业或地方现行有关技术标准、设计文件及合同中对质量的要求。质量缺陷分3种情况:一是致命缺陷,根据判断或经验,对使用、维护产品的人员可能造成危害或不安全状况的缺陷,或可能损坏最终产品的基本功能的缺陷;二是严重缺陷,是指尚未达到致命缺陷程度,但显著地降低工程预期性能的缺陷;三是轻微缺陷,是指不会显著降低工程产品预期性能的缺陷,或偏离标准但轻微影响产品的有效使用或操作的缺陷。故工程质量事故可定义为：

由于工程质量不符合工程建设施工技术标准、勘察与设计文件或工程承包合同约定要求，而引发或造成一定的经济损失、工期延误或危及人的生命安全或社会正常秩序的事件，称为工程质量事故。工程质量事故具有复杂性、严重性、可变性和多发性的特点。

18.2 质量事故的分类

建筑工程质量事故一般可按下述不同的方法分类：

18.2.1 按事故的性质及严重程度划分

18.2.1.1 一般质量问题

由于施工质量较差，不构成质量隐患、不存在危及结构安全的因素造成直接经济损失在5000元以下的为一般质量问题。

18.2.1.2 一般质量事故

除严重质量事故所指定的情况外，其他由于质量低劣或达不到合格标准，需加固补强且直接经济损失在5000元以上50000元以下的为一般质量事故。

18.2.1.3 严重质量事故

由于勘察、设计、施工或材料供应过失,造成下列情况之一者,即为严重质量事故:

(1) 建筑物、构筑物明显倾斜、偏移,超过标准规定或设计要求的沉降或不均匀沉降;

(2) 结构主要部位发生超过规范规定的裂缝或强度不足,影响结构安全和使用寿命;

(3) 需返工重做或由于质量低劣、达不到合格标准,需加固补强,且改变了建筑物的外形尺寸,造成永久性缺陷的质量事故;

(4) 直接经济损失在 50000 元以上 100000 元以下的。

18.2.1.4 重大质量事故

凡有下列情况之一者,可列为重大质量事故:

(1) 建筑物、构筑物或其他主要结构倒塌者;

(2) 影响建筑设备及其相应系统的使用功能,造成永久性质量缺陷者;

(3) 超过标准规定或设计要求的基础严重不均匀沉降、建筑物倾斜、结构开裂或主体结构强度严重不足,影响结构物的寿命,造成不可挽救的永久性质量缺陷或事故的;

(4) 直接经济损失在 100000 元以上者。

18.2.1.5 重大质量事故分为四个等级

（1）一级重大事故：死亡30人以上或造成直接经济损失300万元以上；

（2）二级重大事故：死亡10人以上、29人以下或直接经济损失100万元以上、不满300万元；

（3）三级重大事故：死亡3人以上、9人以下或重伤20人以上，或直接经济损失30万元以上、不满100万元；

（4）四级重大事故：死亡2人及以下或重伤3人以上19人以下，或直接经济损失10万元以上、不满30万元。

18.2.1.6 特别重大事故

凡具备国务院发布的《特别重大事故调查程序暂行规定》所列发生一次死亡30人及其以上的，或直接经济损失达500万元及以上的，或其他性质特别严重的，涉及上述三款之一的均属特别重大事故。

18.2.2 按事故造成的后果区分

18.2.2.1 未遂事故

发现了质量问题，经及时采取措施，未造成直接经济损失、延误工期或其他不良后果者，均属未遂事故。

18.2.2.2　已遂事故

凡出现了不符合质量标准或设计要求,造成直接经济损失、工期延误或其他不良后果者,均构成已遂事故。

18.2.3　按事故责任划分

18.2.3.1　指导责任事故

指由于在工程实施指导或领导失误而造成的质量事故。例如,由于赶工抢进度,放松或不按质量标准进行控制和检验,施工时降低质量标准等造成的质量事故。

18.2.3.2　操作责任事故

指在施工过程中,由于实施操作者不按规程或工艺操作,偷工减料、粗制滥造,而造成的质量事故。例如,钢筋绑扎不按设计要求擅自减少;浇筑混凝土时随意加水;混凝土拌和料出现了离析现象仍然浇筑入模;振捣混凝土不按规定分层,振捣不密实造成孔洞或疏松;压实土方含水量及压实遍数未按要求操作;外保温板材粘贴减少胶粘剂用量等。

18.2.3.3　非责任事故

指由于非建设参与各方原因或由于不可预计的

意外因素所引发的质量事故。例如，由于技术规范未作明确规定而造成的质量缺陷，或在工程实施过程中由于地震而引发的建筑物倒塌事故等。

18.2.4 按质量事故产生的原因划分

18.2.4.1 技术原因引发的质量事故

是指在工程项目实施中由于设计、施工在技术上的失误而造成的质量事故。例如，结构设计计算错误；地质情况估计错误；盲目采用技术上不成熟、实际应用中未得到充分的实践检验证实其可靠的新技术；采用了不适宜的施工方法或工艺等。

18.2.4.2 管理原因引发的质量事故

是指由于管理上的不完善或失误，违反标准、违章指挥、不按设计要求施工、玩忽职守、渎职而引发的质量事故。例如，施工单位或监理单位的质量体系不完善；检验制度不严密；质量控制不严格；管理措施不落实；检测仪器设备管理不善而失准；送料检验不严等原因引起的质量问题。

18.2.4.3 社会、经济原因引发的质量事故

是指由于社会、经济因素存在的弊端和不正之风引起的建设中的错误行为导致出现的质量事故。例如，某些企业盲目追求利润而置工程质量于不

顾，在建筑市场上压价投标，中标后则依靠违法手段或修改方案追加工程款，偷工减料、使用不合格材料、以次充好、或层层转包；建设单位随意降低质量安全标准，以及采取贿赂手段来达到降低工程质量而赢利的。凡此种种因素常常是出现重大质量事故的主要原因，应当给予充分的重视。因此，参加工程建设的各方在进行质量控制时，不但要在技术方面、管理方面入手，而且还要从政治上和思想作风方面入手严格把住质量关。

18.3 质量事故的报告与调查

18.3.1 工程质量事故的报告

工程质量事故发生后，事故发生单位必须及时报告。

18.3.1.1 工程质量事故的归口管理

（1）国务院按有关程序和规定处理全国特别重大质量事故。

（2）建设部归口管理全国工程建设重大质量事故；国务院各有关主管部门管理所属单位的工程建设重大质量事故、严重质量事故和一般质量事故。

（3）省、自治区、直辖市建设行政主管部门归口管理本辖区内的工程建设重大质量事故、严重质量事故和一般质量事故。

18.3.1.2 工程质量事故报告的有关规定

重大质量事故、严重质量事故、一般质量事故发生后，事故单位必须在24h内写出书面报告，将事故的简要情况向上级主管部门和事故发生地的市、县级建设行政主管部门和工程受监的质量监督机构及安全生产监督部门（如有人员伤亡的）报告；事故发生单位属于国务院部委的，应同时向国务院有关主管部门报告。

事故发生地的市、县级建设行政主管部门接到报告后，应立即向人民政府和省、自治区、直辖市建设行政主管部门报告；属重大质量事故的，省、自治区、直辖市建设行政主管部门应立即向人民政府和建设部报告。

18.3.1.3 工程质量事故书面报告的内容

（1）事故发生的时间、地点、工程项目名称、事故发生单位及参与建设各方的有关单位名称；

（2）事故发生的简要经过、伤亡人数及直接经济损失的初步估计；

（3）事故发生原因的初步分析和判断；

（4）事故发生后采取的措施及事故控制情况；

（5）事故报告单位。

18.3.1.4　工程质量事故现场保护

质量事故发生后，事故发生单位和事故发生地的建设行政主管部门，应当严格保护事故现场，采取有效措施抢救人员和财产，防止事故扩大。

因抢救人员、财产和疏导交通等原因，需要移动现场物件时，应当作出标记，绘制现场简图并作书面记录，妥善保存现场重要痕迹、物证，有条件的应当拍照或录像。

18.3.2　工程质量事故的调查

工程质量事故的调查工作，必须坚持实事求是、尊重科学的原则。

18.3.2.1　工程质量事故调查组的组成

工程质量事故的调查由事故发生地的市、县级以上建设行政主管部门或国务院有关主管部门组织成立调查组负责进行。

（1）调查组由建设行政主管部门、事故发生单位的上级主管部门和安全生产监督部门（如有人身伤亡的），以及参与建设各方的上级主管部门的人员组成，并应邀请人民检察机关和工会派员参加；

（2）调查组可以邀请有关方面的专家协助进行

技术鉴定、事故分析和财产损失评估工作；

（3）需要进行结构检测的，应委托法定单位出具工程结构质量的检测报告，供调查组判断质量事故的性质。

18.3.2.2　工程质量事故调查的分级管理

（1）特别重大质量事故由国务院按有关程序和规定处理；

（2）一、二级重大质量事故由省、自治区、直辖市建设行政主管部门提出调查组组成意见，报请人民政府批准；

（3）三、四级重大质量事故由事故发生地的市、县级建设行政主管部门提出调查组组成意见，报请人民政府批准；

（4）事故发生单位属于国务院的，由国务院有关主管部门或其授权部门会同当地建设行政主管部门提出调查组组成意见；

（5）严重质量事故调查组由省、自治区、直辖市建设行政主管部门组织；

（6）一般质量事故由建设单位提出调查组组成意见，报建设行政主管部门批准。

18.3.2.3　工程质量事故调查组的职责

（1）组织技术鉴定；

(2) 查明事故发生的原因、过程、人员伤亡及财产损失情况；

(3) 查明事故的性质、责任单位和主要责任人；

(4) 提出事故处理意见及防止类似事故再次发生所应采取的措施建议；

(5) 提出对事故责任单位和责任者的处理建议；

(6) 写出事故调查报告。

质量事故调查组有权向事故发生单位、各有关单位和个人了解事故的有关情况，索取有关资料，任何单位和个人不得拒绝和隐瞒。

任何单位和个人不得以任何方式阻碍、干扰调查组的正常工作。

调查工作结束后10日内，调查组应当将事故调查报告报送批准组成调查组的人民政府和建设行政主管部门。

18.4 工程质量事故处理的依据和程序

18.4.1 工程质量事故处理的依据

工程质量事故发生后，事故处理主要应解决：

搞清原因、落实措施、妥善处理、消除隐患、界定责任。其核心是搞清原因。

18.4.1.1 工程质量事故处理的主要依据

工程质量事故处理的主要依据有四个方面：质量事故的实况资料；具有法律效力的并得到有关当事各方认可的工程承包合同、勘察设计委托合同、监理委托合同、施工图设计文件审查委托协议、材料或设备购销合同、分包合同、委托检测和监测合同等合同文件；有关的技术文件、档案；相关的建设法规和技术标准。

这四方面依据中，前三种是与特定的工程项目密切相关的具有特定性质的依据。第四种法规性依据，是具有权威性、约束性、通用性和普遍性的依据，因而它在工程质量事故的处理事务中，具有极其重要、不容置疑的作用。

18.4.1.2 工程质量事故的实况资料

要搞清质量事故的原因和确定处理对策，首要的是要掌握质量事故的实际情况。有关质量事故的实况资料主要来自以下几方面。

（1）施工单位的质量事故调查报告

质量事故发生后，施工单位有责任就所发生的质量事故进行周密的调查、研究掌握情况，并在此

基础上写出调查报告,在调查报告中首先就与质量事故相关的实际情况作详尽的说明,其内容包括:

1) 质量事故发生的时间、地点;

2) 质量事故状况的描述,包括发生的事故类型(如混凝土裂缝、深基坑支护体系坍塌)、发生的部位(如楼层、梁、柱,及其所在的具体位置)、分布的状态及范围、严重程度(如裂缝的长度、宽度、深度等);

3) 质量事故发展变化的情况(其范围是否继续扩大、程度是否已经稳定等);

4) 有关事故的观测记录、事故现场状态的照片或录像。

(2) 事故调查组研究所获得的第一手材料,以及调查组所提供的质量事故调查报告,用来对施工单位所提供的情况进行对照核实。

18.4.1.3 有关合同及合同文件

(1) 所涉及的合同文件有:工程承包合同、勘察设计委托合同、监理委托合同、施工图设计文件审查委托协议、材料或设备购销合同、分包合同、委托检测和监测合同等。

(2) 有关合同和合同文件在处理质量事故中的作用是:确认在工程施工过程中有关各方是否按照

合同有关条款实施其活动，借以查找产生事故的可能原因。如施工单位是否在规定时间内通知监理单位或建设单位进行隐蔽工程验收，监理单位是否按规定时间实施了检查验收；施工单位在材料进场时是否按规定或约定进行了见证取样送样检验；检测机构是否按规定或约定提供了真实有效的检测报告等。此外合同文件还是界定质量责任的重要依据。

18.4.1.4 有关的技术文件和档案

（1）有关的勘察设计文件

勘察成果报告、施工图纸和技术说明等，作为施工的重要依据，在质量事故处理中，其作用一方面是可以对照勘察设计文件核查施工质量是否完全符合设计的规定和要求，另一方面是可以根据所发生的质量事故情况，核查勘察设计中是否存在问题或缺陷，成为导致质量事故的可能原因。

（2）与施工有关的技术文件、档案和资料

1）施工组织设计、施工方案、施工计划。

2）施工记录、施工日记等。根据它们可以查对发生质量事故时的工程施工情况，如施工时的气温、降水、风、浪等有关的自然条件；施工人员的情况；施工工艺与操作过程的情况；使用的材料情况；施工场地、工作面、交通等情况；地质及水文情况等。借助这些资料可以追溯和探寻事故的可能原因。

3) 有关建筑材料的质量证明资料。如材料批次、出厂日期、出厂合格证或检验报告、施工单位抽检的检验报告等。

4) 现场制备材料的质量证明资料。如混凝土拌合料的级配、水灰比、坍落度记录;混凝土试块强度检验报告;水泥试块强度检验报告等。

5) 质量事故发生后,对事故状况的观测记录、试验检验记录报告等。如对地基沉降的观测记录;对建筑物倾斜或变形的观测记录;对地基钻探取样记录与试验报告;对混凝土结构非破损检测的记录与报告等。

6) 其他有关资料。

上述各类技术资料对于分析质量事故原因,判断其发展变化趋势,推断事故影响及严重程度,考虑处理措施等都是不可缺少的。

18.4.1.5 相关的建设法规和技术标准

《中华人民共和国建筑法》(以下简称《建筑法》)对加强建筑活动的监督管理,维护建筑市场秩序,保证建设工程质量提供了法律保障。目前我国已基本建立起以《建筑法》为基础的工程建设和建筑业法规体系,包括法律、法规、规章及示范文本等。其中与工程质量及质量事故处理相关的有以下几类。

(1) 勘察、设计、施工、监理等单位资质管理方面的法规《建筑法》明确规定"国家对从事建筑活动的单位实行资质审查制度"。这方面的法规有《建设工程勘察设计企业资质管理规定》、《建筑业企业资质管理规定》和《工程监理企业资质管理规定》等。这些法规主要内容涉及勘察、设计、施工和监理等单位的等级划分,明确各级企业应具备的条件,确定各级企业所能承担的任务范围,以及其等级评定的申请、审查、批准等方面内容。

(2) 从业者资格管理方面的法规《建筑法》规定对注册建筑师、注册结构工程师、注册岩土工程师、注册监理工程师和注册建造师等有关人员实行资格认证制度。如《中华人民共和国注册建筑师条例》、《注册结构工程师执业资格制度暂行规定》和《监理工程师考试和注册试行办法》等。

(3) 建筑市场方面的法规这类法律、法规主要涉及工程发包、承包活动,以及国家对建筑市场的管理活动。包括《中华人民共和国合同法》、《中华人民共和国招标投标法》、《工程建设项目招标范围和规模标准的规定》、《工程项目自行招标的试行办法》、《建筑工程设计招标投标管理办法》、《评标委员会和评标办法的暂行规定》、《建筑工程发包与承包价格计价管理办法》和《建设工程勘察合同》、《建筑工程设计合同》、《建设工程施工合同》、《建设工程监理合同》等示范文本。这类法律、法规、文件主要是为了维护建筑市场的正常秩序和良好环境,充分发挥竞争机制,保证工程项目质量,提高建设水平。

（4）建筑施工方面的法规包括《建设工程勘察设计管理条例》、《建设工程质量管理条例》、《工程建设重大事故报告和调查程序的规定》、《建设工程施工现场管理规定》、《建筑装饰装修管理规定》、《房屋建筑工程质量保修办法》等。

（5）技术标准包括《建筑工程施工质量验收统一标准》及配套的系列验收规范,《工程建设标准强制性条文》、《民用建筑设计通则》等勘察设计方面的系列技术标准,《建筑玻璃应用技术规程》等行业标准,以及全国各地的地方标准等。

18.4.2　工程质量事故处理的程序

质量事故发生后,一般可以按照下列程序进行处理，如图 18-1 所示。

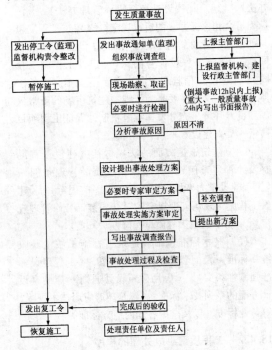

图 18-1 工程质量事故处理程序

18.5 工程质量事故原因分析

18.5.1 工程质量事故发生的常见原因

18.5.1.1 违反基本建设法规

（1）违反基本建设程序

基本建设程序是工程项目建设过程及其客观规律的反映，但有些工程不按基本建设程序办事，如未做好调查分析就拍板定案，未搞清地质情况就仓促开工，边设计、边施工，无图施工，不经竣工验收就交付使用等现象致使不少工程项目留有严重隐患，是导致重大工程质量事故的重要原因。

（2）违反有关法规和工程合同的规定

如无证设计，无资质队伍施工，越级设计，越级施工，超常的低价中标，施工图设计文件不按规定进行审查，施工单位非法转包、分包，建设单位、施工单位擅自修改设计，不按设计图纸施工等。

18.5.1.2 地质勘察原因

未认真进行地质勘察或勘察时钻探深度、间距、范围不符合规定要求，地质勘察报告不详细、不准确、不能全面反映实际的地基情况等，从而使得地下情况不清，或对基岩起伏、土层分布误判，或未查清地下软土层、滑坡、墓穴、孔洞等地质构造，或对场地土类别判断错误、地下水位评价不清等。这些均会导致采用不恰当或错误的基础方案，造成地基不均匀沉降、失稳使上部结构或墙体开裂、破坏，或引发建筑物倾斜、倒塌等质量事故。

18.5.1.3 对不均匀地基处理不当

对软弱土、冲填土、杂填土、湿陷性黄土、膨胀土、大孔性土、红黏土、熔岩、土洞、岩层出露等不均匀地基未进行处理或处理不当，均是导致重大质量事故的原因。必须根据不同地基的工程特性，按照地基处理应与上部结构相结合，使其共同工作的原则，从地基处理、设计措施、结构措施、防水措施、施工措施等方面综合考虑，加以治理。

18.5.1.4 设计问题

如盲目套用图纸，设计不周，结构构造不合理，采用不正确的设计方案，设计简图与实际受力情况不符，荷载取值过小，内力计算有误，沉降缝或变形缝设置不当，悬挑结构未进行抗倾覆验算，沉降无要求、无计算，以及计算错误等，都是引发质量事故的隐患。

18.5.1.5 建筑材料及制品不合格

如钢筋物理力学性能不良会导致钢筋混凝土结

构产生裂缝或脆性破坏,混凝土骨料中活性氧化硅会导致碱骨料反应使混凝土产生裂缝,水泥安定性不良会造成混凝土爆裂,预制构件断面尺寸不足或支承锚固长度不足或未可靠地建立预应力值或漏放少放钢筋或钢筋错位、板面开裂等,均可能出现断裂、坍塌事故。

18.5.1.6 施工管理问题

(1) 未经设计单位同意,擅自修改设计,偷工减料或不按图施工。如将铰结点做成刚性结点,将简支梁做成连续梁,用光圆钢筋代替带肋钢筋导致结构破坏,挡土墙不按设计的厚度要求施工导致墙体破坏或倾覆。

(2) 图纸未经会审仓促施工,或不熟悉图纸盲目施工。

(3) 不按有关的施工规范或操作规程施工。如浇筑混凝土时不按规定的位置和方法任意留置施工缝、不按规定分层浇筑、振捣致使混凝土结构整体性差、不密实、出现蜂窝、孔洞、烂根,不按规定的强度拆除模板,砖砌体包心砌筑、上下通缝均能导致砖墙或砖柱破坏。

(4) 缺乏结构工程基础知识,野蛮施工,将钢筋混凝土预制梁倒置吊装,将悬挑结构钢筋放在受压区导致结构破坏,造成严重后果。

(5) 管理混乱,施工方案考虑不周,施工顺序混乱、错误,技术交底不清,违章作业、疏于检查、验收等,施工中在楼面上超载堆放构件和材料等,均将给质量和安全造成严重后果。

18.5.1.7 自然条件影响

施工项目周期长,露天作业多,受自然条件影响较大,空气温度、湿度、暴雨、风、浪、洪水、雷电、日晒等均有可能成为质量事故的原因,施工中均应特别注意并采取有效的措施加以预防。

18.5.1.8 建筑物使用不当

对建筑物或设施使用不当也易造成质量事故,如未经校核验算就任意对建筑物加层,或在屋面上设置较重的设备,任意拆除承重结构部位,任意在结构上开槽、打洞、削弱承重结构截面等。

18.5.2 工程质量事故原因分析方法

通常一次工程质量事故往往由多种原因引发,应根据事故的特征表现,以及工程在施工中和使用中所处的实际情况和条件进行具体分析,对于质量事故原因进行分析的方法和步骤可概括如下。

(1) 对事故情况进行细致的现场调查研究,充分了解和掌握质量事故的现象与特征。

（2）收集资料，调查研究，摸清质量事故对象在整个施工过程中所处的环境及面临的各种情况：

1）所使用的图纸；
2）施工情况；
3）使用的材料情况；
4）施工期间的环境条件；
5）质量管理与质量控制情况。

（3）分析造成质量事故的原因

根据对事故的现象及特征的了解，结合当时在施工过程中所面临的各种条件和情况，进行综合分析、比较和判断，找出最可能造成质量事故的原因。对于某些质量事故，除要做上述的调查分析外，还需要结合专门的计算进行验证，才能作出综合判断，找出其真正的原因。

18.6 工程质量事故处理及鉴定验收

18.6.1 工程质量事故处理的要求

质量事故处理，其目的是消除工程质量隐患，满足建筑物的安全可靠和正常使用各项功能及寿命要求，并保证施工的正常进行。

其一般处理原则是：正确确定事故性质，是表面性还是实质性、是结构性还是一般性、是迫切性还是可缓性；正确确定处理范围，除直接发生部位，还应检查处理事故相应影响作用范围的结构部位或构件。

其处理的基本要求是：安全可靠、不留隐患，满足建筑物的功能和使用要求，技术上可行且经济合理原则。

18.6.2 工程质量事故处理的方式

18.6.2.1 修补处理

这是最常用的一种处理方式。通常当工程的某个检验批、分项或分部工程的质量虽未达到标准规范规定、设计要求或合同约定，存在一定缺陷，但通过修补或更换器具设备后还可达到要求，又不影响使用功能和外观要求的，在此情况下可采用修补处理。

对于严重的质量问题，可能影响结构的安全性和使用功能，必须按一定的技术方案进行加固补强处理，但仍可能会造成一些永久性缺陷，如改变结构外形尺寸或影响一些次要的使用功能等。

18.6.2.2 返工处理

当工程质量未达到标准规范规定、设计要求或合同约定，存在严重的质量隐患，对结构安全或使用功能造成重大影响，且又无法通过修补处理的情况下，可对检验批、分项、分部甚至整个单位工程进行返工处理。

对于某些存在严重质量缺陷，且无法采用加固补强等修补处理或修补处理费用高于原工程造价的，应进行整体拆除，全面返工。

18.6.2.3 不作处理

某些工程质量事故所造成的问题虽然不符合标准规范规定、设计要求或合同约定，但视其严重程度，经过分析、论证、法定检测单位鉴定和设计等有关单位认可，对工程的结构安全和使用功能影响不大，也可不作处理，包括：

（1）不影响结构安全和正常使用的；

（2）有些质量问题，通过后道工序可以弥补的；

（3）经法定检测单位鉴定合格的；

（4）出现的质量问题，经检测鉴定达不到设计要求，但经原设计单位核算，仍能满足结构安全和使用功能的。

18.6.2.4 确定工程质量事故处理的方式

选择确定质量事故的处理方式，直接关系到工程的质量、费用和工期,应慎重对待。

(1) 试验验证

即对某些有严重质量缺陷的工程,可采取试验方法进一步加以验证,以便确定缺陷的严重程度,可根据试验验证结果的分析论证,确定最佳的处理方式。

(2) 定期观测

有些工程,在发现质量缺陷时其状态可能尚未达到稳定,仍会继续发展,在这种情况下一般不宜过早作出决定,可以进行一段时间的观测,然后再根据情况作出决定。有些有缺陷的工程,短期内其影响可能不十分明显,需要较长时间的观测才能得出结论。

(3) 专家论证

对于有些工程质量问题,可能涉及的技术领域比较广泛,或问题非常复杂,有时根据合同约定很难作出决策,这时可提请专家论证。

(4) 方案比较

同类型和同一性质的事故可先设计多种处理方案,然后结合当地的资源情况、施工条件等逐项给出权重,作出对比,从而选择具有较高处理效果又便于施工的处理方案。

18.6.3 工程质量事故处理的鉴定验收

质量事故的技术处理是否达到了预期目的,消除了工程质量不合格或工程质量问题,是否留有质量隐患,应通过组织检查和必要的鉴定,进行验收并予以最终确认。

18.6.3.1 检查验收

质量事故处理完毕后,在施工单位自检合格的基础上,应严格按工程质量验收标准及相关规范进行检查,结合监理人员的旁站、巡视及平行检验结果,依据质量事故技术处理方案和设计要求,通过各种资料数据进行验收,并应办理交工验收文件,组织各有关单位签认。

18.6.3.2 必要的鉴定

为确保工程质量事故的处理效果,凡涉及结构承载力等使用安全和其他重要使用功能的处理,或质量事故处理施工过程中建筑材料及构配件质量保证资料严重缺乏,或对检查验收结果各参与单位有争议时,通常需要进行必要的试验和检验鉴定工作。检测鉴定必须委托具备相应资质的法定检测单位进行。

18.6.3.3 验收结论

对所有质量事故无论其是经过技术处理或通过

鉴定验收还是不需专门处理的，均应有明确的书面结论，若对后续施工有特定要求或对建筑物使用有一定限制条件的，应在结论中一并提出。

验收结论通常有：

（1）事故已排除，可以继续施工；

（2）隐患已消除，结构安全能保证；

（3）经修补处理后，完全能满足使用要求；

（4）基本上满足使用要求，但使用时应有附加条件，如限制荷载等；

（5）对建筑物耐久性的结论；

（6）对建筑物外观影响的结论；

（7）对短期内难以作出结论的，可提出进一步观测检验意见。

对于处理后符合《建筑工程施工质量验收统一标准》（GB 50300—2001）规定的，应予以验收，对经加固补强或返工处理后仍不能满足结构安全和使用要求的，应拒绝验收。

尊敬的读者:

感谢您选购我社图书！建工版图书按图书销售分类在卖场上架，共设 22 个一级分类及 43 个二级分类，根据图书销售分类选购建筑类图书会节省您的大量时间。现将建工版图书销售分类及与我社联系方式介绍给您，欢迎随时与我们联系。

★建工版图书销售分类表（见下表）。

★欢迎登陆中国建筑工业出版社网站 www.cabp.com.cn，本网站为您提供建工版图书信息查询，网上留言、购书服务，并邀请您加入网上读者俱乐部。

★中国建筑工业出版社总编室
电　话：010—58934845
传　真：010—68321361

★中国建筑工业出版社发行部
电　话：010—58933865
传　真：010—68325420
E-mail：hbw@cabp.com.cn

建工版图书销售分类表

一级分类名称 （代码）	二级分类名称 （代码）
建筑学 （A）	建筑历史与理论（A10）
	建筑设计（A20）
	建筑技术（A30）
	建筑表现·建筑制图（A40）
	建筑艺术（A50）
建筑设备·建筑材料（F）	暖通空调（F10）
	建筑给水排水（F20）
	建筑电气与建筑智能化技术（F30）
	建筑节能·建筑防火（F40）
	建筑材料（F50）
城市规划·城市设计（P）	城市史与城市规划理论（P10）
	城市规划与城市设计（P20）
室内设计·装饰装修（D）	室内设计与表现（D10）
	家具与装饰（D20）
	装修材料与施工（D30）
建筑工程经济与管理（M）	施工管理（M10）
	工程管理（M20）
	工程监理（M30）
	工程经济与造价（M40）

续表

一级分类名称（代码）	二级分类名称（代码）
艺术·设计（K）	艺术（K10）
	工业设计（K20）
	平面设计（K30）
执业资格考试用书（R）	
高校教材（V）	
高职高专教材（X）	
中职中专教材（W）	
园林景观（G）	园林史与园林景观理论（G10）
	园林景观规划与设计（G20）
	环境艺术设计（G30）
	园林景观施工（G40）
	园林植物与应用（G50）
城乡建设·市政工程·环境工程（B）	城镇与乡（村）建设（B10）
	道路桥梁工程（B20）
	市政给水排水工程（B30）
	市政供热、供燃气工程（B40）
	环境工程（B50）

续表

一级分类名称 （代码）	二级分类名称 （代码）
建筑结构与岩土工程（S）	建筑结构（S10）
	岩土工程（S20）
建筑施工·设备安装技术（C）	施工技术（C10）
	设备安装技术（C20）
	工程质量与安全（C30）
房地产开发管理（E）	房地产开发与经营（E10）
	物业管理（E20）
辞典·连续出版物（Z）	辞典（Z10）
	连续出版物（Z20）
旅游·其他（Q）	旅游（Q10）
	其他（Q20）
土木建筑计算机应用系列（J）	
法律法规与标准规范单行本（T）	
法律法规与标准规范汇编/大全（U）	
培训教材（Y）	
电子出版物（H）	

注：建工版图书销售分类已标注于图书封底。